本书获闽南师范大学教材建设立项资助
获福建省本科高校重大教育教学改革研究项目立项资助

Engineering Mathematics · Linear Algebra

工程数学·线性代数

主编　郑文彬　周豫苹

厦门大学出版社 国家一级出版社
XIAMEN UNIVERSITY PRESS 全国百佳图书出版单位

图书在版编目(CIP)数据

工程数学·线性代数 / 郑文彬，周豫苹主编. -- 厦门：厦门大学出版社，2024.4
ISBN 978-7-5615-9298-4

Ⅰ. ①工… Ⅱ. ①郑…②周… Ⅲ. ①工程数学②线性代数 Ⅳ. ①TB11②O151.2

中国国家版本馆CIP数据核字(2024)第029240号

责任编辑　李峰伟
美术编辑　张雨秋
技术编辑　许克华

出版发行　厦门大学出版社
社　　址　厦门市软件园二期望海路 39 号
邮政编码　361008
总　　机　0592-2181111　0592-2181406(传真)
营销中心　0592-2184458　0592-2181365
网　　址　http://www.xmupress.com
邮　　箱　xmup@xmupress.com
印　　刷　厦门市明亮彩印有限公司

开本　787 mm×1 092 mm　1/16
印张　10.75
字数　258 千字
版次　2024 年 4 月第 1 版
印次　2024 年 4 月第 1 次印刷
定价　35.00 元

本书如有印装质量问题请直接寄承印厂调换

厦门大学出版社
微信二维码

厦门大学出版社
微博二维码

前　言

在党的二十大精神引领下,我们深入贯彻落实习近平总书记关于教育的重要论述,坚持把立德树人作为教育的根本任务,将思政教育贯穿于教学全过程.在新工科理念的引领下,我们积极探索创新教学模式,注重培养学生的创新能力和实践能力.线性代数作为一门重要的数学基础课程,不仅是计算机科学、信息科学等学科的基础,也是现代科学技术的重要工具.因此,我们编写了这本《工程数学·线性代数》教材,旨在通过课程思政的引领,培养学生的思想道德素养和创新精神,同时注重理论与实践相结合,提高学生解决实际问题的能力.

本教材共分为6章,内容包括行列式、矩阵及其运算、向量与向量空间、线性方程组、特征值与特征向量及二次型.每章内容都以理论为基础,注重实际应用,通过大量的例题和习题,帮助学生掌握基本概念、理论知识和解题方法,同时培养学生的逻辑思维和创新能力.在编写本教材的过程中,我们充分借鉴国内外优秀教材的经验和教学实践,同时结合闽南师范大学的教学特点和学生的实际需求,力求做到内容全面、难度适中、易于理解和实用性强.本教材认真落实课程思政,附录3专门介绍各章知识点蕴含哪些课程思政元素,充分激发学生的民族自豪感和国家荣誉感,培养爱国情怀.同时,本教材紧密结合MATLAB应用,每章都有介绍如何运用它求解例子和解决问题.另外,为了更系统地进行总复习和兼顾考研需求,我们选编了2013—2023年硕士研究生入学考试"高等数学"试卷中线性代数的试题,按选择题、填空题和解答题等题型分类列出,并注明年份出处.我们相信,通过本教材的学习,学生将能够掌握线性代数的基本理论和方法,提高数学素养和应用能力,为未来的学习和工作打下坚实的基础.

本教材的出版得到闽南师范大学出版基金和福建省本科高校重大教育教学改革研究项目(项目编号:FBJG20220128)的资助,得到学校各级领导和厦门大学出版社的大力支持,同时计算机学院线性代数课程组的老师提出了宝贵的修改意见,对此我们表示衷心的感谢.

由于编者水平有限,书中错误之处在所难免,敬请读者批评指正,以便将来进一步修改完善.

郑文彬　周豫苹

2024 年 3 月

目　录

第 1 章　行列式

行列式是线性代数中一个重要的概念,同时也是研究线性代数其他内容的重要工具.它在解决方程组、矩阵可逆性和线性变换等问题中具有广泛应用.本章我们将深入探讨行列式的定义、性质以及计算方法,并了解它在实际问题中的应用.

1.1　行列式的基本概念

行列式的研究起源于对线性方程组的研究,本节从二元一次和三元一次线性方程组出发,介绍二阶、三阶行列式的定义,再用递归的方法引入 n 阶行列式的定义及行列式的按行(列)展开定理,并利用定义计算简单的 n 阶行列式.

1.1.1　二阶与三阶行列式

解方程组是代数中的一个基本问题,用消元法解二元线性方程组

$$\begin{cases} a_{11}x_1+a_{12}x_2=b_1, \\ a_{21}x_1+a_{22}x_2=b_2. \end{cases} \tag{1.1}$$

为了消去未知数 x_2,用 a_{22} 与 a_{12} 分别乘上述两方程的两端,然后两个方程相减,得

$$(a_{11}a_{22}-a_{12}a_{21})x_1=b_1a_{22}-a_{12}b_2;$$

类似可消去 x_1,得

$$(a_{11}a_{22}-a_{12}a_{21})x_2=a_{11}b_2-a_{21}b_1.$$

当 $a_{11}a_{22}-a_{12}a_{21}\neq 0$ 时,求得方程组(1.1)的解为

$$\begin{cases} x_1=\dfrac{b_1a_{22}-a_{12}b_2}{a_{11}a_{22}-a_{12}a_{21}}, \\ x_2=\dfrac{b_2a_{11}-a_{21}b_1}{a_{11}a_{22}-a_{12}a_{21}}. \end{cases} \tag{1.2}$$

为了方便书写与记忆,引入行列式符号

$$D=\begin{vmatrix} a_{11} & a_{12} \\ a_{21} & a_{22} \end{vmatrix}=a_{11}a_{22}-a_{12}a_{21}.$$

定义 1.1　由 4 个数 $a_{ij}(i,j=1,2)$ 排成的两行两列的式子 $\begin{vmatrix} a_{11} & a_{12} \\ a_{21} & a_{22} \end{vmatrix}$ 叫作二阶行列式,

它表示 $a_{11}a_{22}-a_{12}a_{21}$，即

$$\begin{vmatrix} a_{11} & a_{12} \\ a_{21} & a_{22} \end{vmatrix}=a_{11}a_{22}-a_{12}a_{21}.$$

在二阶行列式 $\begin{vmatrix} a_{11} & a_{12} \\ a_{21} & a_{22} \end{vmatrix}$ 中，数 a_{ij} 表示第 i 行第 j 列的元素，i 表示行标，j 表示列标.

可见，二阶行列式的值是主对角线(从左上角到右下角这条对角线)两元素之积减去副对角线(从右上角到左下角这条对角线)两元素之积，这种计算方法我们称之为对角线法则.

若记

$$D_1=\begin{vmatrix} b_1 & a_{12} \\ b_2 & a_{22} \end{vmatrix}=b_1a_{22}-a_{12}b_2, \quad D_2=\begin{vmatrix} a_{11} & b_1 \\ a_{21} & b_2 \end{vmatrix}=a_{11}b_2-b_1a_{21},$$

这样上述方程组(1.1)的解可表示为

$$\begin{cases} x_1=\dfrac{b_1a_{22}-a_{12}b_2}{a_{11}a_{22}-a_{12}a_{21}}=\dfrac{D_1}{D}, \\ x_2=\dfrac{b_2a_{11}-a_{21}b_1}{a_{11}a_{22}-a_{12}a_{21}}=\dfrac{D_2}{D}. \end{cases}$$

分母 D 是由方程组(1.1)的系数所确定的二阶行列式，简称系数行列式，x_1 的分子 D_1 是用常数项 b_1,b_2 替换行列式 D 中第 1 列元素 a_{11},a_{21} 所得的二阶行列式，x_2 的分子 D_2 是用常数项 b_1,b_2 替换行列式 D 中第 2 列元素 a_{12},a_{22} 所得的二阶行列式.

例 1.1 求解二元线性方程组

$$\begin{cases} 3x_1-x_2=5, \\ x_1+2x_2=4. \end{cases}$$

解 由于

$$D=\begin{vmatrix} 3 & -1 \\ 1 & 2 \end{vmatrix}=3\times2-(-1)\times1=7\neq0,$$

$$D_1=\begin{vmatrix} 5 & -1 \\ 4 & 2 \end{vmatrix}=5\times2-(-1)\times4=14,$$

$$D_2=\begin{vmatrix} 3 & 5 \\ 1 & 4 \end{vmatrix}=3\times4-5\times1=7,$$

因此

$$\begin{cases} x_1=\dfrac{D_1}{D}=\dfrac{14}{7}=2, \\ x_2=\dfrac{D_2}{D}=\dfrac{7}{7}=1. \end{cases}$$

解二元一次线性方程组产生了二阶行列式的概念，类似地，解三元一次线性方程组可定义三阶行列式.

定义 1.2 由 9 个数 $a_{ij}\,(i,j=1,2,3)$ 排成的 3 行 3 列的式子 $\begin{vmatrix} a_{11} & a_{12} & a_{13} \\ a_{21} & a_{22} & a_{23} \\ a_{31} & a_{32} & a_{33} \end{vmatrix}$ 叫作三阶

行列式，它表示 $a_{11}a_{22}a_{33}+a_{12}a_{23}a_{31}+a_{13}a_{21}a_{32}-a_{13}a_{22}a_{31}-a_{12}a_{21}a_{33}-a_{11}a_{23}a_{32}$，即

$$\begin{vmatrix} a_{11} & a_{12} & a_{13} \\ a_{21} & a_{22} & a_{23} \\ a_{31} & a_{32} & a_{33} \end{vmatrix}=a_{11}a_{22}a_{33}+a_{12}a_{23}a_{31}+a_{13}a_{21}a_{32}-a_{13}a_{22}a_{31}-a_{12}a_{21}a_{33}-a_{11}a_{23}a_{32}.$$

三阶行列式的展开式为 6 项的代数和，其规律遵循图 1.1 所示的对角线法则，每一项均为位于不同行不同列的 3 个元素之积，实线相连的 3 个元素之积带“＋”号，虚线相连的 3 个元素之积带“－”号.

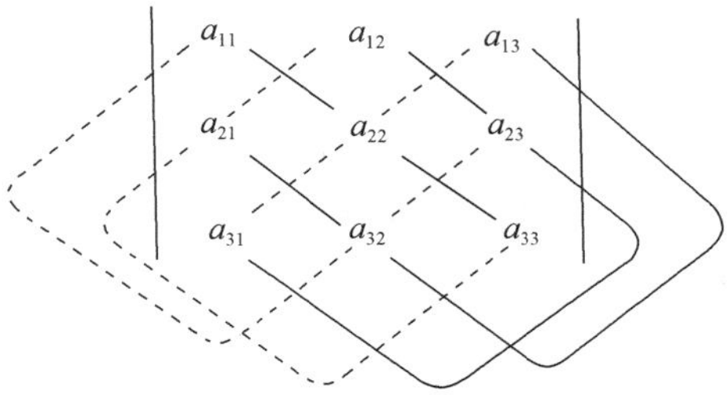

图 1.1　三阶行列式对角线法则

例 1.2　计算三阶行列式 $D=\begin{vmatrix} 1 & 3 & 2 \\ -2 & 1 & 1 \\ -3 & 4 & -2 \end{vmatrix}$.

解　由三阶行列式的定义得

$$\begin{aligned} D &=1\times1\times(-2)+3\times1\times(-3)+2\times(-2)\times4-2\times1\times(-3)-3\times(-2)\times(-2)-1\times1\times4 \\ &=(-2)+(-9)+(-16)-(-6)-12-4 \\ &=-37. \end{aligned}$$

例 1.3　求解方程 $\begin{vmatrix} 2 & 1 & 0 \\ 1 & x & -2 \\ -3 & 2 & 7 \end{vmatrix}=0$.

解　方程左端的三阶行列式

$$D=14x+6+0-0-7-(-8)=14x+7.$$

由方程 $14x+7=0$，解得 $x=-0.5$.

对角线法则只适用于二阶与三阶行列式，并不适用于四阶及更高阶的行列式. 为研究它们，下面先介绍有关全排列的知识，然后引出 n 阶行列式的概念.

1.1.2　排列及其逆序数

定义 1.3　将 $1,2,\cdots,n$ 这 n 个不同的数排成一列，称为 n 阶全排列.

n 阶全排列的种数为 $n!=n\times(n-1)\times\cdots\times2\times1$. 例如，用 1，2，3 这 3 个数字进行排列，排列种数为 $3!=3\times2\times1=6$，它们分别是 123，231，312，132，213，321. 再如，用 1，2，3，4 这 4 个数字进行排列，排列种数为 $4!=4\times3\times2\times1=24$，其中 2431 和 1243 均是这 24 种全

排列之一.

显然,$123\cdots n$ 也是 n 个数的一种全排列,并且元素是按从小到大的自然顺序排列的,这样的全排列称为标准排列.而其他的 n 阶全排列都或多或少地破坏了自然顺序,如用 1,2,3,4 这 4 个数字进行排列的全排列中的 2431,2 和 1、4 和 3、4 和 1、3 和 1 的顺序都与自然顺序相反.

定义 1.4 在一个排列中,如果一对数的排列顺序与自然顺序相反,即排在左边的数比排在它右边的数大,那么它们就称为一个逆序,一个排列中逆序的总数就称为这个排列的逆序数.排列 $i_1 i_2 \cdots i_n$ 的逆序数记为 $\tau(i_1 i_2 \cdots i_n)$.

例如,全排列 2431 中,21,43,41,31 都是逆序的,则 2431 的逆序数为 $\tau(2431)=4$,而 32514 的逆序数 $\tau(32514)=5$.

定义 1.5 逆序数为偶数的排列称为偶排列,逆序数为奇数的排列称为奇排列.

例如,2431 是一个偶排列,32514 是一个奇排列.

1.1.3 n 阶行列式

三阶行列式可以表示为

$$D=\begin{vmatrix} a_{11} & a_{12} & a_{13} \\ a_{21} & a_{22} & a_{23} \\ a_{31} & a_{32} & a_{33} \end{vmatrix}=a_{11}(a_{22}a_{33}-a_{23}a_{32})-a_{12}(a_{21}a_{33}-a_{23}a_{31})+a_{13}(a_{21}a_{32}-a_{22}a_{31})$$

$$=a_{11}\begin{vmatrix} a_{22} & a_{23} \\ a_{32} & a_{33} \end{vmatrix}-a_{12}\begin{vmatrix} a_{21} & a_{23} \\ a_{31} & a_{33} \end{vmatrix}+a_{13}\begin{vmatrix} a_{21} & a_{22} \\ a_{31} & a_{32} \end{vmatrix},$$

从而三阶行列式可用二阶行列式表示,且规律如下:

(1)每一项都是三阶行列式中的第 1 行的某个元素与一个二阶行列式的乘积;

(2)每个二阶行列式恰好是由划去与之相乘的元素所在行和所在列的元素之后,剩余元素按照原来的顺序组成的;

(3)每一项前面取正号或负号,恰好分别与元素 a_{11}, a_{12}, a_{13} 的下标之和相对应,即每一项前面的符号恰好由 $(-1)^{i+j}$ 决定.

一般地,我们可用这种递归的方法来定义 n 阶行列式.

定义 1.6 由 n^2 个数 $a_{ij}(i,j=1,2,3,\cdots,n)$ 排成 n 行 n 列的式子

$$D=\begin{vmatrix} a_{11} & a_{12} & a_{13} & \cdots & a_{1n} \\ a_{21} & a_{22} & a_{23} & \cdots & a_{2n} \\ a_{31} & a_{32} & a_{33} & \cdots & a_{3n} \\ \vdots & \vdots & \vdots & & \vdots \\ a_{n1} & a_{n2} & a_{n3} & \cdots & a_{nn} \end{vmatrix}=(-1)^{1+1}a_{11}\begin{vmatrix} a_{22} & a_{23} & \cdots & a_{2n} \\ a_{32} & a_{33} & \cdots & a_{3n} \\ \vdots & \vdots & & \vdots \\ a_{n2} & a_{n3} & \cdots & a_{nn} \end{vmatrix}+$$

$$(-1)^{1+2}a_{12}\begin{vmatrix} a_{21} & a_{23} & \cdots & a_{2n} \\ a_{31} & a_{33} & \cdots & a_{3n} \\ \vdots & \vdots & & \vdots \\ a_{n1} & a_{n3} & \cdots & a_{nn} \end{vmatrix}+\cdots+(-1)^{1+n}a_{1n}\begin{vmatrix} a_{21} & a_{22} & \cdots & a_{2,n-1} \\ a_{31} & a_{32} & \cdots & a_{3,n-1} \\ \vdots & \vdots & & \vdots \\ a_{n1} & a_{n2} & \cdots & a_{n,n-1} \end{vmatrix}$$

计算得到的一个数，称为 n 阶行列式.

上述定义称为递归定义.

这样 n 阶行列式可由 $n-1$ 阶行列式表示，我们引入 a_{ij} 的余子式：由行列式 D 中划去 a_{ij} 所在的第 i 行和第 j 列后，余下的元素按照原来的顺序构成的 $n-1$ 阶行列式，记为 M_{ij}，即

$$M_{ij}=\begin{vmatrix} a_{11} & \cdots & a_{1,j-1} & a_{1,j+1} & \cdots & a_{1n} \\ \vdots & & \vdots & \vdots & & \vdots \\ a_{i-1,1} & \cdots & a_{i-1,j-1} & a_{i-1,j+1} & \cdots & a_{i-1,n} \\ a_{i+1,1} & \cdots & a_{i+1,j-1} & a_{i+1,j+1} & \cdots & a_{i+1,n} \\ \vdots & & \vdots & \vdots & & \vdots \\ a_{n1} & \cdots & a_{n,j-1} & a_{n,j+1} & \cdots & a_{nn} \end{vmatrix},$$

称 M_{ij} 为元素 a_{ij} 的余子式，而式子 $A_{ij}=(-1)^{i+j}M_{ij}$ 称为元素 a_{ij} 的代数余子式.

例如，三阶行列式 $\begin{vmatrix} 1 & 2 & 3 \\ 4 & 5 & 6 \\ 7 & 8 & 9 \end{vmatrix}$ 中元素 $a_{23}=6$ 的代数余子式为 $A_{23}=(-1)^{2+3}\begin{vmatrix} 1 & 2 \\ 7 & 8 \end{vmatrix}$.

因此，n 阶行列式的定义可以简记为

$$D=a_{11}A_{11}+a_{12}A_{12}+a_{13}A_{13}+\cdots+a_{1n}A_{1n}=\sum_{j=1}^{n}a_{1j}A_{1j}.$$

关于 n 阶行列式的递归定义，需要注意以下 3 点：

(1) n 阶行列式的定义是按第 1 行展开的.

(2) 当 $n=1$ 时，定义 $|a_{11}|=a_{11}$，此时不要与绝对值符号混淆，当 $n=2,3$ 时，按对角线法则展开与该定义结果是等价的.

(3) 行列式的递归定义表明，n 阶行列式可以由 n 个 $n-1$ 阶行列式表示. 进一步地，每一个 $n-1$ 阶行列式可以由 $n-1$ 个 $n-2$ 阶行列式表示，如此递归下去，n 阶行列式便可用 $n-1$，$n-2$，…，3，2，1 阶行列式表示. 因此，n 阶行列式最后表示成 $n!$ 项的代数和，且每一项都是不同行、不同列的 n 个元素的乘积.

定义 1.7　由 n^2 个数 $a_{ij}(i,j=1,2,3,\cdots,n)$ 排成 n 行 n 列组成的行列式定义为

$$D=\begin{vmatrix} a_{11} & a_{12} & a_{13} & \cdots & a_{1n} \\ a_{21} & a_{22} & a_{23} & \cdots & a_{2n} \\ a_{31} & a_{32} & a_{33} & \cdots & a_{3n} \\ \vdots & \vdots & \vdots & & \vdots \\ a_{n1} & a_{n2} & a_{n3} & \cdots & a_{nn} \end{vmatrix}=\sum_{j_1,j_2,\cdots,j_n}(-1)^{\tau(j_1j_2\cdots j_n)}a_{1j_1}a_{2j_2}\cdots a_{nj_n},$$

其中 $(j_1,j_2,\cdots,j_n)$ 为取遍 $1,2,\cdots,n$ 的所有全排列.

由此可知,行列式的展开式中每一项都是不同行、不同列的 n 个元素乘积,再加上一个正负号. 当行标按自然顺序排列时,如果列标构成的排列是偶排列,则这一项取正号;如果列标构成的排列是奇排列,则这一项取负号.

例 1.4 计算行列式 $D=\begin{vmatrix}1&-1&1&0\\1&0&0&1\\0&1&3&0\\2&0&1&0\end{vmatrix}$.

解 按行列式递归定义,有

$$D=\begin{vmatrix}1&-1&1&0\\1&0&0&1\\0&1&3&0\\2&0&1&0\end{vmatrix}=1\times\begin{vmatrix}0&0&1\\1&3&0\\0&1&0\end{vmatrix}-(-1)\times\begin{vmatrix}1&0&1\\0&3&0\\2&1&0\end{vmatrix}+1\times\begin{vmatrix}1&0&1\\0&1&0\\2&0&0\end{vmatrix}-0\times\begin{vmatrix}1&0&0\\0&1&3\\2&0&1\end{vmatrix}$$

$$=1+(-6)+(-2)=-7.$$

例 1.5 计算上三角行列式 $D=\begin{vmatrix}a_{11}&a_{12}&a_{13}&\cdots&a_{1n}\\0&a_{22}&a_{23}&\cdots&a_{2n}\\0&0&a_{33}&\cdots&a_{3n}\\\vdots&\vdots&\vdots&&\vdots\\0&0&0&\cdots&a_{nn}\end{vmatrix}$.

解 由 n 阶行列式的定义知,D 应有 $n!$ 项代数和,其一般项为 $(-1)^{\tau(j_1j_2\cdots j_n)}a_{1j_1}a_{2j_2}\cdots a_{nj_n}$. 但在 D 中,第 n 行元素除 a_{nn} 外,其余均为 0,所以 $j_n=n$;在第 $n-1$ 行中,除去与 a_{nn} 同列的元素 $a_{n-1,n}$ 外,不为 0 的元素只有 $a_{n-1,n-1}$,所以 $j_{n-1}=n-1$;同理逐步上推,可得到,在展开式中只有 $a_{11}a_{22}\cdots a_{nn}$ 这一项不等于 0,它的列标所组成的排列的逆序数 $\tau(12\cdots n)=0$,所以取正号. 因此,由行列式的定义可得

$$D=\begin{vmatrix}a_{11}&a_{12}&a_{13}&\cdots&a_{1n}\\0&a_{22}&a_{23}&\cdots&a_{2n}\\0&0&a_{33}&\cdots&a_{3n}\\\vdots&\vdots&\vdots&&\vdots\\0&0&0&\cdots&a_{nn}\end{vmatrix}=a_{11}a_{22}\cdots a_{nn},$$

即上三角行列式的值等于主对角线上各元素的乘积.

例 1.6 计算行列式 $D=\begin{vmatrix}a_{11}&a_{12}&\cdots&a_{1,n-1}&a_{1n}\\a_{21}&a_{22}&\cdots&a_{2,n-1}&0\\\vdots&\vdots&&\vdots&\vdots\\a_{n-1,1}&a_{n-1,2}&\cdots&0&0\\a_{n1}&0&\cdots&0&0\end{vmatrix}$.

解 方法同例 1.5,D 中只有一项 $a_{1n}a_{2,n-1}a_{3,n-2}\cdots a_{n1}$ 不等于 0,且这项的列标所组成的排列的逆序数为

$$\tau[n(n-1)(n-2)\cdots 21]=(n-1)+(n-2)+\cdots+2+1=\frac{n(n-1)}{2},$$

所以 $D=(-1)^{\tau[n(n-1)(n-2)\cdots 21]}a_{1n}a_{2,n-1}a_{3,n-2}\cdots a_{n1}=(-1)^{\frac{n(n-1)}{2}}a_{1n}a_{2,n-1}a_{3,n-2}\cdots a_{n1}$.

类似地,可得 n 阶对角行列式和下三角行列式的值.

$$D_1=\begin{vmatrix} a_{11} & 0 & 0 & \cdots & 0 \\ 0 & a_{22} & 0 & \cdots & 0 \\ 0 & 0 & a_{33} & \cdots & 0 \\ \vdots & \vdots & \vdots & & \vdots \\ 0 & 0 & 0 & \cdots & a_{nn} \end{vmatrix}=a_{11}a_{22}\cdots a_{nn},$$

$$D_2=\begin{vmatrix} a_{11} & 0 & 0 & \cdots & 0 \\ a_{21} & a_{22} & 0 & \cdots & 0 \\ a_{31} & a_{32} & a_{33} & \cdots & 0 \\ \vdots & \vdots & \vdots & & \vdots \\ a_{n1} & a_{n2} & a_{n3} & \cdots & a_{nn} \end{vmatrix}=a_{11}a_{22}\cdots a_{nn}.$$

上三角行列式和下三角行列式是计算行列式的基础,在 1.2 学完行列式的性质之后,我们会利用行列式的性质将行列式的计算转化为上三角或下三角行列式的计算.

1.2　行列式的性质及其应用

利用行列式的定义直接计算行列式一般比较困难,行列式的阶数越高,难度越大. 为了简化相应的计算,本节首先介绍行列式的一些性质,然后利用这些性质及推论计算一些形式较为简单的行列式.

1.2.1　行列式的性质

定义 1.8　将行列式 D 的行与列互换得到的行列式称为行列式 D 的转置行列式,记为 D^{T},即

$$D=\begin{vmatrix} a_{11} & a_{12} & a_{13} & \cdots & a_{1n} \\ a_{21} & a_{22} & a_{23} & \cdots & a_{2n} \\ a_{31} & a_{32} & a_{33} & \cdots & a_{3n} \\ \vdots & \vdots & \vdots & & \vdots \\ a_{n1} & a_{n2} & a_{n3} & \cdots & a_{nn} \end{vmatrix},D^{\mathrm{T}}=\begin{vmatrix} a_{11} & a_{21} & a_{31} & \cdots & a_{n1} \\ a_{12} & a_{22} & a_{32} & \cdots & a_{n2} \\ a_{13} & a_{23} & a_{33} & \cdots & a_{n3} \\ \vdots & \vdots & \vdots & & \vdots \\ a_{1n} & a_{2n} & a_{3n} & \cdots & a_{nn} \end{vmatrix}.$$

例如,行列式 $D=\begin{vmatrix} 2 & 5 & 6 \\ 0 & -3 & -5 \\ 1 & 2 & 3 \end{vmatrix}$ 的转置行列式 $D^{\mathrm{T}}=\begin{vmatrix} 2 & 0 & 1 \\ 5 & -3 & 2 \\ 6 & -5 & 3 \end{vmatrix}$.

性质 1.1　行列式与其转置行列式的值相等,即 $D=D^{\mathrm{T}}$,或

$$\begin{vmatrix} a_{11} & a_{12} & a_{13} & \cdots & a_{1n} \\ a_{21} & a_{22} & a_{23} & \cdots & a_{2n} \\ a_{31} & a_{32} & a_{33} & \cdots & a_{3n} \\ \vdots & \vdots & \vdots & & \vdots \\ a_{n1} & a_{n2} & a_{n3} & \cdots & a_{nn} \end{vmatrix} = \begin{vmatrix} a_{11} & a_{21} & a_{31} & \cdots & a_{n1} \\ a_{12} & a_{22} & a_{32} & \cdots & a_{n2} \\ a_{13} & a_{23} & a_{33} & \cdots & a_{n3} \\ \vdots & \vdots & \vdots & & \vdots \\ a_{1n} & a_{2n} & a_{3n} & \cdots & a_{nn} \end{vmatrix}.$$

根据这个性质可知，在任意一个行列式中，行与列是处于平等地位的，行列式的有关性质对行成立，对列也成立.

性质 1.2 互换行列式的任意两行(列)，行列式的值仅改变符号，即对于

$$D=\begin{vmatrix} a_{11} & a_{12} & \cdots & a_{1n} \\ \vdots & \vdots & & \vdots \\ a_{i1} & a_{i2} & \cdots & a_{in} \\ \vdots & \vdots & & \vdots \\ a_{j1} & a_{j2} & \cdots & a_{jn} \\ \vdots & \vdots & & \vdots \\ a_{n1} & a_{n2} & \cdots & a_{nn} \end{vmatrix}, D_1=\begin{vmatrix} a_{11} & a_{12} & \cdots & a_{1n} \\ \vdots & \vdots & & \vdots \\ a_{j1} & a_{j2} & \cdots & a_{jn} \\ \vdots & \vdots & & \vdots \\ a_{i1} & a_{i2} & \cdots & a_{in} \\ \vdots & \vdots & & \vdots \\ a_{n1} & a_{n2} & \cdots & a_{nn} \end{vmatrix},$$

有 $D=-D_1$.

证明 以交换第 i 行与第 j 行的情形来证明，根据行列式的定义，

$$D=\begin{vmatrix} a_{11} & a_{12} & \cdots & a_{1n} \\ \vdots & \vdots & & \vdots \\ a_{i1} & a_{i2} & \cdots & a_{in} \\ \vdots & \vdots & & \vdots \\ a_{j1} & a_{j2} & \cdots & a_{jn} \\ \vdots & \vdots & & \vdots \\ a_{n1} & a_{n2} & \cdots & a_{nn} \end{vmatrix} = \sum_{p_1\cdots p_i\cdots p_j\cdots p_n} (-1)^{\tau(p_1\cdots p_i\cdots p_j\cdots p_n)} a_{1p_1}\cdots a_{ip_i}\cdots a_{jp_j}\cdots a_{nj_n}$$

$$= \sum_{p_1\cdots p_i\cdots p_j\cdots p_n} (-1)^{\tau(p_1\cdots p_i\cdots p_j\cdots p_n)} a_{1p_1}\cdots a_{jp_j}\cdots a_{ip_i}\cdots a_{nj_n}$$

$$=- \sum_{p_1\cdots p_j\cdots p_i\cdots p_n} (-1)^{\tau(p_1\cdots p_j\cdots p_i\cdots p_n)} a_{1p_1}\cdots a_{jp_j}\cdots a_{ip_i}\cdots a_{nj_n}$$

$$=-\begin{vmatrix} a_{11} & a_{12} & \cdots & a_{1n} \\ \vdots & \vdots & & \vdots \\ a_{j1} & a_{j2} & \cdots & a_{jn} \\ \vdots & \vdots & & \vdots \\ a_{i1} & a_{i2} & \cdots & a_{in} \\ \vdots & \vdots & & \vdots \\ a_{n1} & a_{n2} & \cdots & a_{nn} \end{vmatrix}.$$

以 r_i 表示行列式的第 i 行，以 c_i 表示行列式的第 i 列，交换第 i,j 行记为 $r_i \leftrightarrow r_j$，交换第 i,j 列记为 $c_i \leftrightarrow c_j$.

推论 如果行列式中有两行(列)对应元素相等，则该行列式的值等于 0.

证明　把行列式 D 中有相同元素的两行(列)互换,则由性质 1.2 可知,$D=-D$,因此 $D=0$.

性质 1.3　用数 k 乘以行列式 D 中某一行(列)的所有元素所得到的行列式等于 kD,也就是说,行列式可以按行或按列提取公因数:

$$D_i=\begin{vmatrix} a_{11} & a_{12} & a_{13} & \cdots & a_{1n} \\ \vdots & \vdots & \vdots & & \vdots \\ ka_{i1} & ka_{i2} & ka_{i3} & \cdots & ka_{in} \\ \vdots & \vdots & \vdots & & \vdots \\ a_{n1} & a_{n2} & a_{n3} & \cdots & a_{nn} \end{vmatrix}=k\begin{vmatrix} a_{11} & a_{12} & a_{13} & \cdots & a_{1n} \\ \vdots & \vdots & \vdots & & \vdots \\ a_{i1} & a_{i2} & a_{i3} & \cdots & a_{in} \\ \vdots & \vdots & \vdots & & \vdots \\ a_{n1} & a_{n2} & a_{n3} & \cdots & a_{nn} \end{vmatrix}=kD(i=1,2,\cdots,n).$$

证明　将左边的行列式 D_i 按其第 i 行展开以后,再提取公因数 k,即得右边的值:

$$D_i=\sum_{j=1}^{n}ka_{ij}A_{ij}=k\sum_{j=1}^{n}a_{ij}A_{ij}=kD.$$

注意　必须按行或按列逐次提取公因数.

推论 1　如果行列式有两行(列)对应元素成比例,则该行列式的值等于 0.

例如

$$\begin{vmatrix} a & b & c \\ ka & kb & kc \\ d & e & f \end{vmatrix}=k\begin{vmatrix} a & b & c \\ a & b & c \\ d & e & f \end{vmatrix}=k\times 0=0.$$

推论 2　若行列式中某一行(列)元素全为 0,则该行列式的值等于 0.

性质 1.4　若行列式的某一行(列)元素都是两数之和,则可按此行(列)将行列式拆为两个行列式的和,即

$$\begin{vmatrix} a_{11} & a_{12} & \cdots & a_{1n} \\ \vdots & \vdots & & \vdots \\ a_{i1}+b_{i1} & a_{i2}+b_{i2} & \cdots & a_{in}+b_{in} \\ \vdots & \vdots & & \vdots \\ a_{n1} & a_{n2} & \cdots & a_{nn} \end{vmatrix}=\begin{vmatrix} a_{11} & a_{12} & \cdots & a_{1n} \\ \vdots & \vdots & & \vdots \\ a_{i1} & a_{i2} & \cdots & a_{in} \\ \vdots & \vdots & & \vdots \\ a_{n1} & a_{n2} & \cdots & a_{nn} \end{vmatrix}+\begin{vmatrix} a_{11} & a_{12} & \cdots & a_{1n} \\ \vdots & \vdots & & \vdots \\ b_{i1} & b_{i2} & \cdots & b_{in} \\ \vdots & \vdots & & \vdots \\ a_{n1} & a_{n2} & \cdots & a_{nn} \end{vmatrix}.$$

证明　将等号左边的行列式按其第 i 行展开,即得

$$D=\sum_{j=1}^{n}(a_{ij}+b_{ij})A_{ij}=\sum_{j=1}^{n}a_{ij}A_{ij}+\sum_{j=1}^{n}b_{ij}A_{ij},$$

这就是等号右边两个行列式之和.

性质 1.5　把行列式的某一行(列)中每个元素都乘数 k,加到另一行(列)中对应元素上,行列式的值不变.

证明　把 n 阶行列式

$$D=\begin{vmatrix} a_{11} & a_{12} & \cdots & a_{1n} \\ \vdots & \vdots & & \vdots \\ a_{i1} & a_{i2} & \cdots & a_{in} \\ \vdots & \vdots & & \vdots \\ a_{j1} & a_{j2} & \cdots & a_{jn} \\ \vdots & \vdots & & \vdots \\ a_{n1} & a_{n2} & \cdots & a_{nn} \end{vmatrix}(i,j=1,2,\cdots,n,i\neq j)$$

的第 i 行所有元素乘 k 加到第 j 行上去(记作 r_j+kr_i),得到的行列式记为 D_1,则

$$D_1=\begin{vmatrix} a_{11} & a_{12} & \cdots & a_{1n} \\ \vdots & \vdots & & \vdots \\ a_{i1} & a_{i2} & \cdots & a_{in} \\ \vdots & \vdots & & \vdots \\ a_{j1}+ka_{i1} & a_{j2}+ka_{i2} & \cdots & a_{jn}+ka_{in} \\ \vdots & \vdots & & \vdots \\ a_{n1} & a_{n2} & \cdots & a_{nn} \end{vmatrix}=\begin{vmatrix} a_{11} & a_{12} & \cdots & a_{1n} \\ \vdots & \vdots & & \vdots \\ a_{i1} & a_{i2} & \cdots & a_{in} \\ \vdots & \vdots & & \vdots \\ a_{j1} & a_{j2} & \cdots & a_{jn} \\ \vdots & \vdots & & \vdots \\ a_{n1} & a_{n2} & \cdots & a_{nn} \end{vmatrix}+\begin{vmatrix} a_{11} & a_{12} & \cdots & a_{1n} \\ \vdots & \vdots & & \vdots \\ a_{i1} & a_{i2} & \cdots & a_{in} \\ \vdots & \vdots & & \vdots \\ ka_{i1} & ka_{i2} & \cdots & ka_{in} \\ \vdots & \vdots & & \vdots \\ a_{n1} & a_{n2} & \cdots & a_{nn} \end{vmatrix}=D.$$

按第 j 行将 D_1 拆成两个行列式的和,其中第二个行列式有两行成比例,故其值为 0.

1.2.2 行列式性质的简单应用

下面利用行列式的性质进行简单的行列式计算和证明.

例 1.7 计算行列式 $\begin{vmatrix} 2 & 6 & 3 \\ 5 & 4 & 6 \\ 5 & 10 & 15 \end{vmatrix}$.

解 $$\begin{vmatrix} 2 & 6 & 3 \\ 5 & 4 & 6 \\ 5 & 10 & 15 \end{vmatrix}=5\times\begin{vmatrix} 2 & 6 & 3 \\ 5 & 4 & 6 \\ 1 & 2 & 3 \end{vmatrix}=5\times2\times\begin{vmatrix} 2 & 3 & 3 \\ 5 & 2 & 6 \\ 1 & 1 & 3 \end{vmatrix}=5\times2\times3\times\begin{vmatrix} 2 & 3 & 1 \\ 5 & 2 & 2 \\ 1 & 1 & 1 \end{vmatrix}$$
$$=30\times(4+6+5-2-15-4)=-180.$$

例 1.8 计算行列式 $\begin{vmatrix} 0 & 0 & 3 & 0 \\ 1 & 2 & 2 & 0 \\ 0 & 2 & 1 & 0 \\ 3 & 1 & 4 & 1 \end{vmatrix}$.

解 将行列式第 2,3 行互换,再将第 1,3 两列互换可得

$$\begin{vmatrix} 0 & 0 & 3 & 0 \\ 1 & 2 & 2 & 0 \\ 0 & 2 & 1 & 0 \\ 3 & 1 & 4 & 1 \end{vmatrix}=-\begin{vmatrix} 0 & 0 & 3 & 0 \\ 0 & 2 & 1 & 0 \\ 1 & 2 & 2 & 0 \\ 3 & 1 & 4 & 1 \end{vmatrix}=(-1)^2\begin{vmatrix} 3 & 0 & 0 & 0 \\ 1 & 2 & 0 & 0 \\ 2 & 2 & 1 & 0 \\ 4 & 1 & 3 & 1 \end{vmatrix}=6.$$

例 1.9 计算行列式 $\begin{vmatrix} 3 & 1 & 1 & 1 \\ 1 & 3 & 1 & 1 \\ 1 & 1 & 3 & 1 \\ 1 & 1 & 1 & 3 \end{vmatrix}$.

解 这个行列式的特点是各行 4 个数的和相等,把第 2,3,4 行同时加到第 1 行,然后提取公因数 6,再把此时的行列式第 1 行乘以 -1 分别加到第 2,3,4 行上,这样可得三角行列式.

$$\begin{vmatrix} 3 & 1 & 1 & 1 \\ 1 & 3 & 1 & 1 \\ 1 & 1 & 3 & 1 \\ 1 & 1 & 1 & 3 \end{vmatrix}=\begin{vmatrix} 6 & 6 & 6 & 6 \\ 1 & 3 & 1 & 1 \\ 1 & 1 & 3 & 1 \\ 1 & 1 & 1 & 3 \end{vmatrix}=6\begin{vmatrix} 1 & 1 & 1 & 1 \\ 1 & 3 & 1 & 1 \\ 1 & 1 & 3 & 1 \\ 1 & 1 & 1 & 3 \end{vmatrix}=6\begin{vmatrix} 1 & 1 & 1 & 1 \\ 0 & 2 & 0 & 0 \\ 0 & 0 & 2 & 0 \\ 0 & 0 & 0 & 2 \end{vmatrix}=6\times8=48.$$

例 1.10 证明 $\begin{vmatrix} a_1+b_1 & b_1+c_1 & c_1+a_1 \\ a_2+b_2 & b_2+c_2 & c_2+a_2 \\ a_3+b_3 & b_3+c_3 & c_3+a_3 \end{vmatrix} = 2\begin{vmatrix} a_1 & b_1 & c_1 \\ a_2 & b_2 & c_2 \\ a_3 & b_3 & c_3 \end{vmatrix}$.

证明

$$\text{等式左端}=\begin{vmatrix} a_1+b_1 & b_1+c_1 & c_1+a_1 \\ a_2+b_2 & b_2+c_2 & c_2+a_2 \\ a_3+b_3 & b_3+c_3 & c_3+a_3 \end{vmatrix} \xlongequal{c_2-c_1} \begin{vmatrix} a_1+b_1 & c_1-a_1 & c_1+a_1 \\ a_2+b_2 & c_2-a_2 & c_2+a_2 \\ a_3+b_3 & c_3-a_3 & c_3+a_3 \end{vmatrix} \xlongequal{c_3+c_2} \begin{vmatrix} a_1+b_1 & c_1-a_1 & 2c_1 \\ a_2+b_2 & c_2-a_2 & 2c_2 \\ a_3+b_3 & c_3-a_3 & 2c_3 \end{vmatrix}$$

$$=2\begin{vmatrix} a_1+b_1 & c_1-a_1 & c_1 \\ a_2+b_2 & c_2-a_2 & c_2 \\ a_3+b_3 & c_3-a_3 & c_3 \end{vmatrix} \xlongequal{c_2-c_3} 2\begin{vmatrix} a_1+b_1 & -a_1 & c_1 \\ a_2+b_2 & -a_2 & c_2 \\ a_3+b_3 & -a_3 & c_3 \end{vmatrix} \xlongequal{c_1+c_2} 2\begin{vmatrix} b_1 & -a_1 & c_1 \\ b_2 & -a_2 & c_2 \\ b_3 & -a_3 & c_3 \end{vmatrix} \xlongequal{c_1\leftrightarrow c_2} -2\begin{vmatrix} -a_1 & b_1 & c_1 \\ -a_2 & b_2 & c_2 \\ -a_3 & b_3 & c_3 \end{vmatrix}$$

$$=2\begin{vmatrix} a_1 & b_1 & c_1 \\ a_2 & b_2 & c_2 \\ a_3 & b_3 & c_3 \end{vmatrix}=\text{等式右端}.$$

注：等号上方的 c_i 表示第 i 列，其含义不同于行列式的元素 c_i.

1.3 行列式的计算方法

利用行列式的定义直接计算行列式一般比较困难，行列式的阶数越高，计算难度越大. 为了简化相应的计算，行列式的计算主要采用两种基本方法：一是把原行列式按选定的某一行(列)展开，把行列式的阶数降低，再求出它的值. 通常是先利用性质 1.5 在某一行(列)中产生很多个“0”，再按含“0”最多的行(列)展开. 二是利用行列式的性质，把原行列式化为容易求值的行列式. 常用的方法是把原行列式化为上三角或下三角行列式再求值.

1.3.1 行列式展开定理

在 1.1 讲解 n 阶行列式的展开式时，是把 D 按其第一行展开而逐步把行列式的阶数降低以后，再求出其值. 实际上，行列式可以按其任意一行(列)展开来求出它的值.

定理 1.1(行列式展开定理) n 阶行列式 D 等于它的任意一行(列)的各元素与其对应的代数余子式的乘积之和，即

$$D = a_{i1}A_{i1}+a_{i2}A_{i2}+\cdots+a_{in}A_{in} = \sum_{j=1}^{n} a_{ij}A_{ij}\ (i=1,2,\cdots,n), \tag{1.3}$$

或

$$D = a_{1j}A_{1j}+a_{2j}A_{2j}+\cdots+a_{nj}A_{nj} = \sum_{i=1}^{n} a_{ij}A_{ij}\ (j=1,2,\cdots,n). \tag{1.4}$$

其中，A_{ij} 是元素 a_{ij} 在 D 中的代数余子式.(1.3) 式称为 D 按第 i 行的展开式，(1.4) 式称为 D 按第 j 列的展开式. 上述展开式也可以表示成

$$D=(-1)^{i+1}a_{i1}M_{i1}+(-1)^{i+2}a_{i2}M_{i2}+\cdots+(-1)^{i+n}a_{in}M_{in}\ (i=1,2,\cdots,n),$$

$$D=(-1)^{1+j}a_{1j}M_{1j}+(-1)^{2+j}a_{2j}M_{2j}+\cdots+(-1)^{n+j}a_{nj}M_{nj}\ (j=1,2,\cdots,n).$$

其中,M_{ij} 是元素 a_{ij} 在 D 中的余子式.

根据行列式展开定理和行列式性质可得下面的推论.

推论 行列式中某一行(列)的元素与另一行(列)的元素对应的代数余子式的乘积之和等于0,即

$$a_{i1}A_{j1}+a_{i2}A_{j2}+\cdots+a_{in}A_{jn}=0\ (i,j=1,2,\cdots,n,i\neq j)$$

或

$$a_{1i}A_{1j}+a_{2i}A_{2j}+\cdots+a_{ni}A_{nj}=0\ (i,j=1,2,\cdots,n,i\neq j).$$

证明 设行列式

$$D=\begin{vmatrix} a_{11} & a_{12} & \cdots & a_{1n} \\ \vdots & \vdots & & \vdots \\ a_{i1} & a_{i2} & \cdots & a_{in} \\ \vdots & \vdots & & \vdots \\ a_{j1} & a_{j2} & \cdots & a_{jn} \\ \vdots & \vdots & & \vdots \\ a_{n1} & a_{n2} & \cdots & a_{nn} \end{vmatrix},\widetilde{D}=\begin{vmatrix} a_{11} & a_{12} & \cdots & a_{1n} \\ \vdots & \vdots & & \vdots \\ a_{i1} & a_{i2} & \cdots & a_{in} \\ \vdots & \vdots & & \vdots \\ a_{i1} & a_{i2} & \cdots & a_{in} \\ \vdots & \vdots & & \vdots \\ a_{n1} & a_{n2} & \cdots & a_{nn} \end{vmatrix},$$

将行列式 D 中的第 j 行的元素对应替换成第 i 行的元素,其他元素不变,得到另一行列式 $\widetilde{D}$,由于 $\widetilde{D}$ 中有相同两行,故 $\widetilde{D}=0$,且 $\widetilde{D}$ 第 j 行各元素的代数余子式与 D 第 j 行各元素的代数余子式对应相同,由定理 1.1,将 $\widetilde{D}$ 按第 j 行展开,得

$$a_{i1}A_{j1}+a_{i2}A_{j2}+\cdots+a_{in}A_{jn}=\sum_{k=1}^{n}a_{ik}A_{jk}=\widetilde{D}=0\ (i\neq j).$$

同理可证

$$a_{1i}A_{1j}+a_{2i}A_{2j}+\cdots+a_{ni}A_{nj}=0\ (i\neq j).$$

例 1.11 计算行列式 $D=\begin{vmatrix} 1 & 0 & 2 & 1 \\ 2 & -1 & 1 & 0 \\ 1 & 2 & 0 & 3 \\ 0 & 3 & 2 & 1 \end{vmatrix}$.

解 观察到 $a_{11}=1$,利用它把行列式中第一列的其他元素全化为0,然后按第一列展开,可将这个四阶行列式降为三阶行列式来计算.

$$D=\begin{vmatrix} 1 & 0 & 2 & 1 \\ 2 & -1 & 1 & 0 \\ 1 & 2 & 0 & 3 \\ 0 & 3 & 2 & 1 \end{vmatrix}\xlongequal[r_3-r_1]{r_2-2r_1}\begin{vmatrix} 1 & 0 & 2 & 1 \\ 0 & -1 & -3 & -2 \\ 0 & 2 & -2 & 2 \\ 0 & 3 & 2 & 1 \end{vmatrix}=\begin{vmatrix} -1 & -3 & -2 \\ 2 & -2 & 2 \\ 3 & 2 & 1 \end{vmatrix}=(-1)\times 2\times\begin{vmatrix} 1 & 3 & 2 \\ 1 & -1 & 1 \\ 3 & 2 & 1 \end{vmatrix}$$

$$\xlongequal[r_3-3r_1]{r_2-r_1}(-2)\times\begin{vmatrix} 1 & 3 & 2 \\ 0 & -4 & -1 \\ 0 & -7 & -5 \end{vmatrix}=(-2)\times\begin{vmatrix} -4 & -1 \\ -7 & -5 \end{vmatrix}$$

$=(-2)\times[(-4)\times(-5)-(-1)\times(-7)]=-26.$

例 1.12 设 $D=\begin{vmatrix}3&1&-1&2\\-5&1&3&-4\\2&0&1&-1\\1&-5&3&-3\end{vmatrix}$，$D$ 的元素 a_{ij} 的代数余子式记作 A_{ij}，求

$$A_{31}+3A_{32}-2A_{33}+2A_{34}.$$

解 根据行列式的代数余子式的定义和行列式的展开式可知，$A_{31}+3A_{32}-2A_{33}+2A_{34}$ 等于用 1，3，−2，2 代替行列式 D 第 3 行的各元素所得的行列式，即

$$A_{31}+3A_{32}-2A_{33}+2A_{34}=\begin{vmatrix}3&1&-1&2\\-5&1&3&-4\\1&3&-2&2\\1&-5&3&-3\end{vmatrix}\xlongequal{c_4+c_3}\begin{vmatrix}3&1&-1&1\\-5&1&3&-1\\1&3&-2&0\\1&-5&3&0\end{vmatrix}$$

$$\xlongequal{r_2+r_1}\begin{vmatrix}3&1&-1&1\\-2&2&2&0\\1&3&-2&0\\1&-5&3&0\end{vmatrix}=-\begin{vmatrix}-2&2&2\\1&3&-2\\1&-5&3\end{vmatrix}=2\begin{vmatrix}1&-1&-1\\1&3&-2\\1&-5&3\end{vmatrix}$$

$$\xlongequal[r_3-r_1]{r_2-r_1}2\begin{vmatrix}1&-1&-1\\0&4&-1\\0&-4&4\end{vmatrix}\xlongequal{r_3+r_2}2\begin{vmatrix}1&-1&-1\\0&4&-1\\0&0&3\end{vmatrix}=2\times1\times4\times3=24.$$

1.3.2 行列式的典型计算方法

行列式的计算是本章的重点和难点，除了较简单的行列式可以用定义直接计算，典型计算方法有上(下)三角法、降阶法、拆分法等.

1. 上(下)三角法

根据例 1.5 的结论及行列式的运算性质，可把一个行列式化为上(下)三角行列式，从而求得行列式的值，其值即为主对角线元素之积.

例 1.13 计算行列式 $D=\begin{vmatrix}1&-2&3&-4\\2&-1&-5&-2\\3&-5&6&-3\\4&-2&3&-4\end{vmatrix}$.

解 元素 $a_{11}=1$，以第 1 行元素为基础，采用行变换把 D 化为上三角行列式.

$$D=\begin{vmatrix}1&-2&3&-4\\2&-1&-5&-2\\3&-5&6&-3\\4&-2&3&-4\end{vmatrix}\xlongequal[\substack{r_3-3r_1\\r_4-2r_1}]{r_2-2r_1}\begin{vmatrix}1&-2&3&-4\\0&3&-11&6\\0&1&-3&9\\0&6&-9&12\end{vmatrix}\xlongequal{r_2\leftrightarrow r_3}-\begin{vmatrix}1&-2&3&-4\\0&1&-3&9\\0&3&-11&6\\0&6&-9&12\end{vmatrix}$$

$$=(-3)\begin{vmatrix}1&-2&3&-4\\0&1&-3&9\\0&3&-11&6\\0&2&-3&4\end{vmatrix}\xlongequal[r_4-2r_2]{r_3-3r_2}(-3)\begin{vmatrix}1&-2&3&-4\\0&1&-3&9\\0&0&-2&-21\\0&0&3&-14\end{vmatrix}\xlongequal{r_3+r_4}(-3)\begin{vmatrix}1&-2&3&-4\\0&1&-3&9\\0&0&1&-35\\0&0&3&-14\end{vmatrix}$$

$$\xlongequal{r_4-3r_3}(-3)\begin{vmatrix}1&-2&3&-4\\0&1&-3&9\\0&0&1&-35\\0&0&0&91\end{vmatrix}=(-3)\times 91=-273.$$

2. 降阶法

使用 n 阶行列式的定义计算行列式时，一般可利用性质将行列式化为某一行(列)仅剩一个非零元素，然后按此行(列)展开，从而达到降阶的目的.

例 1.14 计算 n 阶行列式 $D_n=\begin{vmatrix}a&b&0&\cdots&0&0\\0&a&b&\cdots&0&0\\0&0&a&\cdots&0&0\\\vdots&\vdots&\vdots&&\vdots&\vdots\\0&0&0&\cdots&a&b\\b&0&0&\cdots&0&a\end{vmatrix}$.

解 该行列式的特点是每行(列)只有两个元素不为 0，并且非零元素的分布规范，可将 n 阶行列式按第 1 列展开可得两个 $n-1$ 阶行列式，即

$$D_n=a\begin{vmatrix}a&b&0&\cdots&0\\0&a&b&\cdots&0\\0&0&a&\cdots&0\\\vdots&\vdots&\vdots&&\vdots\\0&0&0&\cdots&a\end{vmatrix}_{(n-1)}+(-1)^{n+1}b\begin{vmatrix}b&0&0&\cdots&0\\a&b&b&\cdots&0\\0&a&b&\cdots&0\\\vdots&\vdots&\vdots&&\vdots\\0&0&0&\cdots&b\end{vmatrix}_{(n-1)}=a^n+(-1)^{n+1}b^n.$$

例 1.15 证明 n 阶范德蒙德行列式

$$D_n=\begin{vmatrix}1&1&1&\cdots&1\\x_1&x_2&x_3&\cdots&x_n\\x_1^2&x_2^2&x_3^2&\cdots&x_n^2\\\vdots&\vdots&\vdots&&\vdots\\x_1^{n-1}&x_2^{n-1}&x_3^{n-1}&\cdots&x_n^{n-1}\end{vmatrix}=\prod_{1\leqslant i<j\leqslant n}(x_j-x_i),$$

其中记号 $\prod$ 表示连乘，如 $\prod\limits_{i=1}^{n}x_i=x_1x_2\cdots x_n$.

证明 用数学归纳法，每一行减上一行的 x_1 倍，按列展开.

(1) 当 $n=2$ 时，

$$D_2=\begin{vmatrix}1&1\\x_1&x_2\end{vmatrix}=x_2-x_1=\prod_{1\leqslant i<j\leqslant 2}(x_j-x_i),$$

此时等式成立.

(2) 假设 $n-1(n\geqslant 3)$ 阶范德蒙德行列式成立，则对 n 阶范德蒙德行列式，从第 n 行起用每一行减上一行的 x_1 倍，然后按第 1 列展开，即得

$$D_n\xlongequal[i=n,n-1,\cdots,2]{r_i-x_1r_{i-1}}\begin{vmatrix}1&1&1&\cdots&1\\0&x_2-x_1&x_3-x_1&\cdots&x_n-x_1\\0&x_2(x_2-x_1)&x_3(x_3-x_1)&\cdots&x_n(x_n-x_1)\\\vdots&\vdots&\vdots&&\vdots\\0&x_2^{n-2}(x_2-x_1)&x_3^{n-2}(x_3-x_1)&\cdots&x_n^{n-2}(x_n-x_1)\end{vmatrix}$$

$$= (x_2 - x_1)(x_3 - x_1)\cdots(x_n - x_1)\begin{vmatrix} 1 & 1 & \cdots & 1 \\ x_2 & x_3 & \cdots & x_n \\ x_2^2 & x_3^2 & \cdots & x_n^2 \\ \vdots & \vdots & & \vdots \\ x_2^{n-2} & x_3^{n-2} & \cdots & x_n^{n-2} \end{vmatrix}_{(n-1)}$$

$$= (x_2 - x_1)(x_3 - x_1)\cdots(x_n - x_1)\prod_{2\leqslant i<j\leqslant n}(x_j - x_i) = \prod_{1\leqslant i<j\leqslant n}(x_j - x_i).$$

3. 拆分法

当行列式中存在非常明显的和运算，同时行列式的各行（列）的元素除一两个外，其余元素都相同或结构相似时，可先利用性质 1.4 逐步拆分行列式，然后再利用行列式的其他性质进行化简计算.

例 1.16　证明 $\begin{vmatrix} ax+by & ay+bz & az+bx \\ ay+bz & az+bx & ax+by \\ az+bx & ax+by & ay+bz \end{vmatrix} = (a^3+b^3)\begin{vmatrix} x & y & z \\ y & z & x \\ z & x & y \end{vmatrix}$.

证明　等式左端$=\begin{vmatrix} ax & ay+bz & az+bx \\ ay & az+bx & ax+by \\ az & ax+by & ay+bz \end{vmatrix} + \begin{vmatrix} by & ay+bz & az+bx \\ bz & az+bx & ax+by \\ bx & ax+by & ay+bz \end{vmatrix}$

$$=a\begin{vmatrix} x & ay+bz & az+bx \\ y & az+bx & ax+by \\ z & ax+by & ay+bz \end{vmatrix} + b\begin{vmatrix} y & ay+bz & az+bx \\ z & az+bx & ax+by \\ x & ax+by & ay+bz \end{vmatrix}$$

$$=a\begin{vmatrix} x & ay+bz & az \\ y & az+bx & ax \\ z & ax+by & ay \end{vmatrix} + a\begin{vmatrix} x & ay+bz & bx \\ y & az+bx & by \\ z & ax+by & bz \end{vmatrix} +$$

$$b\begin{vmatrix} y & ay & az+bx \\ z & az & ax+by \\ x & ax & ay+bz \end{vmatrix} + b\begin{vmatrix} y & bz & az+bx \\ z & bx & ax+by \\ x & by & ay+bz \end{vmatrix}$$

$$=a^2\begin{vmatrix} x & ay+bz & z \\ y & az+bx & x \\ z & ax+by & y \end{vmatrix} + b^2\begin{vmatrix} y & z & az+bx \\ z & x & ax+by \\ x & y & ay+bz \end{vmatrix}$$

$$=a^2\begin{vmatrix} x & ay & z \\ y & az & x \\ z & ax & y \end{vmatrix} + a^2\begin{vmatrix} x & bz & z \\ y & bx & x \\ z & by & y \end{vmatrix} + b^2\begin{vmatrix} y & z & az \\ z & x & ax \\ x & y & ay \end{vmatrix} + b^2\begin{vmatrix} y & z & bx \\ z & x & by \\ x & y & bz \end{vmatrix}$$

$$=a^3\begin{vmatrix} x & y & z \\ y & z & x \\ z & x & y \end{vmatrix} + b^3\begin{vmatrix} y & z & x \\ z & x & y \\ x & y & z \end{vmatrix} = a^3\begin{vmatrix} x & y & z \\ y & z & x \\ z & x & y \end{vmatrix} - b^3\begin{vmatrix} x & z & y \\ y & x & z \\ z & y & x \end{vmatrix}$$

$$=a^3\begin{vmatrix} x & y & z \\ y & z & x \\ z & x & y \end{vmatrix} + b^3\begin{vmatrix} x & y & z \\ y & z & x \\ z & x & y \end{vmatrix} = \text{等式右端}.$$

所以该题得证.

例 1.17 已知 $abcd=1$，计算行列式 $D=\begin{vmatrix} a^2+\frac{1}{a^2} & b^2+\frac{1}{b^2} & c^2+\frac{1}{c^2} & d^2+\frac{1}{d^2} \\ a & b & c & d \\ \frac{1}{a} & \frac{1}{b} & \frac{1}{c} & \frac{1}{d} \\ 1 & 1 & 1 & 1 \end{vmatrix}$.

解 根据性质 1.4 得

$$D=\begin{vmatrix} a^2 & b^2 & c^2 & d^2 \\ a & b & c & d \\ \frac{1}{a} & \frac{1}{b} & \frac{1}{c} & \frac{1}{d} \\ 1 & 1 & 1 & 1 \end{vmatrix}+\begin{vmatrix} \frac{1}{a^2} & \frac{1}{b^2} & \frac{1}{c^2} & \frac{1}{d^2} \\ a & b & c & d \\ \frac{1}{a} & \frac{1}{b} & \frac{1}{c} & \frac{1}{d} \\ 1 & 1 & 1 & 1 \end{vmatrix}$$

$$=abcd\begin{vmatrix} a & b & c & d \\ 1 & 1 & 1 & 1 \\ \frac{1}{a^2} & \frac{1}{b^2} & \frac{1}{c^2} & \frac{1}{d^2} \\ \frac{1}{a} & \frac{1}{b} & \frac{1}{c} & \frac{1}{d} \end{vmatrix}+\begin{vmatrix} \frac{1}{a^2} & \frac{1}{b^2} & \frac{1}{c^2} & \frac{1}{d^2} \\ a & b & c & d \\ \frac{1}{a} & \frac{1}{b} & \frac{1}{c} & \frac{1}{d} \\ 1 & 1 & 1 & 1 \end{vmatrix}$$

$$=abcd\begin{vmatrix} a & b & c & d \\ 1 & 1 & 1 & 1 \\ \frac{1}{a^2} & \frac{1}{b^2} & \frac{1}{c^2} & \frac{1}{d^2} \\ \frac{1}{a} & \frac{1}{b} & \frac{1}{c} & \frac{1}{d} \end{vmatrix}+(-1)^3\begin{vmatrix} a & b & c & d \\ 1 & 1 & 1 & 1 \\ \frac{1}{a^2} & \frac{1}{b^2} & \frac{1}{c^2} & \frac{1}{d^2} \\ \frac{1}{a} & \frac{1}{b} & \frac{1}{c} & \frac{1}{d} \end{vmatrix}=0.$$

4. 递推法

当行列式除个别的行(列)外，各行(列)所含元素基本相同，且相同的元素呈阶梯状分布时，可以采取递推法求解行列式，即找到相邻阶行列式的递推关系，进而归纳求解.

例 1.18 计算行列式 $D_n=\begin{vmatrix} x & -1 & 0 & \cdots & 0 & 0 \\ 0 & x & -1 & \cdots & 0 & 0 \\ 0 & 0 & x & \cdots & 0 & 0 \\ \vdots & \vdots & \vdots & & \vdots & \vdots \\ 0 & 0 & 0 & \cdots & x & -1 \\ a_n & a_{n-1} & a_{n-2} & \cdots & a_2 & x+a_1 \end{vmatrix}$.

解 按第 1 列展开，得

$$D_n=x\begin{vmatrix} x & -1 & \cdots & 0 & 0 \\ 0 & x & \cdots & 0 & 0 \\ \vdots & \vdots & & \vdots & \vdots \\ 0 & 0 & \cdots & x & -1 \\ a_{n-1} & a_{n-2} & \cdots & a_2 & x+a_1 \end{vmatrix}+(-1)^{n+1}\cdot(-1)^{n-1}a_n,$$

即有递推关系 $D_n=xD_{n-1}+a_n$，从而

$$D_n=x(xD_{n-2}+a_{n-1})+a_n=x^2D_{n-2}+a_{n-1}x+a_n=\cdots=x^n+a_1x^{n-1}+\cdots+a_{n-1}x+a_n.$$

1.4　克拉默法则

当线性方程组中方程个数等于未知量个数时，可利用行列式来求解这一类特殊的线性方程组. 在本章的 1.1 中，已利用二阶行列式求解二元一次方程组，本节将介绍求解由 n 个 n 元线性方程构成的线性方程组的克拉默法则.

在 1.1 中求解含有 2 个未知量的线性方程组

$$\begin{cases}a_{11}x_1+a_{12}x_2=b_1,\\a_{21}x_1+a_{22}x_2=b_2.\end{cases}$$

得到当 $D\neq 0$ 时，方程组有唯一解

$$\begin{cases}x_1=\dfrac{b_1a_{22}-a_{12}b_2}{a_{11}a_{22}-a_{12}a_{21}}=\dfrac{D_1}{D},\\[2ex]x_2=\dfrac{b_2a_{11}-a_{21}b_1}{a_{11}a_{22}-a_{12}a_{21}}=\dfrac{D_2}{D}.\end{cases}$$

其中，由方程组未知量的系数构成 $D=\begin{vmatrix}a_{11}&a_{12}\\a_{21}&a_{22}\end{vmatrix}$，称为系数行列式，将 D 中第 1 列的元素换成对应的常数项，得 $D_1=\begin{vmatrix}b_1&a_{12}\\b_2&a_{22}\end{vmatrix}$，将 D 中第 2 列的元素换成对应的常数项，得 $D_2=\begin{vmatrix}a_{11}&b_1\\a_{21}&b_2\end{vmatrix}$.

这个结果可以推广到 n 个方程 n 个未知量的情形，为此，我们先给出下面定理.

定理 1.2　对于 n 阶行列式

$$D=\begin{vmatrix}a_{11}&\cdots&a_{1j}&\cdots&a_{1t}&\cdots&a_{1n}\\\vdots&&\vdots&&\vdots&&\vdots\\a_{i1}&\cdots&a_{ij}&\cdots&a_{it}&\cdots&a_{in}\\\vdots&&\vdots&&\vdots&&\vdots\\a_{l1}&\cdots&a_{lj}&\cdots&a_{lt}&\cdots&a_{ln}\\\vdots&&\vdots&&\vdots&&\vdots\\a_{n1}&\cdots&a_{nj}&\cdots&a_{nt}&\cdots&a_{nn}\end{vmatrix},$$

必有以下两组关系式成立：

$$\sum_{j=1}^{n}a_{ij}A_{lj}=a_{i1}A_{l1}+\cdots+a_{ij}A_{lj}+\cdots+a_{in}A_{ln}=\begin{cases}D,&\text{当 } i=l \text{ 时},\\0,&\text{当 } i\neq l \text{ 时};\end{cases}$$

$$\sum_{i=1}^{n}a_{ij}A_{it}=a_{1j}A_{1t}+\cdots+a_{ij}A_{it}+\cdots+a_{nj}A_{nt}=\begin{cases}D,&\text{当 } j=t \text{ 时},\\0,&\text{当 } j\neq t \text{ 时}.\end{cases}$$

此定理可由定理 1.1 和它的推论立即推导得出.

现在可利用这个定理来求解三元线性方程组

$$\begin{cases} a_{11}x_1+a_{12}x_2+a_{13}x_3=b_1, & (1)\\ a_{21}x_1+a_{22}x_2+a_{23}x_3=b_2, & (2)\\ a_{31}x_1+a_{32}x_2+a_{33}x_3=b_3. & (3)\end{cases}$$

记

$$D=\begin{vmatrix} a_{11} & a_{12} & a_{13}\\ a_{21} & a_{22} & a_{23}\\ a_{31} & a_{32} & a_{33}\end{vmatrix},D_1=\begin{vmatrix} b_1 & a_{12} & a_{13}\\ b_2 & a_{22} & a_{23}\\ b_3 & a_{32} & a_{33}\end{vmatrix},D_2=\begin{vmatrix} a_{11} & b_1 & a_{13}\\ a_{21} & b_2 & a_{23}\\ a_{31} & b_3 & a_{33}\end{vmatrix},D_3=\begin{vmatrix} a_{11} & a_{12} & b_1\\ a_{21} & a_{22} & b_2\\ a_{31} & a_{32} & b_3\end{vmatrix}.$$

利用各个 a_{ij} 在 D 中的代数余子式 A_{ij}，并根据定理 1.2，计算 $A_{11}\times(1)+A_{21}\times(2)+A_{31}\times(3)$，得到

$$\begin{aligned}&(a_{11}A_{11}x_1+a_{12}A_{11}x_2+a_{13}A_{11}x_3)+(a_{21}A_{21}x_1+a_{22}A_{21}x_2+a_{23}A_{21}x_3)+\\&(a_{31}A_{31}x_1+a_{32}A_{31}x_2+a_{33}A_{31}x_3)\\=&b_1A_{11}+b_2A_{21}+b_3A_{31},\end{aligned}$$

即

$$(a_{11}A_{11}+a_{21}A_{21}+a_{31}A_{31})x_1+(a_{12}A_{11}+a_{22}A_{21}+a_{32}A_{31})x_2+(a_{13}A_{11}+a_{23}A_{21}+a_{33}A_{31})x_3$$
$$=b_1A_{11}+b_2A_{21}+b_3A_{31}. \tag{1.5}$$

由定理 1.2 知

$$a_{11}A_{11}+a_{21}A_{21}+a_{31}A_{31}=D,\quad a_{12}A_{11}+a_{22}A_{21}+a_{32}A_{31}=0,$$
$$a_{13}A_{11}+a_{23}A_{21}+a_{33}A_{31}=0,\quad b_1A_{11}+b_2A_{21}+b_3A_{31}=D_1.$$

于是(1.5)式可消去 x_2,x_3，得到 $Dx_1=D_1$.

类似地，计算 $A_{12}\times(1)+A_{22}\times(2)+A_{32}\times(3)$将消去 x_1,x_3 得到 $Dx_2=D_2$；计算 $A_{13}\times(1)+A_{23}\times(2)+A_{33}\times(3)$将消去 x_1,x_2 得到 $Dx_3=D_3$.

因此，当系数行列式 $D\neq0$ 时，可以得到上述三元非齐次线性方程组的唯一解：

$$x_j=\frac{D_j}{D}(j=1,2,3).$$

含有 n 个方程的 n 元线性方程组的一般形式为

$$\begin{cases} a_{11}x_1+a_{12}x_2+\cdots+a_{1n}x_n=b_1,\\ a_{21}x_1+a_{22}x_2+\cdots+a_{2n}x_n=b_2,\\ \qquad\qquad\vdots\\ a_{n1}x_1+a_{n2}x_2+\cdots+a_{nn}x_n=b_n.\end{cases} \tag{1.6}$$

其中，$x_1,x_2,\cdots,x_n$ 表示 n 个未知量，$a_{ij},b_j(i=1,2,\cdots,n;j=1,2,\cdots,n)$均为常数. 方程组未知量的系数构成的 n 阶行列式

$$D=\begin{vmatrix} a_{11} & a_{12} & \cdots & a_{1n}\\ a_{21} & a_{22} & \cdots & a_{2n}\\ \vdots & \vdots & & \vdots\\ a_{n1} & a_{n2} & \cdots & a_{nn}\end{vmatrix},$$

称为方程组(1.6)的系数行列式.

定理 1.3(克拉默法则) 如果含有 n 个方程的 n 元线性方程组(1.6)的系数行列式 $D\neq$

0,则方程组必有唯一解:

$$x_1=\frac{D_1}{D},x_2=\frac{D_2}{D},\cdots,x_n=\frac{D_n}{D}.$$

其中,$D_j(j=1,2,\cdots,n)$是将系数行列式 D 中第 j 列元素 $a_{1j},a_{2j},\cdots,a_{nj}$ 对应换成方程组的常数项 $b_1,b_2,\cdots,b_n$ 所得到的行列式

$$D_j=\begin{vmatrix} a_{11} & \cdots & a_{1,j-1} & b_1 & a_{1,j+1} & \cdots & a_{1n} \\ \vdots & & \vdots & \vdots & \vdots & & \vdots \\ a_{i1} & \cdots & a_{i,j-1} & b_i & a_{i,j+1} & \cdots & a_{in} \\ \vdots & & \vdots & \vdots & \vdots & & \vdots \\ a_{n1} & \cdots & a_{n,j-1} & b_n & a_{n,j+1} & \cdots & a_{nn} \end{vmatrix}.$$

证明　用系数行列式 D 的第 j 列元素的代数余子式依次分别乘方程组(1.6)的 n 个方程两端,然后竖式相加,根据定理 1.2 得

$$x_jD=D_j(j=1,2,\cdots,n).$$

因为 $D\neq0$,所以有

$$x_j=\frac{D_j}{D}(j=1,2,\cdots,n).$$

下面证明上述解是唯一的.假设 $x_1=c_1,x_2=c_2,\cdots,x_n=c_n$ 是 n 元线性方程组(1.6)的任意一个解,结合行列式的性质有

$$c_1D=\begin{vmatrix} a_{11}c_1 & a_{12} & \cdots & a_{1n} \\ a_{21}c_1 & a_{22} & \cdots & a_{2n} \\ \vdots & \vdots & & \vdots \\ a_{n1}c_1 & a_{n2} & \cdots & a_{nn} \end{vmatrix}=\begin{vmatrix} a_{11}c_1+a_{12}c_2+\cdots+a_{1n}c_n & a_{12} & \cdots & a_{1n} \\ a_{21}c_1+a_{22}c_2+\cdots+a_{2n}c_n & a_{22} & \cdots & a_{2n} \\ \vdots & \vdots & & \vdots \\ a_{n1}c_1+a_{n2}c_2+\cdots+a_{nn}c_n & a_{n2} & \cdots & a_{nn} \end{vmatrix}$$

$$=\begin{vmatrix} b_1 & a_{12} & \cdots & a_{1n} \\ b_2 & a_{22} & \cdots & a_{2n} \\ \vdots & \vdots & & \vdots \\ b_n & a_{n2} & \cdots & a_{nn} \end{vmatrix}=D_1,$$

于是 $c_1=\dfrac{D_1}{D}$.

类似地,可推导出 $c_2=\dfrac{D_2}{D},c_3=\dfrac{D_3}{D},\cdots,c_n=\dfrac{D_n}{D}$,则解的唯一性得证.

例 1.19　求解

$$\begin{cases} x_1+x_2-2x_3=-3, \\ 5x_1-2x_2+7x_3=22, \\ 2x_1-5x_2+4x_3=4. \end{cases}$$

解　计算以下行列式:

$$D=\begin{vmatrix} 1 & 1 & -2 \\ 5 & -2 & 7 \\ 2 & -5 & 4 \end{vmatrix}=\begin{vmatrix} 1 & 0 & 0 \\ 5 & -7 & 17 \\ 2 & -7 & 8 \end{vmatrix}=(-7)\times(8-17)=63,$$

$$D_1=\begin{vmatrix} -3 & 1 & -2 \\ 22 & -2 & 7 \\ 4 & -5 & 4 \end{vmatrix}=\begin{vmatrix} 0 & 1 & 0 \\ 16 & -2 & 3 \\ -11 & -5 & -6 \end{vmatrix}=-\begin{vmatrix} 16 & 3 \\ -11 & -6 \end{vmatrix}=63,$$

$$D_2=\begin{vmatrix}1&-3&-2\\5&22&7\\2&4&4\end{vmatrix}=\begin{vmatrix}1&0&0\\5&37&17\\2&10&8\end{vmatrix}=37\times8-17\times10=126,$$

$$D_3=\begin{vmatrix}1&1&-3\\5&-2&22\\2&-5&4\end{vmatrix}=\begin{vmatrix}1&0&0\\5&-7&37\\2&-7&10\end{vmatrix}=(-7)\times(10-37)=189.$$

由于方程组的系数行列式 $D=63\neq0$，根据克拉默法则，得方程组的唯一解：

$$x_1=\frac{D_1}{D}=\frac{63}{63}=1,x_2=\frac{D_2}{D}=\frac{126}{63}=2,x_3=\frac{D_3}{D}=\frac{189}{63}=3.$$

如果线性方程组(1.6)的常数项 $b_1,b_2,\cdots,b_n$ 全为零，即

$$\begin{cases}a_{11}x_1+a_{12}x_2+\cdots+a_{1n}x_n=0,\\a_{21}x_1+a_{22}x_2+\cdots+a_{2n}x_n=0,\\\quad\vdots\\a_{n1}x_1+a_{n2}x_2+\cdots+a_{nn}x_n=0,\end{cases}\tag{1.7}$$

则该方程组称为齐次线性方程组.

定理 1.4 如果齐次线性方程组(1.7)的系数行列式 $D\neq0$，则它只有零解：

$$x_1=x_2=\cdots=x_n=0.$$

证明 因为 $D\neq0$，根据克拉默法则，方程组(1.7)有唯一解：

$$x_j=\frac{D_j}{D}(j=1,2,\cdots,n).$$

又由于行列式 D_j 的第 j 列的元素全为零，因而 $D_j=0$，则齐次线性方程组(1.7)仅有零解.

推论 如果齐次线性方程组(1.7)有非零解，则它的系数行列式 $D=0$.

例 1.20 判断线性方程组

$$\begin{cases}x_1+3x_2-x_3+2x_4=0,\\x_1-5x_2+3x_3-4x_4=0,\\2x_2+x_3-x_4=0,\\-5x_1+x_2+3x_3-3x_4=0\end{cases}$$

是否只有零解.

解 因为方程组的系数行列式

$$D=\begin{vmatrix}1&3&-1&2\\1&-5&3&-4\\0&2&1&-1\\-5&1&3&-3\end{vmatrix}=\begin{vmatrix}1&3&-1&2\\0&-8&4&-6\\0&2&1&-1\\0&16&-2&7\end{vmatrix}=-2\begin{vmatrix}4&-2&3\\2&1&-1\\16&-2&7\end{vmatrix}$$

$$=-2\times2\times\begin{vmatrix}2&-2&3\\1&1&-1\\8&-2&7\end{vmatrix}=-4\begin{vmatrix}5&1&3\\0&0&-1\\15&5&7\end{vmatrix}=-4\begin{vmatrix}5&1\\15&5\end{vmatrix}=-40\neq0,$$

所以方程组只有零解.

例 1.21 当 k 为何值时，齐次线性方程组

$$\begin{cases} kx_1+x_4=0, \\ x_1+2x_2-x_4=0, \\ (k+2)x_1-x_2+4x_4=0, \\ 2x_1+x_2+3x_3+kx_4=0 \end{cases}$$

只有零解.

解 方程组的系数行列式

$$D=\begin{vmatrix} k & 0 & 0 & 1 \\ 1 & 2 & 0 & -1 \\ k+2 & -1 & 0 & 4 \\ 2 & 1 & 3 & k \end{vmatrix}=-3\begin{vmatrix} k & 0 & 1 \\ 1 & 2 & -1 \\ k+2 & -1 & 4 \end{vmatrix}=-3\begin{vmatrix} k & 0 & 1 \\ 2k+5 & 0 & 7 \\ k+2 & -1 & 4 \end{vmatrix}$$

$$=-3(5k-5).$$

只有 $D\neq 0$ 时，齐次线性方程组才只有零解，所以 $k\neq 1$.

1.5 运用 MATLAB 计算行列式

1.5.1 MATLAB 简介

MATLAB 是 matrix laboratory（矩阵实验室）的缩写，它是以线性代数软件包 LINPACK 和特征值计算软件包 EISPACK 中的子程序为基础发展起来的一种开放式程序设计语言，是一种高性能的工程计算语言. MATLAB 是一种专门用于数值计算和数据可视化的高级编程语言和环境，广泛应用于科学、工程、金融等领域. 下面是 MATLAB 软件的简介：

(1)数值计算和可视化. MATLAB 提供了丰富的数值计算功能，包括矩阵和数组操作、数值优化、微分方程求解、统计分析等. 同时，它还具备强大的数据可视化能力，可以生成高质量的二维图形、三维图形和动画.

(2)编程语言. MATLAB 采用了自己独特的编程语言，该语言易于学习和使用，具有类似于 C、C++ 和 Python 的语法结构. 用户可以使用 MATLAB 语言编写脚本文件和函数来实现复杂的算法与应用.

(3)工具箱和应用程序. MATLAB 提供了许多专业工具箱和应用程序，涵盖信号处理、图像处理、控制系统设计、机器学习、深度学习、通信等各个领域. 这些工具箱和应用程序扩展了 MATLAB 的功能，并使其适用于不同的应用场景.

(4)交互式环境. MATLAB 具有交互式的开发环境，即命令窗口和集成开发环境（integrated development environment，IDE）. 命令窗口允许用户逐行输入和执行命令，方便进行快速的计算和试验. 而 MATLAB 的 IDE 提供了丰富的功能，包括编辑器、调试器和工作空间管理器等.

(5)跨平台支持. MATLAB 可在多个操作系统上运行，包括 Windows、Mac 和 Linux. 这

使得用户能够在不同的计算机平台上共享和移植MATLAB代码和应用程序.

总之,通过MATLAB,用户可以进行数学建模、数据分析、算法开发和可视化等任务.它在科学研究、工程设计和教育等领域中广泛使用,并且拥有庞大的用户社区和资源库,为用户提供了丰富的支持和交流平台.

本书以MATLAB2019B版本为基础进行编写.

1.5.2 用MATLAB计算行列式

在MATLAB中,可以使用"DET(A)"函数来计算矩阵的行列式,其中**A**可以是数值矩阵,也可以是符号矩阵.以下是计算行列式的基本步骤:

(1)定义矩阵:首先,在MATLAB中定义一个矩阵.例如,可以使用"[ ]"或EYE函数创建一个矩阵,如"A=[1 2; 3 4]; % 创建一个2×2的矩阵".

(2)计算行列式:使用"DET(A)"函数计算矩阵的行列式.例如"DETERMINANT = DET(A);"将计算矩阵A的行列式,并将结果存储在变量DETERMINANT中.

完整的示例代码如下:

```
A = [1 2; 3 4];                  % 创建一个2×2的矩阵
DETERMINANT = DET(A);            % 计算矩阵A的行列式
DISP(DETERMINANT);               % 显示行列式的结果
```

值得注意的是,MATLAB中的DET函数仅适用于方阵($n\times n$)的行列式计算.如果矩阵不是方阵,将会产生错误.使用这种方法,可以在MATLAB中轻松计算矩阵的行列式.

例1.22 计算行列式

$$\begin{vmatrix} 2 & 1 & 4 & 1 \\ 3 & -1 & 2 & 1 \\ 5 & 2 & 3 & 2 \\ 7 & 0 & 2 & 5 \end{vmatrix}$$

的值.

解

```
>> A=[2 1 4 1;3 -1 2 1;5 2 3 2;7 0 2 5]  %创建数值矩阵A

A =

     2     1     4     1
     3    -1     2     1
     5     2     3     2
     7     0     2     5

>> ans=det(A);  %计算矩阵A对应的行列式
>> disp(ans)   %显示行列式的值
   81.0000
```

例 1.23　计算行列式

$$\begin{vmatrix} a & b & b & b \\ a & a & b & b \\ a & b & a & b \\ b & b & b & a \end{vmatrix}$$

的值.

解

```
>> syms a b;    %定义a,b为符号变量
>> A=[a b b b;a a b b;a b a b;b b b a];   %创建矩阵A
>> ans=det(A);   %计算矩阵A对应的行列式
>> disp(ans)    %显示行列式的值
-(a - b)*(- a^3 + a^2*b + a*b^2 - b^3)
```

说明: 必须先用函数 syms 定义 a,b 为符号变量,然后才可以对 a,b 进行一些符号操作.

习题一

1. 利用对角线法则计算下列行列式:

(1)$\begin{vmatrix} 3 & 1 \\ 2 & -2 \end{vmatrix}$;　(2)$\begin{vmatrix} 1 & 3 & 2 \\ 2 & 1 & 3 \\ 1 & 0 & 2 \end{vmatrix}$;　(3)$\begin{vmatrix} 1 & 1 & 3 \\ -3 & -1 & 1 \\ 3 & 1 & -1 \end{vmatrix}$.

2. 按自然数从小到大为标准次序,求下列各排列的逆序数:

(1)4132;　(2)3421;

(3)53142;　(3)$135\cdots(2n-1)246\cdots(2n)$.

3. 已知 $6i541j$ 为奇排列,则 $i=$________,$j=$________.

4. 在六阶行列式中,下列各元素乘积是否为行列式的一项?若是行列式的项,应取什么符号?

(1)$a_{15}a_{23}a_{36}a_{44}a_{51}a_{62}$;　(2)$a_{13}a_{36}a_{21}a_{65}a_{52}a_{44}$.

5. 求下列行列的值:

(1)$\begin{vmatrix} 1 & 2 & 3 \\ 3 & 1 & 2 \\ 2 & 3 & 1 \end{vmatrix}$;　(2)$\begin{vmatrix} 1 & x & x^2 \\ 1 & y & y^2 \\ 1 & z & z^2 \end{vmatrix}$;

(3)$\begin{vmatrix} 0 & 2 & -2 & 2 \\ 1 & 3 & 0 & 4 \\ -2 & -11 & 3 & -16 \\ 0 & -7 & 3 & 1 \end{vmatrix}$;　(4)$\begin{vmatrix} 3 & 1 & -1 & 2 \\ -5 & 1 & 3 & -4 \\ 2 & 0 & 1 & -1 \\ 1 & -5 & 3 & -3 \end{vmatrix}$;

(5) $\begin{vmatrix} 1 & 2 & -1 & 2 \\ 3 & 0 & 1 & 5 \\ 1 & -2 & 0 & 3 \\ -2 & -4 & 1 & 6 \end{vmatrix}$；　　(6) $\begin{vmatrix} 3 & 1 & -1 & 2 \\ -5 & 1 & 3 & -4 \\ 2 & 0 & 1 & -1 \\ 1 & -5 & 3 & -3 \end{vmatrix}$.

6. 证明下列行列式等式成立：

(1) $\begin{vmatrix} x_1+ky_1 & y_1+lz_1 & z_1 \\ x_2+ky_2 & y_2+lz_2 & z_2 \\ x_3+ky_3 & y_3+lz_3 & z_3 \end{vmatrix} = \begin{vmatrix} x_1 & y_1 & z_1 \\ x_2 & y_2 & z_2 \\ x_3 & y_3 & z_3 \end{vmatrix}$；

(2) $\begin{vmatrix} y_1+z_1 & z_1+x_1 & x_1+y_1 \\ y_2+z_2 & z_2+x_2 & x_2+y_2 \\ y_3+z_3 & z_3+x_3 & x_3+y_3 \end{vmatrix} = 2\begin{vmatrix} x_1 & y_1 & z_1 \\ x_2 & y_2 & z_2 \\ x_3 & y_3 & z_3 \end{vmatrix}$.

7. 求出 $D=\begin{vmatrix} 2 & -1 & 0 \\ 4 & 1 & 2 \\ -1 & 1 & -1 \end{vmatrix}$ 中所有元素的余子式和代数余子式，并求出 D 的值.

8. 设四阶行列式 $\begin{vmatrix} 3 & -5 & 2 & 1 \\ 1 & 1 & 0 & -5 \\ -1 & 3 & 1 & 3 \\ 2 & -4 & -1 & -3 \end{vmatrix}$，试分别求出它第一行各元素的代数余子式之和 $A_{11}+A_{12}+A_{13}+A_{14}$，它的第一列各元素的余子式之和 $M_{11}+M_{21}+M_{31}+M_{41}$.

9. 计算下列行列式：

(1) $\begin{vmatrix} 0 & 1 & 0 & 0 & \cdots & 0 \\ 0 & 0 & 2 & 0 & \cdots & 0 \\ 0 & 0 & 0 & 3 & \cdots & 0 \\ \vdots & \vdots & \vdots & \ddots & \ddots & \vdots \\ 0 & 0 & 0 & \cdots & 0 & n-1 \\ n & 0 & 0 & \cdots & 0 & 0 \end{vmatrix}$；　　(2) $\begin{vmatrix} x & a & \cdots & a \\ a & x & \cdots & a \\ \vdots & \ddots & \ddots & \vdots \\ a & a & \cdots & x \end{vmatrix}$；

(3) $D_{n+1}=\begin{vmatrix} a^n & (a-1)^n & \cdots & (a-n)^n \\ a^{n-1} & (a-1)^{n-1} & \cdots & (a-n)^{n-1} \\ \vdots & \vdots & & \vdots \\ a & a-1 & \cdots & a-n \\ 1 & 1 & \cdots & 1 \end{vmatrix}$（提示：利用范德蒙德行列式的结果）；

(4) $D_{2n}=\begin{vmatrix} a_n & & & & & b_n \\ & \ddots & & & \iddots & \\ & & a_1 & b_1 & & \\ & & c_1 & d_1 & & \\ & \iddots & & & \ddots & \\ c_n & & & & & d_n \end{vmatrix}$，其中未写出的元素都是 0.

10. 解下列线性方程组：

(1) $\begin{cases} x_2+2x_3=-5, \\ x_1+x_2+4x_3=-11, \\ 2x_1-x_2=1. \end{cases}$　　(2) $\begin{cases} x_1+2x_2-x_3=1, \\ 2x_1-x_2+x_3=3, \\ -x_1+x_2-2x_3=2. \end{cases}$

11. 判断齐次线性方程组

$$\begin{cases} 2x_1+2x_2-x_3=0, \\ x_1-2x_2+4x_3=0, \\ 5x_1+8x_2-2x_3=0 \end{cases}$$

是否只有零解.

12. 问 λ 取何值时，齐次线性方程组

$$\begin{cases} (1-\lambda)x_1-2x_2+4x_3=0, \\ 2x_1+(3-\lambda)x_2+x_3=0, \\ x_1+x_2+(1-\lambda)x_3=0 \end{cases}$$

有非零解.

第 2 章　矩阵及其运算

矩阵是线性代数中最基本且最重要的概念之一. 无论是解决实际问题还是推动科学发展,矩阵的应用无处不在. 通过矩阵,我们可以描述和处理各种现象和数据. 从图像处理到机器学习,从电路分析到社交网络分析,矩阵都扮演着关键的角色. 本章首先介绍矩阵的基本定义和表示方法,以便准确地描述和处理现实世界中的问题;接着学习如何进行矩阵的线性运算、矩阵的乘法、矩阵的转置、初等变换和求矩阵的秩等,这些运算对解决线性方程组和推导数学模型至关重要;然后介绍分块矩阵的定义及运算;最后探索运用 MATLAB 进行矩阵运算. 本章中介绍的对角矩阵、上三角矩阵、伴随矩阵、初等矩阵、逆矩阵和分块矩阵等,这些特殊矩阵在许多实际问题中都扮演着重要角色,它们的性质和运算法则将对我们日后的学习和应用产生深远影响.

2.1　矩阵的基本概念

引例 2.1　在第 1 章中我们讨论过二元线性方程组

$$\begin{cases} a_{11}x_1+a_{12}x_2=b_1, \\ a_{21}x_1+a_{22}x_2=b_2. \end{cases}$$

它的未知数的系数和常数项按原来的相对位置,可以排成一个 2 行 3 列的表:

$$\begin{matrix} a_{11} & a_{12} & b_1 \\ a_{21} & a_{22} & b_2 \end{matrix}$$

由这个表,我们可以研究两个方程之间的关系,由表的各列可以确定常数项和各个未知量的系数之间的关系. 这将为我们深入研究方程组有解的条件以及在有解时讨论解之间的关系带来很大的方便.

引例 2.2　某加工厂向 3 个商场(编号 1,2,3)配送 4 种产品(编号Ⅰ,Ⅱ,Ⅲ,Ⅳ)的供货量见表 2.1.

表 2.1　供货情况

单位:件

项　目	商场 1	商场 2	商场 3
产品Ⅰ	12	21	32
产品Ⅱ	25	30	18
产品Ⅲ	42	34	26
产品Ⅳ	27	46	38

表 2.1 中的这些数据也可以排列成一个 4 行 3 列的数表：

$$\begin{matrix} 12 & 21 & 32 \\ 25 & 30 & 18 \\ 42 & 34 & 26 \\ 27 & 46 & 38 \end{matrix}$$

在很多实际问题中，我们经常也会遇到这样的数表，并且要对它们进行研究和处理. 为了方便使用，我们从这些数表中抽象出了矩阵的定义.

2.1.1　矩阵的概念

定义 2.1　由 $m\times n$ 个数 $a_{ij}(i=1,2,\cdots,m;j=1,2,\cdots,n)$ 按一定顺序排成的 m 行 n 列的矩形数表，称为 $m\times n$ 矩阵，简称矩阵. 矩阵用黑体的大写英文字母表示，记作

$$\boldsymbol{A}=\begin{pmatrix} a_{11} & a_{12} & \cdots & a_{1n} \\ a_{21} & a_{22} & \cdots & a_{2n} \\ \vdots & \vdots & & \vdots \\ a_{m1} & a_{m2} & \cdots & a_{mn} \end{pmatrix}.$$

这些 $m\times n$ 个数称为矩阵 $\boldsymbol{A}$ 的元素，其中数 a_{ij} 为位于矩阵 $\boldsymbol{A}$ 中第 i 行第 j 列的元素. 以 a_{ij} 为元素的矩阵记为 (a_{ij}) 或 $(a_{ij})_{m\times n}$，$m\times n$ 矩阵 $\boldsymbol{A}$ 也记作 $\boldsymbol{A}_{m\times n}$.

元素 a_{ij} 为实数的矩阵称为实(数)矩阵，元素 a_{ij} 为复数的矩阵称为复(数)矩阵. 本书中的矩阵除特别说明外，都是指实(数)矩阵.

行数与列数都等于 $n(m=n)$ 的矩阵称为 n 阶方阵.

特殊情况下，行数为 1，列数为 n(只有一行)的矩阵

$$\boldsymbol{A}=(a_1 \quad a_2 \quad \cdots \quad a_n)$$

称为行矩阵或行向量. 行矩阵也可记为

$$\boldsymbol{A}=(a_1,a_2,\cdots,a_n).$$

行数为 m，列数为 1(只有一列)的矩阵

$$\boldsymbol{B}=\begin{pmatrix} a_1 \\ a_2 \\ \vdots \\ a_m \end{pmatrix}$$

称为列矩阵或列向量.

若矩阵 $\boldsymbol{A}$ 与矩阵 $\boldsymbol{B}$ 的行数与列数均相等，则称矩阵 $\boldsymbol{A}$ 与 $\boldsymbol{B}$ 为同型矩阵.

在引例 2.1 中，二元线性方程组的系数和常数项可用 2×3 矩阵表示为

$$\boldsymbol{A}=\begin{pmatrix} a_{11} & a_{12} & b_1 \\ a_{21} & a_{22} & b_2 \end{pmatrix}.$$

在引例 2.2 中，该加工厂的配送量可用 4×3 矩阵表示为

$$\boldsymbol{B}=\begin{pmatrix} 12 & 21 & 32 \\ 25 & 30 & 18 \\ 42 & 34 & 26 \\ 27 & 46 & 38 \end{pmatrix}.$$

例 2.1 5 个机场 a,b,c,d,e 之间的航线如图 2.1 所示.假设机场之间是按箭头方向单向航行的.

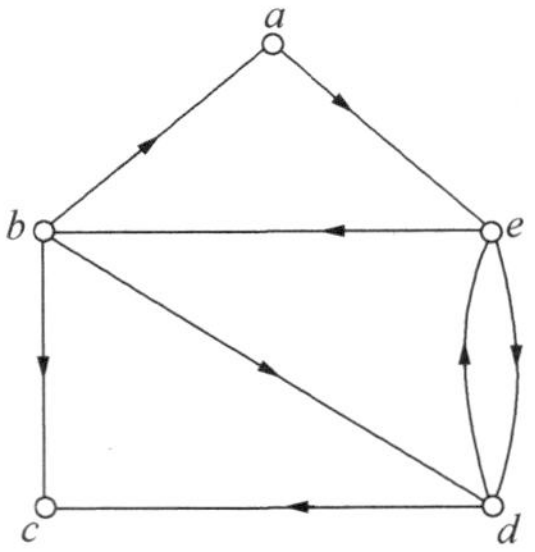

图 2.1 航线示意

如果记

$$a_{xy}=\begin{cases}1, & \text{从 } x \text{ 机场飞往 } y \text{ 机场有航班,}\\ 0, & \text{从 } x \text{ 机场飞往 } y \text{ 机场没有航班,}\end{cases}$$

则 5 个机场间的航线情况可用下列矩阵表示:

$$\boldsymbol{C}=\begin{pmatrix}0&0&0&0&1\\1&0&1&1&0\\0&0&0&0&0\\0&0&1&0&1\\0&1&0&1&0\end{pmatrix}.$$

2.1.2 几种特殊矩阵

1. 零矩阵

元素均为 0 的矩阵称为零矩阵,记为 $\mathbf{0}_{m\times n}$,也简记为 $\mathbf{0}$.

注意 不同型的零矩阵是不相等的.例如,二阶零矩阵与三阶零矩阵不相等,即

$$\begin{pmatrix}0&0\\0&0\end{pmatrix}\neq\begin{pmatrix}0&0&0\\0&0&0\\0&0&0\end{pmatrix}.$$

2. 三角矩阵

主对角线上方元素均为 0 的 n 阶方阵

$$\begin{pmatrix}a_{11}&0&0&0\\a_{21}&a_{22}&\cdots&0\\\vdots&\vdots&&\vdots\\a_{n1}&a_{n2}&\cdots&a_{nn}\end{pmatrix}$$

称为 n 阶下三角矩阵.主对角线下方元素均为 0 的 n 阶方阵

$$\begin{pmatrix} a_{11} & a_{12} & \cdots & a_{1n} \\ 0 & a_{22} & \cdots & a_{2n} \\ \vdots & \vdots & & \vdots \\ 0 & 0 & \cdots & a_{nn} \end{pmatrix}$$

称为 n 阶上三角矩阵. 上三角矩阵与下三角矩阵统称为三角矩阵.

3. 对角矩阵

主对角线之外的元素均为 0,而主对角线元素不全为 0 的 n 阶方阵

$$\begin{pmatrix} \lambda_1 & 0 & \cdots & 0 \\ 0 & \lambda_2 & \cdots & 0 \\ \vdots & \vdots & & \vdots \\ 0 & 0 & \cdots & \lambda_n \end{pmatrix}$$

称为 n 阶对角矩阵. n 阶对角矩阵也常记为 $\boldsymbol{\Lambda}=\mathrm{diag}(\lambda_1,\lambda_2,\cdots,\lambda_n)$.

4. 单位矩阵

主对角线元素均为 1 的 n 阶对角矩阵

$$\begin{pmatrix} 1 & 0 & \cdots & 0 \\ 0 & 1 & \cdots & 0 \\ \vdots & \vdots & & \vdots \\ 0 & 0 & \cdots & 1 \end{pmatrix}$$

称为 n 阶单位矩阵,记为 $\boldsymbol{E}_n$ 或 $\boldsymbol{I}_n$,简记为 $\boldsymbol{E}$ 或 $\boldsymbol{I}$.

5. 数量矩阵

主对角线元素均为 λ 的 n 阶对角矩阵

$$\begin{pmatrix} \lambda & 0 & \cdots & 0 \\ 0 & \lambda & \cdots & 0 \\ \vdots & \vdots & & \vdots \\ 0 & 0 & \cdots & \lambda \end{pmatrix}$$

称为 n 阶数量矩阵或 n 阶标量矩阵,简记为 $\lambda\boldsymbol{E}$ 或 $\lambda\boldsymbol{I}$.

6. 行阶梯形矩阵

设矩阵 $\boldsymbol{A}=(a_{ij})_{m\times n}$,若当 $i>j$ 时,恒有 $a_{ij}=0$,且各行第 1 个非零元素前面零元素的个数随行数增大而增多,则称该矩阵为行阶梯形矩阵,简称阶梯形矩阵. 其一般形状如下:

$$\boldsymbol{T}=\begin{pmatrix} a_{1j_1} & \cdots & * & * & \cdots & * & * & \cdots & * \\ 0 & \cdots & 0 & a_{2j_2} & \cdots & * & * & \cdots & * \\ \vdots & & \vdots & \vdots & & & \vdots & \vdots & \vdots \\ 0 & \cdots & 0 & 0 & \cdots & a_{rj_r} & * & \cdots & * \\ 0 & \cdots & 0 & 0 & \cdots & 0 & 0 & \cdots & 0 \\ \vdots & & \vdots & \vdots & & \vdots & \vdots & & \vdots \\ 0 & \cdots & 0 & 0 & \cdots & 0 & 0 & \cdots & 0 \end{pmatrix},$$

其中$\prod_{i=1}^{r} a_{ij_i} \neq 0, 1 \leqslant j_1 < j_2 < \cdots < j_r \leqslant n$.

显然,上三角矩阵是行阶梯形矩阵的特例.

行阶梯形矩阵有一个共同特点:可画一条阶梯线,线的下方全为0;每个台阶只有一行,台阶数就是非零行的行数;每一个非零行的第1个非零元素位于上一行第1个非零元素的右侧.

若行阶梯形矩阵,它的非零行的第1个非零元素全为1,并且这些"1"所在的列的其余元素全为0,这样的行阶梯形矩阵称为行最简形矩阵.其一般形式为

$$\begin{pmatrix} 1 & \cdots & * & 0 & \cdots & 0 & * & \cdots & * \\ 0 & \cdots & 0 & 1 & \cdots & 0 & * & \cdots & * \\ \vdots & & \vdots & \vdots & & \vdots & \vdots & & \vdots \\ 0 & \cdots & 0 & 0 & \cdots & 1 & * & \cdots & * \\ 0 & \cdots & 0 & 0 & \cdots & 0 & 0 & \cdots & 0 \\ \vdots & & \vdots & \vdots & & \vdots & \vdots & & \vdots \\ 0 & \cdots & 0 & 0 & \cdots & 0 & 0 & \cdots & 0 \end{pmatrix} r\text{行}.$$

7. 转置矩阵

设矩阵$\boldsymbol{A}=(a_{ij})_{m\times n}$,把矩阵$\boldsymbol{A}$的行换成同序数的列而得到的新矩阵,叫作矩阵$\boldsymbol{A}$的转置矩阵,记为$\boldsymbol{A}^{\mathrm{T}}$.例如,

$$\boldsymbol{A}=\begin{pmatrix} 1 & 2 & 3 & 4 \\ 3 & 4 & 5 & 6 \\ 1 & 0 & 6 & 7 \end{pmatrix}, \boldsymbol{A}^{\mathrm{T}}=\begin{pmatrix} 1 & 3 & 1 \\ 2 & 4 & 0 \\ 3 & 5 & 6 \\ 4 & 6 & 7 \end{pmatrix}.$$

8. 对称矩阵

设矩阵$\boldsymbol{A}$为n阶方阵,如果满足$\boldsymbol{A}^{\mathrm{T}}=\boldsymbol{A}$,即$a_{ij}=a_{ji}(i,j=1,2,\cdots,n)$,则称$\boldsymbol{A}$为$n$阶对称矩阵.例如,

$$\boldsymbol{A}=\begin{pmatrix} 1 & -2 & 3 \\ -2 & 4 & 5 \\ 3 & 5 & 6 \end{pmatrix}$$

是三阶对称矩阵.对称矩阵的特点:关于主对角线对称的元素相等.

9. 反对称矩阵

设矩阵$\boldsymbol{A}$为n阶方阵,如果满足$\boldsymbol{A}^{\mathrm{T}}=-\boldsymbol{A}$,即$a_{ij}=-a_{ji}(i,j=1,2,\cdots,n)$,则称$\boldsymbol{A}$为$n$阶反对称矩阵.例如,

$$\boldsymbol{A}=\begin{pmatrix} 0 & -2 & 3 \\ 2 & 0 & -5 \\ -3 & 5 & 0 \end{pmatrix}$$

是三阶反对称矩阵.反对称矩阵的特点:主对角线元素全为0,而关于主对角线对称的元素互为相反数.

2.2　矩阵的运算

矩阵是数学中的一种强大工具，它不仅在数学领域发挥着重要作用，而且在各个实际应用领域都有广泛的应用. 无论是计算机科学家、物理学家、经济学家还是工程师，矩阵的运算都是必须掌握的基本技能之一. 本节将引入矩阵的基本运算，主要包括矩阵的线性运算、矩阵的乘法、矩阵的转置、方阵的行列式等.

2.2.1　矩阵的线性运算

定义 2.2　设矩阵 $\boldsymbol{A}=(a_{ij})_{m\times n}$ 和矩阵 $\boldsymbol{B}=(b_{ij})_{m\times n}$ 是同型矩阵，且它们的对应元素相等，即

$$a_{ij}=b_{ij}\,(i=1,2,\cdots,m;j=1,2,\cdots,n),$$

此时称矩阵 $\boldsymbol{A}$ 与矩阵 $\boldsymbol{B}$ 相等，记作 $\boldsymbol{A}=\boldsymbol{B}$.

定义 2.3　设矩阵 $\boldsymbol{A}=(a_{ij})_{m\times n}$ 和矩阵 $\boldsymbol{B}=(b_{ij})_{m\times n}$ 是同型矩阵，称矩阵 $\boldsymbol{C}=(c_{ij})_{m\times n}=(a_{ij}+b_{ij})_{m\times n}$ 为矩阵 $\boldsymbol{A}$ 与 $\boldsymbol{B}$ 的和，记作 $\boldsymbol{C}=\boldsymbol{A}+\boldsymbol{B}$，即

$$\boldsymbol{C}=\boldsymbol{A}+\boldsymbol{B}=\begin{pmatrix} a_{11}+b_{11} & a_{12}+b_{12} & \cdots & a_{1n}+b_{1n} \\ a_{21}+b_{21} & a_{22}+b_{22} & \cdots & a_{2n}+b_{2n} \\ \vdots & \vdots & & \vdots \\ a_{m1}+b_{m1} & a_{m2}+b_{m2} & \cdots & a_{mn}+b_{mn} \end{pmatrix}.$$

注意　只有两个同型矩阵才能做加法运算.

矩阵的加法就是把两个同型矩阵中的对应元素相加，由于数的加法满足交换律和结合律，因此矩阵加法也满足交换律和结合律.

性质 2.1　设 $\boldsymbol{A},\boldsymbol{B},\boldsymbol{C}$ 均为 $m\times n$ 矩阵，则有

(1)交换律：$\boldsymbol{A}+\boldsymbol{B}=\boldsymbol{B}+\boldsymbol{A}$.

(2)结合律：$(\boldsymbol{A}+\boldsymbol{B})+\boldsymbol{C}=\boldsymbol{A}+(\boldsymbol{B}+\boldsymbol{C})$.

若矩阵 $\boldsymbol{A}=(a_{ij})_{m\times n}$，记 $-\boldsymbol{A}=(-a_{ij})_{m\times n}$，则称 $-\boldsymbol{A}$ 为 $\boldsymbol{A}$ 的负矩阵.

显然有 $\boldsymbol{A}+\boldsymbol{0}=\boldsymbol{A}$，$\boldsymbol{A}+(-\boldsymbol{A})=\boldsymbol{0}$，这里零矩阵 $\boldsymbol{0}$ 与矩阵 $\boldsymbol{A}$ 为同型矩阵.

由此规定矩阵的减法运算为 $\boldsymbol{A}-\boldsymbol{B}=\boldsymbol{A}+(-\boldsymbol{B})$，称 $\boldsymbol{A}-\boldsymbol{B}$ 为矩阵 $\boldsymbol{A}$ 与矩阵 $\boldsymbol{B}$ 的差.

定义 2.4　将数 λ 与矩阵 $\boldsymbol{A}=(a_{ij})_{m\times n}$ 的乘积记作 $\lambda\boldsymbol{A}$，规定 $\lambda\boldsymbol{A}=(\lambda a_{ij})_{m\times n}$，即

$$\lambda\boldsymbol{A}=\begin{pmatrix} \lambda a_{11} & \lambda a_{12} & \cdots & \lambda a_{1n} \\ \lambda a_{21} & \lambda a_{22} & \cdots & \lambda a_{2n} \\ \vdots & \vdots & & \vdots \\ \lambda a_{m1} & \lambda a_{m2} & \cdots & \lambda a_{mn} \end{pmatrix}.$$

由此可见，数乘矩阵就是用数去乘矩阵中的每个元素. 因此，由数乘的运算规律可以直接验证数与矩阵的乘法应该满足的运算规律.

性质 2.2　设矩阵 $\boldsymbol{A}$ 与 $\boldsymbol{B}$ 为同型矩阵，λ 与 μ 是数，则

(1)$\lambda\boldsymbol{A}=\boldsymbol{A}\lambda$.

(2)$(\lambda\mu)\boldsymbol{A}=\lambda(\mu\boldsymbol{A})$.

(3)$(\lambda+\mu)\boldsymbol{A}=\lambda\boldsymbol{A}+\mu\boldsymbol{A}$.

(4)$\lambda(\boldsymbol{A}+\boldsymbol{B})=\lambda\boldsymbol{A}+\lambda\boldsymbol{B}$.

矩阵的加法和数与矩阵的乘法合起来,统称为矩阵的线性运算.

例 2.2 设矩阵 $\boldsymbol{A}=\begin{pmatrix}1&0&-3\\2&4&5\end{pmatrix}$,$\boldsymbol{B}=\begin{pmatrix}3&-1&1\\7&2&4\end{pmatrix}$,求 $3\boldsymbol{A}-2\boldsymbol{B}$.

解 根据矩阵的加法和数乘矩阵运算法则,计算可得

$$
\begin{aligned}
3\boldsymbol{A}-2\boldsymbol{B}&=3\begin{pmatrix}1&0&-3\\2&4&5\end{pmatrix}-2\begin{pmatrix}3&-1&1\\7&2&4\end{pmatrix}\\
&=\begin{pmatrix}3&0&-9\\6&12&15\end{pmatrix}-\begin{pmatrix}6&-2&2\\14&4&8\end{pmatrix}=\begin{pmatrix}-3&2&-11\\-8&8&7\end{pmatrix}.
\end{aligned}
$$

2.2.2 线性变换与矩阵乘法

在许多实际问题中,经常会遇到 m 个变量 $y_1,y_2,\cdots,y_m$ 用 n 个变量 $x_1,x_2,\cdots,x_n$ 线性表示,即

$$
\begin{cases}
y_1=a_{11}x_1+a_{12}x_2+\cdots+a_{1n}x_n,\\
y_2=a_{21}x_1+a_{22}x_2+\cdots+a_{2n}x_n,\\
\qquad\vdots\\
y_m=a_{m1}x_1+a_{m2}x_2+\cdots+a_{mn}x_n.
\end{cases}
$$

给定 n 个数 $x_1,x_2,\cdots,x_n$,经过线性计算可得到 m 个数 $y_1,y_2,\cdots,y_m$. 从变量 $x_1,x_2,\cdots,x_n$ 到变量 $y_1,y_2,\cdots,y_m$ 的变换就定义为线性变换. 线性变换的系数 $a_{ij}(i=1,2,\cdots,m;j=1,2,\cdots,n)$ 构成一个矩阵,称 $\boldsymbol{A}=(a_{ij})_{m\times n}$ 为系数矩阵.

给定一个线性变换,就可确定一个系数矩阵;反之,若给出一个矩阵作为线性变换的系数矩阵,则线性变换也就确定了. 因此,线性变换与矩阵之间存在一一对应的关系.

设有两个线性变换

$$
\begin{cases}
y_1=a_{11}x_1+a_{12}x_2+a_{13}x_3,\\
y_2=a_{21}x_1+a_{22}x_2+a_{23}x_3;
\end{cases}\tag{2.1}
$$

$$
\begin{cases}
x_1=b_{11}z_1+b_{12}z_2,\\
x_2=b_{21}z_1+b_{22}z_2,\\
x_3=b_{31}z_1+b_{32}z_2.
\end{cases}\tag{2.2}
$$

它们对应的系数矩阵分别是

$$
\boldsymbol{A}=\begin{pmatrix}a_{11}&a_{12}&a_{13}\\a_{21}&a_{22}&a_{23}\end{pmatrix},\boldsymbol{B}=\begin{pmatrix}b_{11}&b_{12}\\b_{21}&b_{22}\\b_{31}&b_{32}\end{pmatrix}.
$$

为了求出从 z_1,z_2 到 y_1,y_2 的线性变换,可将(2.2)式代入(2.1)式,整理得

$$
\begin{cases}
y_1=(a_{11}b_{11}+a_{12}b_{21}+a_{13}b_{31})z_1+(a_{11}b_{12}+a_{12}b_{22}+a_{13}b_{32})z_2,\\
y_2=(a_{21}b_{11}+a_{22}b_{21}+a_{23}b_{31})z_1+(a_{21}b_{12}+a_{22}b_{22}+a_{23}b_{32})z_2.
\end{cases}\tag{2.3}
$$

(2.3)式对应的系数矩阵记为

$$C=\begin{pmatrix} a_{11}b_{11}+a_{12}b_{21}+a_{13}b_{31} & a_{11}b_{12}+a_{12}b_{22}+a_{13}b_{32} \\ a_{21}b_{11}+a_{22}b_{21}+a_{23}b_{31} & a_{21}b_{12}+a_{22}b_{22}+a_{23}b_{32} \end{pmatrix}.$$

(2.3)式可看成是先进行(2.2)式线性变换后，再进行(2.1)式线性变换的结果，我们把线性变换(2.3)叫作线性变换(2.1)与(2.2)的乘积，相应地把(2.3)所对应的系数矩阵定义为(2.1)与(2.2)所对应的系数矩阵的乘积，即

$$\begin{pmatrix} a_{11} & a_{12} & a_{13} \\ a_{21} & a_{22} & a_{23} \end{pmatrix}\begin{pmatrix} b_{11} & b_{12} \\ b_{21} & b_{22} \\ b_{31} & b_{32} \end{pmatrix}=\begin{pmatrix} a_{11}b_{11}+a_{12}b_{21}+a_{13}b_{31} & a_{11}b_{12}+a_{12}b_{22}+a_{13}b_{32} \\ a_{21}b_{11}+a_{22}b_{21}+a_{23}b_{31} & a_{21}b_{12}+a_{22}b_{22}+a_{23}b_{32} \end{pmatrix}.$$

由此推广，可得到一般矩阵乘法的定义.

定义 2.5　设矩阵 $\boldsymbol{A}=(a_{ij})_{m\times s}$，矩阵 $\boldsymbol{B}=(b_{ij})_{s\times n}$，则它们的乘积 $\boldsymbol{AB}$ 等于矩阵 $\boldsymbol{C}=(c_{ij})_{m\times n}$，记作 $\boldsymbol{AB}=\boldsymbol{C}$，其中

$$c_{ij}=(a_{i1},a_{i2},\cdots,a_{is})\begin{pmatrix} b_{1j} \\ b_{2j} \\ \vdots \\ b_{sj} \end{pmatrix}=a_{i1}b_{1j}+a_{i2}b_{2j}+\cdots+a_{is}b_{sj}\ (i=1,2,\cdots,m;j=1,2,\cdots,n).$$

必须注意：只有当左边矩阵(第一个矩阵)的列数等于右边矩阵(第二个矩阵)的行数时，这两个矩阵才能相乘，即应有 $\boldsymbol{A}_{m\times s}\boldsymbol{B}_{s\times n}=\boldsymbol{C}_{m\times n}$，而乘积矩阵 $\boldsymbol{C}=(c_{ij})_{m\times n}$ 的元素 c_{ij} 是把矩阵 $\boldsymbol{A}$ 的第 i 行元素与矩阵 $\boldsymbol{B}$ 的第 j 列元素对应相乘后再相加得到的，即 $c_{ij}=\sum\limits_{t=1}^{s}a_{it}b_{tj}$.

例 2.3　设矩阵

$$\boldsymbol{A}=\begin{pmatrix} 1 & 0 & -1 \\ 2 & 1 & 0 \\ 3 & 2 & -1 \end{pmatrix},\boldsymbol{B}=\begin{pmatrix} 1 & 0 \\ 3 & 1 \\ 0 & 2 \end{pmatrix},$$

求 $\boldsymbol{AB}$.

解　$$\boldsymbol{AB}=\begin{pmatrix} 1 & 0 & -1 \\ 2 & 1 & 0 \\ 3 & 2 & -1 \end{pmatrix}\begin{pmatrix} 1 & 0 \\ 3 & 1 \\ 0 & 2 \end{pmatrix}=\begin{pmatrix} 1\times1+0\times3+(-1)\times0 & 1\times0+0\times1+(-1)\times2 \\ 2\times1+1\times3+0\times0 & 2\times0+1\times1+0\times2 \\ 3\times1+2\times3+(-1)\times0 & 3\times0+2\times1+(-1)\times2 \end{pmatrix}$$

$$=\begin{pmatrix} 1 & -2 \\ 5 & 1 \\ 9 & 0 \end{pmatrix}.$$

这里，矩阵 $\boldsymbol{A}$ 是 3×3 矩阵，而矩阵 $\boldsymbol{B}$ 是 3×2 矩阵，由于 $\boldsymbol{B}$ 的列数与 $\boldsymbol{A}$ 的行数不相等，所以 $\boldsymbol{BA}$ 没有意义.

例 2.4　设矩阵

$$\boldsymbol{A}=\begin{pmatrix} 1 & 1 \\ -1 & -1 \end{pmatrix},\boldsymbol{B}=\begin{pmatrix} 3 & -1 \\ -3 & 1 \end{pmatrix},\boldsymbol{C}=\begin{pmatrix} 1 & 2 \\ 1 & -2 \end{pmatrix},\boldsymbol{D}=\begin{pmatrix} 1 & -3 \\ 1 & 3 \end{pmatrix},$$ 求 $\boldsymbol{AB},\boldsymbol{BA},\boldsymbol{AC},\boldsymbol{AD}$.

解　$$\boldsymbol{AB}=\begin{pmatrix} 1 & 1 \\ -1 & -1 \end{pmatrix}\begin{pmatrix} 3 & -1 \\ -3 & 1 \end{pmatrix}=\begin{pmatrix} 0 & 0 \\ 0 & 0 \end{pmatrix},\boldsymbol{BA}=\begin{pmatrix} 3 & -1 \\ -3 & 1 \end{pmatrix}\begin{pmatrix} 1 & 1 \\ -1 & -1 \end{pmatrix}=\begin{pmatrix} 4 & 4 \\ -4 & -4 \end{pmatrix},$$

$$AC=\begin{pmatrix}1&1\\-1&-1\end{pmatrix}\begin{pmatrix}1&2\\1&-2\end{pmatrix}=\begin{pmatrix}2&0\\-2&0\end{pmatrix},AD=\begin{pmatrix}1&1\\-1&-1\end{pmatrix}\begin{pmatrix}1&-3\\1&3\end{pmatrix}=\begin{pmatrix}2&0\\-2&0\end{pmatrix}.$$

由此可见，矩阵乘法与数的乘法在运算中有许多不同之处，需要注意：

(1)矩阵乘法不满足交换律.这是因为 $\boldsymbol{AB}$，$\boldsymbol{BA}$ 不一定都有意义；即使 $\boldsymbol{AB}$，$\boldsymbol{BA}$ 都有意义，也不一定有 $\boldsymbol{AB}=\boldsymbol{BA}$ 成立.

特别地，对于方阵 $\boldsymbol{A}$，$\boldsymbol{B}$，如果 $\boldsymbol{AB}=\boldsymbol{BA}$，则称矩阵 $\boldsymbol{A}$，$\boldsymbol{B}$ 可交换.

(2)在矩阵乘法运算中，若 $\boldsymbol{AB}=\boldsymbol{0}$，则未必有 $\boldsymbol{A}=\boldsymbol{0}$ 或 $\boldsymbol{B}=\boldsymbol{0}$.

(3)矩阵乘法的消去律不成立，即若 $\boldsymbol{AC}=\boldsymbol{AD}$ 且 $\boldsymbol{A}\neq\boldsymbol{0}$，则未必有 $\boldsymbol{C}=\boldsymbol{D}$.

矩阵乘法虽然不满足交换律，但它满足以下运算律.

性质 2.3 假设以下运算都有意义：

(1)结合律：$(\boldsymbol{AB})\boldsymbol{C}=\boldsymbol{A}(\boldsymbol{BC})$.

(2)分配律：$\boldsymbol{A}(\boldsymbol{B}+\boldsymbol{C})=\boldsymbol{AB}+\boldsymbol{AC}$，$(\boldsymbol{B}+\boldsymbol{C})\boldsymbol{A}=\boldsymbol{BA}+\boldsymbol{CA}$.

(3)两种乘法的结合律：$\lambda\boldsymbol{AB}=(\lambda\boldsymbol{A})\boldsymbol{B}=\boldsymbol{A}(\lambda\boldsymbol{B})$.

(4)$\boldsymbol{E}_m\boldsymbol{A}_{m\times n}=\boldsymbol{A}_{m\times n}$，$\boldsymbol{A}_{m\times n}\boldsymbol{E}_n=\boldsymbol{A}_{m\times n}$，其中 $\boldsymbol{E}_m$，$\boldsymbol{E}_n$ 分别表示 m 阶和 n 阶单位矩阵.

由于 n 阶方阵 $\boldsymbol{A}$ 可以自乘，又矩阵乘法满足结合律，因此 m 个 $\boldsymbol{A}$ 连乘 $\boldsymbol{AA}\cdots\boldsymbol{A}$ 可以不加括号而有完全确定的意义，这样我们给出方阵 $\boldsymbol{A}$ 幂的运算定义.

设矩阵 $\boldsymbol{A}$ 为 n 阶方阵，m 是正整数，规定

$$\boldsymbol{A}^m=\boldsymbol{AA}\cdots\boldsymbol{A}.$$

特别地，当 $\boldsymbol{A}$ 为非零方阵时，规定 $\boldsymbol{A}^0=\boldsymbol{E}$.

由 $\boldsymbol{A}$ 幂的运算定义可知，n 阶方阵 $\boldsymbol{A}$ 的幂适合下述规则：

$$\boldsymbol{A}^m\boldsymbol{A}^n=\boldsymbol{A}^{m+n},(\boldsymbol{A}^m)^n=\boldsymbol{A}^{mn}(m,n\text{ 是正整数}).$$

设函数 $f(x)=a_mx^m+a_{m-1}x^{m-1}+\cdots+a_1x+a_0$，它是变量 x 的一个 m 次多项式，现用 n 阶方阵 $\boldsymbol{A}$ 代替变量 x，这样就可得到一个矩阵 $\boldsymbol{A}$ 的表达式，记作

$$f(\boldsymbol{A})=a_m\boldsymbol{A}^m+a_{m-1}\boldsymbol{A}^{m-1}+\cdots+a_1\boldsymbol{A}+a_0\boldsymbol{E},$$

称其为矩阵 $\boldsymbol{A}$ 的 m 次多项式，它的计算结果 $f(\boldsymbol{A})$ 仍然是一个 n 阶方阵.

例 2.5 设函数 $f(x)=2x^2+x-3$，$\boldsymbol{A}=\begin{pmatrix}1&2&2\\0&1&0\\1&0&1\end{pmatrix}$，求 $f(\boldsymbol{A})$.

解 先计算 $\boldsymbol{A}^2$，

$$\boldsymbol{A}^2=\begin{pmatrix}1&2&2\\0&1&0\\1&0&1\end{pmatrix}\begin{pmatrix}1&2&2\\0&1&0\\1&0&1\end{pmatrix}=\begin{pmatrix}3&4&4\\0&1&0\\2&2&3\end{pmatrix},$$

$$\begin{aligned}f(\boldsymbol{A})&=2\boldsymbol{A}^2+\boldsymbol{A}-3\boldsymbol{E}\\&=2\begin{pmatrix}3&4&4\\0&1&0\\2&2&3\end{pmatrix}+\begin{pmatrix}1&2&2\\0&1&0\\1&0&1\end{pmatrix}-3\begin{pmatrix}1&0&0\\0&1&0\\0&0&1\end{pmatrix}=\begin{pmatrix}4&10&10\\0&0&0\\5&4&4\end{pmatrix}.\end{aligned}$$

例 2.6 已知 $\boldsymbol{A}=\begin{pmatrix}1&1\\1&1\end{pmatrix}$，求 $\boldsymbol{A}^n$.

解　根据矩阵的乘法运算,可得

$$A^2=\begin{pmatrix}1&1\\1&1\end{pmatrix}\begin{pmatrix}1&1\\1&1\end{pmatrix}=\begin{pmatrix}2&2\\2&2\end{pmatrix}=2\begin{pmatrix}1&1\\1&1\end{pmatrix},$$

所以 $A^3=A^2A=2AA=2A^2=2\times 2A=2^2A$,以此类推可得

$$A^n=2^{n-1}A=2^{n-1}\begin{pmatrix}1&1\\1&1\end{pmatrix}.$$

2.2.3　矩阵的转置

在第 1 章我们学习了行列式的转置,矩阵转置的定义就不难理解,但这是两个截然不同的概念,它们之间存在很大的差异.

定义 2.6　设 $m\times n$ 矩阵

$$A=\begin{pmatrix}a_{11}&a_{12}&\cdots&a_{1n}\\a_{21}&a_{22}&\cdots&a_{2n}\\\vdots&\vdots&&\vdots\\a_{m1}&a_{m2}&\cdots&a_{mn}\end{pmatrix},$$

将其对应的行与列互换位置,得到一个 $n\times m$ 的新矩阵

$$\begin{pmatrix}a_{11}&a_{21}&\cdots&a_{m1}\\a_{12}&a_{22}&\cdots&a_{m2}\\\vdots&\vdots&&\vdots\\a_{1n}&a_{2n}&\cdots&a_{mn}\end{pmatrix},$$

称为矩阵 A 的转置矩阵,记作 $A^{\mathrm T}$.

例如,矩阵 $A=\begin{pmatrix}1&2&3\\4&5&6\end{pmatrix}$,$A^{\mathrm T}=\begin{pmatrix}1&4\\2&5\\3&6\end{pmatrix}$;$B=(1\quad 3\quad -2)$,$B^{\mathrm T}=\begin{pmatrix}1\\3\\-2\end{pmatrix}$.

矩阵的转置也可看成是一种一元运算,它满足以下运算规律.

性质 2.4　设以下矩阵运算都有意义,λ 是常数.

(1) $(A^{\mathrm T})^{\mathrm T}=A$.

(2) $(A+B)^{\mathrm T}=A^{\mathrm T}+B^{\mathrm T}$.

(3) $(\lambda A)^{\mathrm T}=\lambda A^{\mathrm T}$.

(4) $(AB)^{\mathrm T}=B^{\mathrm T}A^{\mathrm T}$,$(A_1A_2\cdots A_{k-1}A_k)^{\mathrm T}=A_k^{\mathrm T}A_{k-1}^{\mathrm T}\cdots A_2^{\mathrm T}A_1^{\mathrm T}$.

证明　前面 3 个运算律,由转置定义显然成立,下面仅证明(4)的第一式.

设 $A=(a_{ij})_{m\times t}$,$B=(b_{ij})_{t\times n}$,则 $AB=C=(c_{ij})_{m\times n}$. $(AB)^{\mathrm T}=C^{\mathrm T}=(v_{ij})_{n\times m}$,其中 $v_{ij}=c_{ji}=\sum_{k=1}^{t}a_{jk}b_{ki}$.

又设 $B^{\mathrm T}A^{\mathrm T}=D=(d_{ij})_{n\times m}$,则 $B^{\mathrm T}$ 的第 i 行元素为 $b_{1i},b_{2i},\cdots,b_{ti}$,$A^{\mathrm T}$ 的第 j 列元素为 $a_{j1},a_{j2},\cdots,a_{jt}$,于是 $d_{ij}=\sum_{k=1}^{t}b_{ki}a_{jk}$,所以 $d_{ij}=v_{ij}(i=1,2,\cdots,n;j=1,2,\cdots,m)$,即 $D=C^{\mathrm T}$,或 $(AB)^{\mathrm T}=B^{\mathrm T}A^{\mathrm T}$.

例 2.7 已知 $\boldsymbol{A}=\begin{pmatrix}1&0&-1\\0&2&3\end{pmatrix}$，$\boldsymbol{B}=\begin{pmatrix}1&5&1\\3&0&-2\\1&2&4\end{pmatrix}$，求 $(\boldsymbol{AB})^{\mathrm{T}}$ 和 $\boldsymbol{B}^{\mathrm{T}}\boldsymbol{A}^{\mathrm{T}}$.

解 $\boldsymbol{AB}=\begin{pmatrix}1&0&-1\\0&2&3\end{pmatrix}\begin{pmatrix}1&5&1\\3&0&-2\\1&2&4\end{pmatrix}=\begin{pmatrix}0&3&-3\\9&6&8\end{pmatrix}$，所以 $(\boldsymbol{AB})^{\mathrm{T}}=\begin{pmatrix}0&9\\3&6\\-3&8\end{pmatrix}$. 又

$$\boldsymbol{B}^{\mathrm{T}}\boldsymbol{A}^{\mathrm{T}}=\begin{pmatrix}1&3&1\\5&0&2\\1&-2&4\end{pmatrix}\begin{pmatrix}1&0\\0&2\\-1&3\end{pmatrix}=\begin{pmatrix}0&9\\3&6\\-3&8\end{pmatrix}.$$ 由此可见，$(\boldsymbol{AB})^{\mathrm{T}}=\boldsymbol{B}^{\mathrm{T}}\boldsymbol{A}^{\mathrm{T}}$.

例 2.8 设 $\boldsymbol{A}$ 为 n 阶对称矩阵，证明：对于任意 n 阶矩阵 $\boldsymbol{P}$，$\boldsymbol{P}^{\mathrm{T}}\boldsymbol{AP}$ 必为对称矩阵. 如果已知 $\boldsymbol{P}^{\mathrm{T}}\boldsymbol{AP}$ 为 n 阶对称矩阵，问 $\boldsymbol{A}$ 是否必为对称矩阵.

证明 因为 $\boldsymbol{A}$ 为 n 阶对称矩阵，必有 $\boldsymbol{A}^{\mathrm{T}}=\boldsymbol{A}$，于是必有

$$(\boldsymbol{P}^{\mathrm{T}}\boldsymbol{AP})^{\mathrm{T}}=(\boldsymbol{AP})^{\mathrm{T}}\,(\boldsymbol{P}^{\mathrm{T}})^{\mathrm{T}}=\boldsymbol{P}^{\mathrm{T}}\boldsymbol{A}^{\mathrm{T}}\boldsymbol{P}=\boldsymbol{P}^{\mathrm{T}}\boldsymbol{AP}.$$

这说明 $\boldsymbol{P}^{\mathrm{T}}\boldsymbol{AP}$ 必为对称矩阵.

反之，如果 $\boldsymbol{P}^{\mathrm{T}}\boldsymbol{AP}$ 为 n 阶对称矩阵，即 $(\boldsymbol{P}^{\mathrm{T}}\boldsymbol{AP})^{\mathrm{T}}=\boldsymbol{P}^{\mathrm{T}}\boldsymbol{AP}$，则有 $\boldsymbol{P}^{\mathrm{T}}\boldsymbol{A}^{\mathrm{T}}\boldsymbol{P}=\boldsymbol{P}^{\mathrm{T}}\boldsymbol{AP}$，但是矩阵乘法不满足消去律，在矩阵等式两边，未必能把 $\boldsymbol{P}^{\mathrm{T}}$ 和 $\boldsymbol{P}$ 消去，所以不能推出 $\boldsymbol{A}^{\mathrm{T}}=\boldsymbol{A}$，因而矩阵 $\boldsymbol{A}$ 未必是对称矩阵.

例如，设 $\boldsymbol{A}=\begin{pmatrix}0&1\\0&0\end{pmatrix}$，$\boldsymbol{P}=\begin{pmatrix}0&2\\0&0\end{pmatrix}$，则有 $\boldsymbol{P}^{\mathrm{T}}\boldsymbol{A}^{\mathrm{T}}\boldsymbol{P}=\boldsymbol{P}^{\mathrm{T}}\boldsymbol{AP}=\begin{pmatrix}0&0\\0&0\end{pmatrix}$，但 $\boldsymbol{A}^{\mathrm{T}}\neq\boldsymbol{A}$.

2.2.4 方阵的行列式

定义 2.7 由 n 阶方阵 $\boldsymbol{A}$ 的元素按原来的顺序构成的行列式称为方阵 $\boldsymbol{A}$ 的行列式，记为 $|\boldsymbol{A}|$ 或 $\det(\boldsymbol{A})$. 即，如果

$$\boldsymbol{A}=\begin{pmatrix}a_{11}&a_{12}&\cdots&a_{1n}\\a_{21}&a_{22}&\cdots&a_{2n}\\\vdots&\vdots&&\vdots\\a_{n1}&a_{n2}&\cdots&a_{nn}\end{pmatrix},$$

则

$$|\boldsymbol{A}|=\det(\boldsymbol{A})=\begin{vmatrix}a_{11}&a_{12}&\cdots&a_{1n}\\a_{21}&a_{22}&\cdots&a_{2n}\\\vdots&\vdots&&\vdots\\a_{n1}&a_{n2}&\cdots&a_{nn}\end{vmatrix}.$$

例如，$\boldsymbol{A}=\begin{pmatrix}1&1\\2&3\end{pmatrix}$ 的行列式 $|\boldsymbol{A}|=\begin{vmatrix}1&1\\2&3\end{vmatrix}=1$.

注意 (1)矩阵是一个数表，行列式是一个数，二者不能混淆，而且行列式记号是“$|\ast|$”与矩阵记号“$(\ast)$”是不同的，不能用错.

(2)矩阵的行数与列数未必相等，但行列式的行数与列数必须相等.

(3)当且仅当 $\boldsymbol{A}=(a_{ij})$ 为 n 阶方阵时，才可取行列式 $D=|\boldsymbol{A}|$. 对于不是方阵的矩阵是不可以取行列式的.

易见，n 阶上、下三角矩阵的行列式等于它的所有对角线元素的乘积，即

$$\prod_{i=1}^{n} a_{ii} = a_{11}a_{22}\cdots a_{nn}.$$

特别地，$|\lambda \boldsymbol{E}_n|=\lambda^n$，$|\boldsymbol{E}_n|=1$.

性质 2.5　设 $\boldsymbol{A},\boldsymbol{B}$ 为 n 阶方阵，λ 为任意实数，则

(1) $|\boldsymbol{A}^{\mathrm{T}}|=|\boldsymbol{A}|$.

(2) $|\lambda\boldsymbol{A}|=\lambda^n|\boldsymbol{A}|$.

(3) $|\boldsymbol{AB}|=|\boldsymbol{A}||\boldsymbol{B}|$.

上述性质的几点说明如下：

(1)一般地，$|\boldsymbol{A}+\boldsymbol{B}|\neq|\boldsymbol{A}|+|\boldsymbol{B}|$.

(2)对于 n 阶方阵 $\boldsymbol{A},\boldsymbol{B}$，尽管通常有 $\boldsymbol{AB}\neq\boldsymbol{BA}$，但 $|\boldsymbol{AB}|=|\boldsymbol{BA}|$.

(3)性质 2.5(3)可以推广到多个 n 阶方阵相乘的情形，即

$$|\boldsymbol{A}_1\boldsymbol{A}_2\cdots\boldsymbol{A}_n|=|\boldsymbol{A}_1||\boldsymbol{A}_2|\cdots|\boldsymbol{A}_n|.$$

特别地，$|\boldsymbol{A}^m|=|\boldsymbol{A}|^m$，其中 m 为正整数.

对于方阵 $\boldsymbol{A}$，如果用 $\boldsymbol{A}$ 的行列式是否为 0 来区分矩阵，就可得如下定义.

定义 2.8　设 $\boldsymbol{A}$ 为 n 阶方阵，若 $|\boldsymbol{A}|\neq0$，则称 $\boldsymbol{A}$ 为**非奇异矩阵**，否则称为**奇异矩阵**.

例 2.9　设 $\boldsymbol{A},\boldsymbol{B},\boldsymbol{C}$ 为四阶方阵，$|\boldsymbol{A}|=3$，$|\boldsymbol{B}|=-2$，$|\boldsymbol{C}|=2$，求 $|3\boldsymbol{AB}|$，$|2\boldsymbol{AB}^{\mathrm{T}}|$，$|-2\boldsymbol{A}^{\mathrm{T}}\boldsymbol{BC}|$.

解　根据方阵行列式性质 2.5，有

$|3\boldsymbol{AB}|=3^4|\boldsymbol{A}||\boldsymbol{B}|=81\times3\times(-2)=-486$；

$|2\boldsymbol{AB}^{\mathrm{T}}|=2^4|\boldsymbol{A}||\boldsymbol{B}^{\mathrm{T}}|=16|\boldsymbol{A}||\boldsymbol{B}|=16\times3\times(-2)=-96$；

$|-2\boldsymbol{A}^{\mathrm{T}}\boldsymbol{BC}|=(-2)^4|\boldsymbol{A}^{\mathrm{T}}||\boldsymbol{B}||\boldsymbol{C}|=16|\boldsymbol{A}||\boldsymbol{B}||\boldsymbol{C}|=16\times3\times(-2)\times2=-192$.

例 2.10　证明：任意奇数阶反对称矩阵的行列式必为 0.

证明　设 $\boldsymbol{A}$ 为 $2n-1$ 阶反对称矩阵，则必有 $\boldsymbol{A}^{\mathrm{T}}=-\boldsymbol{A}$，于是根据行列式性质得

$$|\boldsymbol{A}|=|\boldsymbol{A}^{\mathrm{T}}|=|-\boldsymbol{A}|=(-1)^{2n-1}|\boldsymbol{A}|=-|\boldsymbol{A}|.$$

因为行列式 $|\boldsymbol{A}|$ 是一个数，所以必有 $|\boldsymbol{A}|=0$.

2.2.5　伴随矩阵

定义 2.9　设 n 阶方阵 $\boldsymbol{A}=(a_{ij})_{n\times n}$，即

$$\boldsymbol{A}=\begin{pmatrix} a_{11} & a_{12} & \cdots & a_{1n} \\ a_{21} & a_{22} & \cdots & a_{2n} \\ \vdots & \vdots & & \vdots \\ a_{n1} & a_{n2} & \cdots & a_{nn} \end{pmatrix}.$$

由 $|\boldsymbol{A}|$ 中的各个元素的代数余子式 $A_{ij}(i,j=1,2,\cdots,n)$ 按下列方式排列 n 阶方阵：

$$A^* = \begin{pmatrix} A_{11} & A_{21} & \cdots & A_{n1} \\ A_{12} & A_{22} & \cdots & A_{n2} \\ \vdots & \vdots & & \vdots \\ A_{1n} & A_{2n} & \cdots & A_{nn} \end{pmatrix},$$

称 $\boldsymbol{A}^*$ 是矩阵 $\boldsymbol{A}$ 的伴随矩阵.

例 2.11 设 n 阶方阵 $\boldsymbol{A}^*$ 是 n 阶方阵 $\boldsymbol{A}$ 的伴随矩阵,试证 $\boldsymbol{A}\boldsymbol{A}^* = \boldsymbol{A}^*\boldsymbol{A} = |\boldsymbol{A}|\boldsymbol{E}$.

证明 设 $\boldsymbol{A} = (a_{ij})_{n\times n}, \boldsymbol{A}^* = (\boldsymbol{A}_{ij})_{n\times n}(i,j=1,2,\cdots,n)$. 由行列式的性质得

$$\boldsymbol{A}\boldsymbol{A}^* = \begin{pmatrix} a_{11} & a_{12} & \cdots & a_{1n} \\ a_{21} & a_{22} & \cdots & a_{2n} \\ \vdots & \vdots & & \vdots \\ a_{n1} & a_{n2} & \cdots & a_{nn} \end{pmatrix}\begin{pmatrix} A_{11} & A_{21} & \cdots & A_{n1} \\ A_{12} & A_{22} & \cdots & A_{n2} \\ \vdots & \vdots & & \vdots \\ A_{1n} & A_{2n} & \cdots & A_{nn} \end{pmatrix} = \begin{pmatrix} |\boldsymbol{A}| & 0 & \cdots & 0 \\ 0 & |\boldsymbol{A}| & \cdots & 0 \\ \vdots & \vdots & & \vdots \\ 0 & 0 & \cdots & |\boldsymbol{A}| \end{pmatrix} = |\boldsymbol{A}|\boldsymbol{E}.$$

同理,

$$\boldsymbol{A}^*\boldsymbol{A} = \begin{pmatrix} A_{11} & A_{21} & \cdots & A_{n1} \\ A_{12} & A_{22} & \cdots & A_{n2} \\ \vdots & \vdots & & \vdots \\ A_{1n} & A_{2n} & \cdots & A_{nn} \end{pmatrix}\begin{pmatrix} a_{11} & a_{12} & \cdots & a_{1n} \\ a_{21} & a_{22} & \cdots & a_{2n} \\ \vdots & \vdots & & \vdots \\ a_{n1} & a_{n2} & \cdots & a_{nn} \end{pmatrix} = \begin{pmatrix} |\boldsymbol{A}| & 0 & \cdots & 0 \\ 0 & |\boldsymbol{A}| & \cdots & 0 \\ \vdots & \vdots & & \vdots \\ 0 & 0 & \cdots & |\boldsymbol{A}| \end{pmatrix} = |\boldsymbol{A}|\boldsymbol{E}.$$

例 2.12 设 3 阶方阵 $\boldsymbol{A}^*$ 是 3 阶方阵 $\boldsymbol{A}$ 的伴随矩阵,且 $|\boldsymbol{A}| = -2$. 若交换矩阵 $\boldsymbol{A}$ 的第 2 行和第 3 行得到另一矩阵 $\boldsymbol{B}$,求 $|\boldsymbol{B}\boldsymbol{A}^*|$.

解 根据方阵行列式的性质,有 $|\boldsymbol{B}\boldsymbol{A}^*| = |\boldsymbol{B}||\boldsymbol{A}^*|$. 由题意知 $|\boldsymbol{B}| = -|\boldsymbol{A}| = 2$,又由例 2.11 知,$\boldsymbol{A}\boldsymbol{A}^* = |\boldsymbol{A}|\boldsymbol{E}$,所以 $|\boldsymbol{A}||\boldsymbol{A}^*| = ||\boldsymbol{A}|\boldsymbol{E}| = |\boldsymbol{A}|^3|\boldsymbol{E}| = |\boldsymbol{A}|^3$,即 $|\boldsymbol{A}^*| = 4$,从而

$$|\boldsymbol{B}\boldsymbol{A}^*| = |\boldsymbol{B}||\boldsymbol{A}^*| = 2\times 4 = 8.$$

2.3 矩阵的初等变换和初等矩阵

初等变换是一系列基本的矩阵操作,包括交换矩阵的行或列、将矩阵的某一行或列乘一个非零常数以及将矩阵的某一行或列加上另一行或列的倍数. 通过应用这些变换,可以改变矩阵的形式,使其更容易分析和计算. 初等矩阵是由单位矩阵经过一次初等变换得到的矩阵,它们具有特殊的性质和结构. 本节将介绍初等矩阵的性质和乘法规则,并展示它们在化简矩阵和求解线性方程组中的重要作用.

2.3.1 矩阵的初等变换

定义 2.10 下面 3 种变换称为矩阵的初等行(列)变换:

(1)对调两行(列):对调 i,j 两行记为 $r_i \leftrightarrow r_j$;对调 i,j 两列记为 $c_i \leftrightarrow c_j$.

(2)以数 $k\neq 0$ 乘某一行(列)中的所有元素:第 i 行乘 k 记为 r_ik;第 i 列乘 k 记为 c_ik.

(3)把某一行(列)所有元素的 k 倍加到另一行(列)对应元素上去:第 j 行的 k 倍加到第 i 行记为 $r_i + kr_j$;第 j 列的 k 倍加到第 i 列记为 $c_i + kc_j$.

矩阵的初等行变换与矩阵的初等列变换统称为矩阵的初等变换.

由定义可知，3 种初等变换都是可逆的，也就是说变换是可还原的，且它们的逆变换是同一类型的初等变换：变换 $r_i \leftrightarrow r_j$ 的逆变换就是其本身；变换 $r_i k$ 的逆变换是 $r_i \times \frac{1}{k}$（或记为 $r_i \div k$）；变换 $r_i + kr_j$ 的逆变换为 $r_i + (-k)r_j$（或记为 $r_i - kr_j$）。

定义 2.11　若矩阵 $\boldsymbol{A}$ 经过有限次初等变换变成矩阵 $\boldsymbol{B}$，称矩阵 $\boldsymbol{A}$ 与 $\boldsymbol{B}$ 等价，记为 $\boldsymbol{A} \cong \boldsymbol{B}$.

性质 2.6　矩阵之间的等价关系具有下列性质：

(1)反身性：$\boldsymbol{A} \cong \boldsymbol{A}$.

(2)对称性：若 $\boldsymbol{A} \cong \boldsymbol{B}$，则 $\boldsymbol{B} \cong \boldsymbol{A}$.

(3)传递性：若 $\boldsymbol{A} \cong \boldsymbol{B}$，$\boldsymbol{B} \cong \boldsymbol{C}$，则 $\boldsymbol{A} \cong \boldsymbol{C}$.

由等价关系可以将矩阵进行分类，将具有等价关系的矩阵作为一类，在第 4 章中我们将会讨论到具有行等价关系的矩阵所对应的线性方程组有相同的解.

例 2.13　利用初等变换把矩阵先化为行阶梯形矩阵，再进一步化为行最简形矩阵：

$$\boldsymbol{A} = \begin{pmatrix} 2 & -1 & -1 & 1 & 2 \\ 1 & 1 & -2 & 1 & 4 \\ 4 & -6 & 2 & -2 & 4 \\ 3 & 6 & -9 & 7 & 9 \end{pmatrix} \xrightarrow[r_3 \div 2]{r_1 \leftrightarrow r_2} \begin{pmatrix} 1 & 1 & -2 & 1 & 4 \\ 2 & -1 & -1 & 1 & 2 \\ 2 & -3 & 1 & -1 & 2 \\ 3 & 6 & -9 & 7 & 9 \end{pmatrix}$$

$$\xrightarrow[r_4 - 3r_1]{\substack{r_2 - r_3 \\ r_3 - 2r_1}} \begin{pmatrix} 1 & 1 & -2 & 1 & 4 \\ 0 & 2 & -2 & 2 & 0 \\ 0 & -5 & 5 & -3 & -6 \\ 0 & 3 & -3 & 4 & -3 \end{pmatrix} \xrightarrow[r_4 - 3r_2]{\substack{r_2 \div 2 \\ r_3 + 5r_2}} \begin{pmatrix} 1 & 1 & -2 & 1 & 4 \\ 0 & 1 & -1 & 1 & 0 \\ 0 & 0 & 0 & 2 & -6 \\ 0 & 0 & 0 & 1 & -3 \end{pmatrix}.$$

$$\xrightarrow[r_4 - 2r_3]{r_3 \leftrightarrow r_4} \begin{pmatrix} 1 & 1 & -2 & 1 & 4 \\ 0 & 1 & -1 & 1 & 0 \\ 0 & 0 & 0 & 1 & -3 \\ 0 & 0 & 0 & 0 & 0 \end{pmatrix} \xrightarrow[r_2 - r_3]{r_1 - r_2} \begin{pmatrix} 1 & 0 & -1 & 0 & 4 \\ 0 & 1 & -1 & 0 & 3 \\ 0 & 0 & 0 & 1 & -3 \\ 0 & 0 & 0 & 0 & 0 \end{pmatrix} = \boldsymbol{A}_5.$$

对于行最简形矩阵 $\boldsymbol{A}_5$ 再实施初等列变换，可将矩阵化为更简单的形式，如

$$\boldsymbol{A}_5 = \begin{pmatrix} 1 & 0 & -1 & 0 & 4 \\ 0 & 1 & -1 & 0 & 3 \\ 0 & 0 & 0 & 1 & -3 \\ 0 & 0 & 0 & 0 & 0 \end{pmatrix} \xrightarrow[\substack{c_4 + c_1 + c_2 \\ c_5 - 4c_1 - 3c_2 + 3c_3}]{c_3 \leftrightarrow c_4} \begin{pmatrix} 1 & 0 & 0 & 0 & 0 \\ 0 & 1 & 0 & 0 & 0 \\ 0 & 0 & 1 & 0 & 0 \\ 0 & 0 & 0 & 0 & 0 \end{pmatrix} = \boldsymbol{F}.$$

最后一个矩阵 $\boldsymbol{F}$ 称为矩阵 $\boldsymbol{A}$ 的标准形，其特点是：$\boldsymbol{F}$ 的左上角是一个单位矩阵，其余元素全为 0.

对于一般的矩阵，有下面几个结论.

定理 2.1　设 $\boldsymbol{A}$ 是 $m \times n$ 矩阵，

(1)矩阵 $\boldsymbol{A}$ 总可以经过若干次初等行变换化为行阶梯形矩阵.

(2)矩阵 $\boldsymbol{A}$ 总可以经过若干次初等行变换化为行最简形矩阵.

(3)矩阵 $\boldsymbol{A}$ 总可以经过若干次初等变换（行变换和列变换）化为标准形矩阵

$$\boldsymbol{F} = \begin{pmatrix} \boldsymbol{E}_r & \boldsymbol{0} \\ \boldsymbol{0} & \boldsymbol{0} \end{pmatrix}_{m \times n},$$

此标准形由 m,n,r 这 3 个数完全确定，其中 r 就是行阶梯形矩阵中非零行的行数.

所有与 $\boldsymbol{A}$ 等价的矩阵组成一个集合,标准形 $\boldsymbol{F}$ 是这个集合中形状最简单的矩阵.

2.3.2 初等矩阵

定义 2.12 由单位矩阵 $\boldsymbol{E}$ 经过一次初等变换得到的矩阵称为初等矩阵.

3 种初等变换对应 3 种初等矩阵,它们分别如下:

(1)把单位矩阵中的第 i 行(列)与第 j 行(列)互换,得到第一种初等矩阵 $\boldsymbol{E}(i,j)$,即

$$\boldsymbol{E}(i,j)=\begin{pmatrix}1&&&&&&&&&\\&\ddots&&&&&&&&\\&&1&&&&&&&\\&&&0&\cdots&\cdots&\cdots&1&&\\&&&\vdots&1&&&\vdots&&\\&&&\vdots&&\ddots&&\vdots&&\\&&&\vdots&&&1&\vdots&&\\&&&1&\cdots&\cdots&\cdots&0&&\\&&&&&&&&1&\\&&&&&&&&&\ddots\\&&&&&&&&&&1\end{pmatrix}\begin{matrix}\\\\\\ \text{第 } i \text{ 行}\\\\\\\\ \text{第 } j \text{ 行}\\\\\\\\\end{matrix}.$$

(上方列标:第 i 列　第 j 列)

(2)把数 $k\neq0$ 乘以单位矩阵的第 i 行(列),得到第二种初等矩阵 $\boldsymbol{E}[i(k)]$,即

$$\boldsymbol{E}[i(k)]=\begin{pmatrix}1&&&&&&\\&\ddots&&&&&\\&&1&&&&\\&&&k&&&\\&&&&1&&\\&&&&&\ddots&\\&&&&&&1\end{pmatrix}\text{第 } i \text{ 行}.$$

(3)把数 k 乘以单位矩阵的第 j 行(列)加到第 i 行(列)上,得到第三种初等矩阵 $\boldsymbol{E}[i+j(k),j]$(或 $\boldsymbol{E}[j,i+j(k)]$),即

$$\boldsymbol{E}[i+j(k),j]=\begin{pmatrix}1&&&&&\\&\ddots&&&&\\&&1&\cdots&k&&\\&&&\ddots&\vdots&&\\&&&&1&&\\&&&&&\ddots&\\&&&&&&1\end{pmatrix}\begin{matrix}\\\\ \text{第 } i \text{ 行}\\\\ \text{第 } j \text{ 行}\\\\\\\end{matrix},$$

(上方列标:第 i 列　第 j 列)

或

$$
\boldsymbol{E}[j,i+j(k)]=\begin{array}{c}
\begin{array}{ccccccc} & & \text{第}\,i\,\text{列} & & \text{第}\,j\,\text{列} & & \end{array} \\
\left(\begin{array}{ccccccc}
1 &&&&&& \\
&\ddots&&&&& \\
&&1&&&& \\
&&\vdots&\ddots&&& \\
&&k&\cdots&1&& \\
&&&&&\ddots& \\
&&&&&&1
\end{array}\right)\begin{array}{l} \\ \\ \text{第}\,i\,\text{行} \\ \\ \text{第}\,j\,\text{行} \\ \\ \\ \end{array}
\end{array}.
$$

例如，

$$
\boldsymbol{E}(1,2)=\begin{pmatrix}0&1&0\\1&0&0\\0&0&1\end{pmatrix},\boldsymbol{E}[2(3)]=\begin{pmatrix}1&0&0\\0&3&0\\0&0&1\end{pmatrix},\boldsymbol{E}[1+2(2),2]=\begin{pmatrix}1&2&0\\0&1&0\\0&0&1\end{pmatrix}.
$$

均为三阶初等矩阵.

由初等矩阵的定义，容易证明它们有以下结论.

定理 2.2　设 $\boldsymbol{A}$ 是一个 $m\times n$ 矩阵，对 $\boldsymbol{A}$ 施行一次初等行变换，相当于在 $\boldsymbol{A}$ 的左边乘以一个相应的 m 阶初等矩阵；对 $\boldsymbol{A}$ 施行一次初等列变换，相当于在 $\boldsymbol{A}$ 的右边乘以一个相应的 n 阶初等矩阵.

例如，对矩阵 $\boldsymbol{A}=\begin{pmatrix}1&2&3\\4&5&6\\7&8&9\end{pmatrix}$ 互换第 1 行和第 2 行，则有

$$
\boldsymbol{A}=\begin{pmatrix}1&2&3\\4&5&6\\7&8&9\end{pmatrix}\xrightarrow{r_1\leftrightarrow r_2}\begin{pmatrix}4&5&6\\1&2&3\\7&8&9\end{pmatrix},
$$

相当于用 $\boldsymbol{E}(1,2)$ 左乘矩阵 $\boldsymbol{A}$，即

$$
\boldsymbol{E}(1,2)\boldsymbol{A}=\begin{pmatrix}0&1&0\\1&0&0\\0&0&1\end{pmatrix}\begin{pmatrix}1&2&3\\4&5&6\\7&8&9\end{pmatrix}=\begin{pmatrix}4&5&6\\1&2&3\\7&8&9\end{pmatrix}.
$$

再如，对矩阵 $\boldsymbol{A}$ 的第 2 列乘以 2 再加到第 1 列上，则有

$$
\boldsymbol{A}=\begin{pmatrix}1&2&3\\4&5&6\\7&8&9\end{pmatrix}\xrightarrow{c_1+2c_2}\begin{pmatrix}5&2&3\\14&5&6\\23&8&9\end{pmatrix},
$$

相当于用 $\boldsymbol{E}[2,1+2(2)]$ 右乘矩阵 $\boldsymbol{A}$，即

$$
\boldsymbol{A}\boldsymbol{E}[2,1+2(2)]=\begin{pmatrix}1&2&3\\4&5&6\\7&8&9\end{pmatrix}\begin{pmatrix}1&0&0\\2&1&0\\0&0&1\end{pmatrix}=\begin{pmatrix}5&2&3\\14&5&6\\23&8&9\end{pmatrix}.
$$

例 2.14　设矩阵 $\boldsymbol{A}=\begin{pmatrix}a_{11}&a_{12}\\a_{21}&a_{22}\end{pmatrix}$，$\boldsymbol{B}=\begin{pmatrix}-a_{21}&-a_{22}\\a_{11}+2a_{21}&a_{12}+2a_{22}\end{pmatrix}$，问 $\boldsymbol{A}$ 经过何种初等变换可化成 $\boldsymbol{B}$？写出相应的初等矩阵并将 $\boldsymbol{B}$ 表示成这些初等矩阵与 $\boldsymbol{A}$ 的乘积.

解

$$A \xrightarrow{r_1+2r_2} \begin{pmatrix} a_{11}+2a_{21} & a_{12}+2a_{22} \\ a_{21} & a_{22} \end{pmatrix} \xrightarrow{r_1 \leftrightarrow r_2} \begin{pmatrix} a_{21} & a_{22} \\ a_{11}+2a_{21} & a_{12}+2a_{22} \end{pmatrix}$$

$$\xrightarrow{(-1)r_1} \begin{pmatrix} -a_{21} & -a_{22} \\ a_{11}+2a_{21} & a_{12}+2a_{22} \end{pmatrix}.$$

而 $r_1+2r_2, r_1 \leftrightarrow r_2$ 和 $(-1)r_1$ 这 3 次变换对应的初等矩阵分别为

$$\boldsymbol{P}_1=\begin{pmatrix} 1 & 2 \\ 0 & 1 \end{pmatrix}, \boldsymbol{P}_2=\begin{pmatrix} 0 & 1 \\ 1 & 0 \end{pmatrix}, \boldsymbol{P}_3=\begin{pmatrix} -1 & 0 \\ 0 & 1 \end{pmatrix}.$$

由定理 2.2 得 $\boldsymbol{B}=\boldsymbol{P}_3\boldsymbol{P}_2\boldsymbol{P}_1\boldsymbol{A}$.

例 2.15 设矩阵 $\boldsymbol{A}=\begin{pmatrix} 1 & -1 & 0 \\ 0 & 1 & 1 \\ 0 & 1 & 1 \end{pmatrix}$,

(1)用初等行变换将 $\boldsymbol{A}$ 化为行最简形矩阵 $\boldsymbol{U}$,并将 $\boldsymbol{U}$ 表示成 $\boldsymbol{A}$ 与初等矩阵的乘积.

(2)求 $\boldsymbol{A}$ 的等价标准形矩阵 $\boldsymbol{F}$,并将 $\boldsymbol{F}$ 表示成 $\boldsymbol{A}$ 与初等矩阵的乘积.

解 (1)对矩阵 $\boldsymbol{A}$ 施行如下初等行变换可得

$$\boldsymbol{A}=\begin{pmatrix} 1 & -1 & 0 \\ 0 & 1 & 1 \\ 0 & 1 & 1 \end{pmatrix} \xrightarrow{r_3-r_2} \begin{pmatrix} 1 & -1 & 0 \\ 0 & 1 & 1 \\ 0 & 0 & 0 \end{pmatrix} \xrightarrow{r_1+r_2} \begin{pmatrix} 1 & 0 & 1 \\ 0 & 1 & 1 \\ 0 & 0 & 0 \end{pmatrix}=\boldsymbol{U}.$$

由定理 2.2 得 $\boldsymbol{U}=\begin{pmatrix} 1 & 1 & 0 \\ 0 & 1 & 0 \\ 0 & 0 & 1 \end{pmatrix}\begin{pmatrix} 1 & 0 & 0 \\ 0 & 1 & 0 \\ 0 & -1 & 1 \end{pmatrix}\boldsymbol{A}$.

(2)对行最简形矩阵 $\boldsymbol{U}$ 施行如下初等列变换可得

$$\boldsymbol{U}=\begin{pmatrix} 1 & 0 & 1 \\ 0 & 1 & 1 \\ 0 & 0 & 0 \end{pmatrix} \xrightarrow{c_3-c_1} \begin{pmatrix} 1 & 0 & 0 \\ 0 & 1 & 1 \\ 0 & 0 & 0 \end{pmatrix} \xrightarrow{c_3-c_2} \begin{pmatrix} 1 & 0 & 0 \\ 0 & 1 & 0 \\ 0 & 0 & 0 \end{pmatrix}=\boldsymbol{F}.$$

由定理 2.2 得

$$\boldsymbol{F}=\boldsymbol{U}\begin{pmatrix} 1 & 0 & -1 \\ 0 & 1 & 0 \\ 0 & 0 & 1 \end{pmatrix}\begin{pmatrix} 1 & 0 & 0 \\ 0 & 1 & -1 \\ 0 & 0 & 1 \end{pmatrix}$$

$$=\begin{pmatrix} 1 & 1 & 0 \\ 0 & 1 & 0 \\ 0 & 0 & 1 \end{pmatrix}\begin{pmatrix} 1 & 0 & 0 \\ 0 & 1 & 0 \\ 0 & -1 & 1 \end{pmatrix}\boldsymbol{A}\begin{pmatrix} 1 & 0 & -1 \\ 0 & 1 & 0 \\ 0 & 0 & 1 \end{pmatrix}\begin{pmatrix} 1 & 0 & 0 \\ 0 & 1 & -1 \\ 0 & 0 & 1 \end{pmatrix}.$$

2.4 方阵的逆矩阵

逆矩阵是一个非常重要且强大的概念,其在数学和应用领域具有广泛的应用.通过了解逆矩阵的概念和性质,我们将能够求解线性方程组、计算矩阵的逆和解决变换问题.在矩阵

的乘法运算中，单位矩阵 $\boldsymbol{E}$ 相当于数的乘法运算中的 1，那么对于方阵 $\boldsymbol{A}$，是否存在一个矩阵 $\boldsymbol{B}$，使得 $\boldsymbol{AB}=\boldsymbol{BA}=\boldsymbol{E}$ 呢？

2.4.1　逆矩阵的定义

定义 2.13　设 $\boldsymbol{A}$ 为 n 阶矩阵，如果存在 n 阶矩阵 $\boldsymbol{B}$，使得

$$\boldsymbol{AB}=\boldsymbol{BA}=\boldsymbol{E}_n,$$

则称 $\boldsymbol{A}$ 为可逆矩阵，并称 $\boldsymbol{B}$ 为 $\boldsymbol{A}$ 的一个逆矩阵；否则，便说 $\boldsymbol{A}$ 是不可逆的.

如果 $\boldsymbol{B}$ 和 $\boldsymbol{C}$ 都是 $\boldsymbol{A}$ 的逆矩阵，即 $\boldsymbol{AB}=\boldsymbol{BA}=\boldsymbol{E}$，$\boldsymbol{AC}=\boldsymbol{CA}=\boldsymbol{E}$，则有

$$\boldsymbol{B}=\boldsymbol{BE}=\boldsymbol{B}(\boldsymbol{AC})=(\boldsymbol{BA})\boldsymbol{C}=\boldsymbol{EC}=\boldsymbol{C}.$$

所以，如果方阵 $\boldsymbol{A}$ 可逆，则 $\boldsymbol{A}$ 的逆矩阵是唯一的.

将方阵 $\boldsymbol{A}$ 的唯一逆矩阵记作 $\boldsymbol{A}^{-1}$，而 $\boldsymbol{A}^{-1}$ 满足 $\boldsymbol{AA}^{-1}=\boldsymbol{A}^{-1}\boldsymbol{A}=\boldsymbol{E}$.

例如，设矩阵 $\boldsymbol{A}=\begin{pmatrix}2&1\\5&3\end{pmatrix}$，则存在矩阵 $\boldsymbol{B}=\begin{pmatrix}3&-1\\-5&2\end{pmatrix}$，使得

$$\begin{pmatrix}2&1\\5&3\end{pmatrix}\begin{pmatrix}3&-1\\-5&2\end{pmatrix}=\begin{pmatrix}3&-1\\-5&2\end{pmatrix}\begin{pmatrix}2&1\\5&3\end{pmatrix}=\begin{pmatrix}1&0\\0&1\end{pmatrix},$$

因此，

$$\boldsymbol{A}^{-1}=\boldsymbol{B}=\begin{pmatrix}3&-1\\-5&2\end{pmatrix},\boldsymbol{B}^{-1}=\boldsymbol{A}=\begin{pmatrix}2&1\\5&3\end{pmatrix}.$$

例 2.16　已知对角矩阵 $\boldsymbol{A}=\begin{pmatrix}a_1&&&\\&a_2&&\\&&\ddots&\\&&&a_n\end{pmatrix}$，$a_1a_2\cdots a_n\neq0$，求 $\boldsymbol{A}^{-1}$.

解　由 $a_1a_2\cdots a_n\neq0$，可设

$$\boldsymbol{B}=\begin{pmatrix}\frac{1}{a_1}&&&\\&\frac{1}{a_2}&&\\&&\ddots&\\&&&\frac{1}{a_n}\end{pmatrix}.$$

因为 $\boldsymbol{AB}=\boldsymbol{BA}=\boldsymbol{E}_n$，故

$$\boldsymbol{A}^{-1}=\begin{pmatrix}a_1&&&\\&a_2&&\\&&\ddots&\\&&&a_n\end{pmatrix}^{-1}=\begin{pmatrix}\frac{1}{a_1}&&&\\&\frac{1}{a_2}&&\\&&\ddots&\\&&&\frac{1}{a_n}\end{pmatrix}=\boldsymbol{B}.$$

这说明可逆的对角矩阵的逆矩阵仍为对角矩阵，其逆矩阵等于对角线元素取倒数.

例 2.17 判断矩阵 $\boldsymbol{A}=\begin{pmatrix}1 & 0\\0 & 0\end{pmatrix}$是否可逆？

解 对于任意的二阶矩阵 $\boldsymbol{B}=\begin{pmatrix}b_{11} & b_{12}\\b_{21} & b_{22}\end{pmatrix}$，有

$$\boldsymbol{AB}=\begin{pmatrix}1 & 0\\0 & 0\end{pmatrix}\begin{pmatrix}b_{11} & b_{12}\\b_{21} & b_{22}\end{pmatrix}=\begin{pmatrix}b_{11} & b_{12}\\0 & 0\end{pmatrix}\neq\begin{pmatrix}1 & 0\\0 & 1\end{pmatrix}.$$

可见，不存在方阵 $\boldsymbol{B}$ 使得 $\boldsymbol{AB}=\boldsymbol{E}$，所以矩阵 $\boldsymbol{A}$ 不可逆.

2.4.2 矩阵可逆的充要条件

定理 2.3 n 阶方阵 $\boldsymbol{A}$ 可逆的充分必要条件是 $|\boldsymbol{A}|\neq 0$ 且有 $\boldsymbol{A}^{-1}=\dfrac{1}{|\boldsymbol{A}|}\boldsymbol{A}^*$.

证明 必要性：

因为方阵 $\boldsymbol{A}$ 可逆，则有 $\boldsymbol{AA}^{-1}=\boldsymbol{E}$，故 $|\boldsymbol{AA}^{-1}|=|\boldsymbol{A}|\,|\boldsymbol{A}^{-1}|=|\boldsymbol{E}|=1$，所以 $|\boldsymbol{A}|\neq 0$.

充分性：

由例 2.11 知 $\boldsymbol{AA}^*=\boldsymbol{A}^*\boldsymbol{A}=|\boldsymbol{A}|\boldsymbol{E}$，因为 $|\boldsymbol{A}|\neq 0$，故有

$$\boldsymbol{A}\left(\frac{1}{|\boldsymbol{A}|}\boldsymbol{A}^*\right)=\left(\frac{1}{|\boldsymbol{A}|}\boldsymbol{A}^*\right)\boldsymbol{A}=\boldsymbol{E}.$$

由矩阵的可逆定义知，方阵 $\boldsymbol{A}$ 可逆，且有 $\boldsymbol{A}^{-1}=\dfrac{1}{|\boldsymbol{A}|}\boldsymbol{A}^*$.

例 2.18 已知矩阵 $\boldsymbol{A}=\begin{pmatrix}x_1 & x_2\\x_3 & x_4\end{pmatrix}$，$x_1x_4-x_2x_3\neq 0$，求 $\boldsymbol{A}$ 的逆矩阵.

解 $|\boldsymbol{A}|=x_1x_4-x_2x_3$，$\boldsymbol{A}^*=\begin{pmatrix}x_4 & -x_2\\-x_3 & x_1\end{pmatrix}$.

所以

$$\boldsymbol{A}^{-1}=\frac{1}{|\boldsymbol{A}|}\boldsymbol{A}^*=\frac{1}{x_1x_4-x_2x_3}\begin{pmatrix}x_4 & -x_2\\-x_3 & x_1\end{pmatrix}.$$

利用定义 2.13，可以得到可逆矩阵的以下性质.

性质 2.7 设 $\boldsymbol{A},\boldsymbol{B},\boldsymbol{C}$ 都是 n 阶方阵，λ 是不为 0 的数，则有

(1)若 $\boldsymbol{A}$ 可逆，则 $\boldsymbol{A}^{-1}$ 也可逆，且有$(\boldsymbol{A}^{-1})^{-1}=\boldsymbol{A}$.

(2)若 $\boldsymbol{A}$ 可逆，则它的转置矩阵 $\boldsymbol{A}^{\mathrm{T}}$ 也可逆，且有$(\boldsymbol{A}^{\mathrm{T}})^{-1}=(\boldsymbol{A}^{-1})^{\mathrm{T}}$.

(3)若 $\boldsymbol{A}$ 可逆，则 $\lambda\boldsymbol{A}$ 也可逆，且有$(\lambda\boldsymbol{A})^{-1}=\lambda^{-1}\boldsymbol{A}^{-1}$.

(4)若 $\boldsymbol{A}$ 与 $\boldsymbol{B}$ 可逆，则 $\boldsymbol{AB}$，$\boldsymbol{BA}$ 均可逆，且有$(\boldsymbol{AB})^{-1}=\boldsymbol{B}^{-1}\boldsymbol{A}^{-1}$，$(\boldsymbol{BA})^{-1}=\boldsymbol{A}^{-1}\boldsymbol{B}^{-1}$.

(5)若 $\boldsymbol{A}$ 可逆，矩阵 $\boldsymbol{B},\boldsymbol{C}$ 满足 $\boldsymbol{AB}=\boldsymbol{AC}$ 或 $\boldsymbol{BA}=\boldsymbol{CA}$，则有 $\boldsymbol{B}=\boldsymbol{C}$.

由可逆矩阵的定义容易证明(1)(2)(5)，在此证明(3)和(4).

证明 (3)因为方阵 $\boldsymbol{A}$ 可逆，可得 $|\boldsymbol{A}|\neq 0$，所以 $|\lambda\boldsymbol{A}|=\lambda^n|\boldsymbol{A}|\neq 0$(因为 $\lambda\neq 0$)，于是 $\lambda\boldsymbol{A}$ 可逆. 又因为

$$(\lambda^{-1}\boldsymbol{A}^{-1})(\lambda\boldsymbol{A})=\lambda^{-1}\lambda\boldsymbol{A}^{-1}\boldsymbol{A}=\boldsymbol{A}^{-1}\boldsymbol{A}=\boldsymbol{E},$$

所以有

$$(\lambda \boldsymbol{A})^{-1}=\lambda^{-1}\boldsymbol{A}^{-1}.$$

(4)因为 $\boldsymbol{A}$ 与 $\boldsymbol{B}$ 可逆，可得 $|\boldsymbol{A}|\neq 0$，$|\boldsymbol{B}|\neq 0$，从而 $|\boldsymbol{AB}|=|\boldsymbol{BA}|=|\boldsymbol{A}||\boldsymbol{B}|\neq 0$，于是 $\boldsymbol{AB}$，$\boldsymbol{BA}$ 均可逆. 又因为

$$(\boldsymbol{B}^{-1}\boldsymbol{A}^{-1})(\boldsymbol{AB})=\boldsymbol{B}^{-1}(\boldsymbol{A}^{-1}\boldsymbol{A})\boldsymbol{B}=\boldsymbol{B}^{-1}\boldsymbol{B}=\boldsymbol{E},$$

所以有 $(\boldsymbol{AB})^{-1}=\boldsymbol{B}^{-1}\boldsymbol{A}^{-1}$. 同理可证 $(\boldsymbol{BA})^{-1}=\boldsymbol{A}^{-1}\boldsymbol{B}^{-1}$.

由(4)可以推出，若 $\boldsymbol{A}_1,\boldsymbol{A}_2,\cdots,\boldsymbol{A}_n$ 都是同阶可逆方阵，则 $\boldsymbol{A}_1\boldsymbol{A}_2\cdots\boldsymbol{A}_n$ 可逆，且有

$$(\boldsymbol{A}_1\boldsymbol{A}_2\cdots\boldsymbol{A}_{n-1}\boldsymbol{A}_n)^{-1}=\boldsymbol{A}_n^{-1}\boldsymbol{A}_{n-1}^{-1}\cdots\boldsymbol{A}_2^{-1}\boldsymbol{A}_1^{-1}.$$

性质 2.8　若 $\boldsymbol{AB}=\boldsymbol{E}$(或 $\boldsymbol{BA}=\boldsymbol{E}$)，则有 $\boldsymbol{B}=\boldsymbol{A}^{-1}$.

证明　因为 $\boldsymbol{AB}=\boldsymbol{E}$，两边取行列式得 $|\boldsymbol{AB}|=|\boldsymbol{A}||\boldsymbol{B}|=|\boldsymbol{E}|=1$，从而有 $|\boldsymbol{A}|\neq 0$，于是矩阵 $\boldsymbol{A}$ 可逆，因而 $\boldsymbol{A}^{-1}$ 存在，即有 $\boldsymbol{B}=\boldsymbol{A}^{-1}$.

例 2.19　若 n 阶方阵 $\boldsymbol{A}$ 满足 $\boldsymbol{A}^2-2\boldsymbol{A}-3\boldsymbol{E}=0$，求 $(\boldsymbol{A}-2\boldsymbol{E})^{-1}$.

解　由矩阵方程 $\boldsymbol{A}^2-2\boldsymbol{A}-3\boldsymbol{E}=0$ 得 $(\boldsymbol{A}-2\boldsymbol{E})\boldsymbol{A}=3\boldsymbol{E}$，从而有

$$(\boldsymbol{A}-2\boldsymbol{E})\left(\frac{1}{3}\boldsymbol{A}\right)=\boldsymbol{E},$$

所以 $(\boldsymbol{A}-2\boldsymbol{E})^{-1}=\frac{1}{3}\boldsymbol{A}$.

性质 2.9　3 种初等矩阵的逆矩阵仍为同类型的初等矩阵，且有

$$\boldsymbol{E}^{-1}(i,j)=\boldsymbol{E}(i,j),\boldsymbol{E}^{-1}[i(k)]=\boldsymbol{E}\left[i\left(\frac{1}{k}\right)\right],$$

$$\boldsymbol{E}^{-1}[i+j(k),j]=\boldsymbol{E}[i+j(-k),j],\boldsymbol{E}^{-1}[j,i+j(k)]=\boldsymbol{E}[j,i+j(-k)].$$

证明　由 $\boldsymbol{E}(i,j)\boldsymbol{E}(i,j)=\boldsymbol{E}$ 得 $\boldsymbol{E}^{-1}(i,j)=\boldsymbol{E}(i,j)$.

由 $\boldsymbol{E}[i(k)]\boldsymbol{E}\left[i\left(\frac{1}{k}\right)\right]=\boldsymbol{E}$ 得 $\boldsymbol{E}^{-1}[i(k)]=\boldsymbol{E}\left[i\left(\frac{1}{k}\right)\right]$.

由 $\boldsymbol{E}[i+j(k),j]\boldsymbol{E}[i+j(-k),j]=\boldsymbol{E}$ 得 $\boldsymbol{E}^{-1}[i+j(k),j]=\boldsymbol{E}[i+j(-k),j]$.

同理可证 $\boldsymbol{E}^{-1}[j,i+j(k)]=\boldsymbol{E}[j,i+j(-k)]$.

2.4.3　矩阵之间的等价关系

定义 2.11 给出了矩阵 $\boldsymbol{A}$ 与 $\boldsymbol{B}$ 等价的定义，下面针对可逆矩阵展开等价关系的讨论.

定理 2.4　方阵 $\boldsymbol{A}$ 可逆的充分必要条件是存在有限个初等矩阵 $\boldsymbol{P}_1,\boldsymbol{P}_2,\cdots,\boldsymbol{P}_s$，使得 $\boldsymbol{A}=\boldsymbol{P}_1\boldsymbol{P}_2\cdots\boldsymbol{P}_s$.

证明　充分性：

因为 $\boldsymbol{A}=\boldsymbol{P}_1\boldsymbol{P}_2\cdots\boldsymbol{P}_s$，且初等矩阵都是可逆的，则有限个初等矩阵的积仍可逆，所以方阵 $\boldsymbol{A}$ 可逆.

必要性：

设 n 阶方阵 $\boldsymbol{A}$ 可逆，由定理 2.1 知方阵 $\boldsymbol{A}$ 可以经过有限次初等变换化成标准形矩阵，即

$$\boldsymbol{F}=\begin{pmatrix}\boldsymbol{E}_r & \boldsymbol{0}\\ \boldsymbol{0} & \boldsymbol{0}\end{pmatrix}_{n\times n}.$$

既然 $\boldsymbol{A}\cong\boldsymbol{F}$，根据等价关系的对称性，也有 $\boldsymbol{F}\cong\boldsymbol{A}$，故存在初等矩阵 $\boldsymbol{P}_1,\boldsymbol{P}_2,\cdots,\boldsymbol{P}_s$，使得

$$\boldsymbol{A}=\boldsymbol{P}_1\boldsymbol{P}_2\cdots\boldsymbol{P}_l\boldsymbol{F}\boldsymbol{P}_{l+1}\boldsymbol{P}_{l+2}\cdots\boldsymbol{P}_s.$$

又因为 $\boldsymbol{A}$ 可逆,且初等矩阵 $\boldsymbol{P}_1,\boldsymbol{P}_2,\cdots,\boldsymbol{P}_s$ 也可逆,故 $\boldsymbol{F}$ 可逆.

假设 $\boldsymbol{F}$ 中的 $r<n$,则有 $|\boldsymbol{F}|=0$,这与 $\boldsymbol{F}$ 可逆相矛盾,故有 $r=n$,即 $\boldsymbol{F}=\boldsymbol{E}$,从而

$$\boldsymbol{A}=\boldsymbol{P}_1\boldsymbol{P}_2\cdots\boldsymbol{P}_s.$$

定理 2.5 设 $\boldsymbol{A},\boldsymbol{B}$ 均为 $m\times n$ 矩阵,则 $\boldsymbol{A}\cong\boldsymbol{B}$ 的充分必要是存在 m 阶可逆矩阵 $\boldsymbol{P}$ 和 n 阶可逆矩阵 $\boldsymbol{Q}$,使得 $\boldsymbol{PAQ}=\boldsymbol{B}$.

证明 根据定义 2.11 矩阵的等价和定理 2.2 可知,$\boldsymbol{A}\cong\boldsymbol{B}$ 的充分必要条件是 $\boldsymbol{A}$ 经过有限次初等变换化成 $\boldsymbol{B}$,即存在有限个 m 阶初等矩阵 $\boldsymbol{P}_1,\boldsymbol{P}_2,\cdots,\boldsymbol{P}_s$ 及有限个 n 阶初等矩阵 $\boldsymbol{Q}_1,\boldsymbol{Q}_2,\cdots,\boldsymbol{Q}_t$,使得 $\boldsymbol{P}_1\boldsymbol{P}_2\cdots\boldsymbol{P}_s\boldsymbol{A}\boldsymbol{Q}_1\boldsymbol{Q}_2\cdots\boldsymbol{Q}_t=\boldsymbol{B}$.

令 $\boldsymbol{P}=\boldsymbol{P}_1\boldsymbol{P}_2\cdots\boldsymbol{P}_s,\boldsymbol{Q}=\boldsymbol{Q}_1\boldsymbol{Q}_2\cdots\boldsymbol{Q}_t$,则存在 m 阶可逆矩阵 $\boldsymbol{P}$ 和 n 阶可逆矩阵 $\boldsymbol{Q}$ 使得 $\boldsymbol{PAQ}=\boldsymbol{B}$.

2.4.4 用初等变换求逆矩阵

定理 2.4 给出了方阵 $\boldsymbol{A}$ 可逆的充分必要条件,同时也给出了另一种求逆矩阵的方法.

若方阵 $\boldsymbol{A}$ 可逆,则 $\boldsymbol{A}^{-1}$ 也可逆,即存在有限个初等矩阵 $\boldsymbol{P}_1,\boldsymbol{P}_2,\cdots,\boldsymbol{P}_s$,使 $\boldsymbol{A}^{-1}=\boldsymbol{P}_1\boldsymbol{P}_2\cdots\boldsymbol{P}_s$. 两边右乘 $\boldsymbol{A}$,得

$$\boldsymbol{P}_1\boldsymbol{P}_2\cdots\boldsymbol{P}_s\boldsymbol{A}=\boldsymbol{A}^{-1}\boldsymbol{A}=\boldsymbol{E}. \tag{2.4}$$

(2.4)式也可改写为

$$\boldsymbol{P}_1\boldsymbol{P}_2\cdots\boldsymbol{P}_s\boldsymbol{E}=\boldsymbol{A}^{-1}. \tag{2.5}$$

对比两式可知,当 $\boldsymbol{A}$ 经过一系列的初等行变换化为 $\boldsymbol{E}$ 时,对单位矩阵 $\boldsymbol{E}$ 进行同样的初等行变换可化为 $\boldsymbol{A}^{-1}$,即

$$\boldsymbol{P}_1\boldsymbol{P}_2\cdots\boldsymbol{P}_s(\boldsymbol{A},\boldsymbol{E})=(\boldsymbol{E},\boldsymbol{A}^{-1}).$$

即对 $n\times 2n$ 矩阵 $(\boldsymbol{A},\boldsymbol{E})$ 施行初等行变换,当把方阵 $\boldsymbol{A}$ 变成 $\boldsymbol{E}$ 时,原来的 $\boldsymbol{E}$ 就变成了 $\boldsymbol{A}^{-1}$.

类似地,我们也可以用初等列变换来求方阵 $\boldsymbol{A}$ 的逆矩阵,即由 $\boldsymbol{A}$ 与 $\boldsymbol{E}$ 组成 $2n\times n$ 矩阵 $\begin{pmatrix}\boldsymbol{A}\\ \boldsymbol{E}\end{pmatrix}$,并对之施行一系列初等列变换,当把 $\boldsymbol{A}$ 变成 $\boldsymbol{E}$ 时,原来的 $\boldsymbol{E}$ 就变成了 $\boldsymbol{A}^{-1}$.

综上,可得到求矩阵逆的两个公式.

$$(\boldsymbol{A},\boldsymbol{E})\xrightarrow{\text{行变换}}(\boldsymbol{E},\boldsymbol{A}^{-1}),\ \begin{pmatrix}\boldsymbol{A}\\ \boldsymbol{E}\end{pmatrix}\xrightarrow{\text{列变换}}\begin{pmatrix}\boldsymbol{E}\\ \boldsymbol{A}^{-1}\end{pmatrix}.$$

例 2.20 求矩阵 $\boldsymbol{A}=\begin{pmatrix}0&-2&1\\3&0&-2\\-2&3&0\end{pmatrix}$ 的逆矩阵.

解 使用初等行变换求逆矩阵公式

$$(\boldsymbol{A},\boldsymbol{E})=\begin{pmatrix}0&-2&1&1&0&0\\3&0&-2&0&1&0\\-2&3&0&0&0&1\end{pmatrix}$$

$$\xrightarrow[r_1\leftrightarrow r_2]{\substack{3r_3\\ r_3+2r_2}}\begin{pmatrix}3&0&-2&0&1&0\\0&-2&1&1&0&0\\0&9&-4&0&2&3\end{pmatrix}\xrightarrow[r_3+9r_2]{2r_3}\begin{pmatrix}3&0&-2&0&1&0\\0&-2&1&1&0&0\\0&0&1&9&4&6\end{pmatrix}$$

$$\xrightarrow[r_2-r_3]{r_1+2r_3}\begin{pmatrix}3&0&0&18&9&12\\0&-2&0&-8&-4&-6\\0&0&1&9&4&6\end{pmatrix}\xrightarrow[r_2\div(-2)]{r_1\div 3}\begin{pmatrix}1&0&0&6&3&4\\0&1&0&4&2&3\\0&0&1&9&4&6\end{pmatrix}.$$

所以

$$\boldsymbol{A}^{-1}=\begin{pmatrix}6&3&4\\4&2&3\\9&4&6\end{pmatrix}.$$

注意　用初等行变换方法求逆矩阵时，不能同时用初等列变换. 另外，在求出逆矩阵以后，最好验证式子 $\boldsymbol{AA}^{-1}=\boldsymbol{E}$，避免在计算中发生错误.

2.4.5　解矩阵方程

最常见的矩阵方程有以下两类：

(1)设 $\boldsymbol{A}$ 是 n 阶可逆矩阵，$\boldsymbol{B}$ 是 $n\times m$ 矩阵，求出矩阵 $\boldsymbol{X}$ 满足 $\boldsymbol{AX}=\boldsymbol{B}$.

如果找到 n 阶可逆矩阵 $\boldsymbol{P}$，使得 $\boldsymbol{PA}=\boldsymbol{E}$，则 $\boldsymbol{P}=\boldsymbol{A}^{-1}$，而且有

$$\boldsymbol{P}(\boldsymbol{A},\boldsymbol{B})=(\boldsymbol{PA},\boldsymbol{PB})=(\boldsymbol{E},\boldsymbol{A}^{-1}\boldsymbol{B}).$$

上式右边矩阵的最后 m 列组成的矩阵就是 $\boldsymbol{X}$，即 $\boldsymbol{X}=\boldsymbol{A}^{-1}\boldsymbol{B}$. 具体的过程如下：

$$(\boldsymbol{A},\boldsymbol{B})\xrightarrow{\text{行变换}}(\boldsymbol{E},\boldsymbol{A}^{-1}\boldsymbol{B}).$$

例 2.21　求解矩阵方程：

$$\begin{pmatrix}1&1&-1\\2&1&0\\1&-1&1\end{pmatrix}\boldsymbol{X}=\begin{pmatrix}1&1&3\\4&3&2\\1&2&5\end{pmatrix}.$$

解

$$\begin{pmatrix}1&1&-1&1&1&3\\2&1&0&4&3&2\\1&-1&1&1&2&5\end{pmatrix}\xrightarrow[r_3-r_1]{r_2-2r_1}\begin{pmatrix}1&1&-1&1&1&3\\0&-1&2&2&1&-4\\0&-2&2&0&1&2\end{pmatrix}$$

$$\xrightarrow[r_3+2r_2]{-r_2}\begin{pmatrix}1&1&-1&1&1&3\\0&1&-2&-2&-1&4\\0&0&-2&-4&-1&10\end{pmatrix}\xrightarrow[r_3\div(-2)]{r_1-r_2}\begin{pmatrix}1&0&1&3&2&-1\\0&1&-2&-2&-1&4\\0&0&1&2&1/2&-5\end{pmatrix}$$

$$\xrightarrow[r_2+2r_3]{r_1-r_3}\begin{pmatrix}1&0&0&1&3/2&4\\0&1&0&2&0&-6\\0&0&1&2&1/2&-5\end{pmatrix}.$$

据此即可得到

$$\boldsymbol{X}=\begin{pmatrix}1&3/2&4\\2&0&-6\\2&1/2&-5\end{pmatrix}.$$

(2)设 $\boldsymbol{A}$ 是 n 阶可逆矩阵，$\boldsymbol{B}$ 是 $m\times n$ 矩阵，求出矩阵 $\boldsymbol{X}$ 满足 $\boldsymbol{XA}=\boldsymbol{B}$.

要注意的是，矩阵方程 $\boldsymbol{XA}=\boldsymbol{B}$ 的解为 $\boldsymbol{X}=\boldsymbol{BA}^{-1}$，而不可以写成 $\boldsymbol{X}=\boldsymbol{A}^{-1}\boldsymbol{B}$.

这种类型矩阵方程可以用初等列变换进行求解，即

$$\begin{pmatrix} \boldsymbol{A} \\ \boldsymbol{B} \end{pmatrix} \xrightarrow{\text{列变换}} \begin{pmatrix} \boldsymbol{E} \\ \boldsymbol{X} \end{pmatrix}.$$

也可以先对矩阵方程转置，再根据第一种方法进行求解，即

$$\text{矩阵 } \boldsymbol{X} \text{ 满足 } \boldsymbol{XA}=\boldsymbol{B} \Leftrightarrow \boldsymbol{X}^{\mathrm{T}} \text{ 满足 } \boldsymbol{A}^{\mathrm{T}}\boldsymbol{X}^{\mathrm{T}}=\boldsymbol{B}^{\mathrm{T}},$$

从而有

$$\boldsymbol{X}^{\mathrm{T}}=(\boldsymbol{A}^{\mathrm{T}})^{-1}\boldsymbol{B}^{\mathrm{T}}=(\boldsymbol{BA}^{-1})^{\mathrm{T}},$$

所以，可以先用上述方法求解 $\boldsymbol{A}^{\mathrm{T}}\boldsymbol{X}^{\mathrm{T}}=\boldsymbol{B}^{\mathrm{T}}$，再把所得结果 $\boldsymbol{X}^{\mathrm{T}}$ 转置即得所需的解 $\boldsymbol{X}=\boldsymbol{BA}^{-1}$. 具体过程为 $(\boldsymbol{A}^{\mathrm{T}},\boldsymbol{B}^{\mathrm{T}}) \xrightarrow{\text{行变换}} (\boldsymbol{E},\boldsymbol{X}^{\mathrm{T}})$.

例 2.22 求解矩阵方程：

$$\boldsymbol{X}\begin{pmatrix} 1 & 1 & -1 \\ 2 & 1 & 0 \\ 1 & -1 & 1 \end{pmatrix}=\begin{pmatrix} 1 & 1 & 3 \\ 4 & 3 & 2 \\ 1 & 2 & 5 \end{pmatrix}.$$

解

$$(\boldsymbol{A}^{\mathrm{T}},\boldsymbol{B}^{\mathrm{T}})=\begin{pmatrix} 1 & 2 & 1 & 1 & 4 & 1 \\ 1 & 1 & -1 & 1 & 3 & 2 \\ -1 & 0 & 1 & 3 & 2 & 5 \end{pmatrix} \xrightarrow[r_3+r_1]{r_2-r_1} \begin{pmatrix} 1 & 2 & 1 & 1 & 4 & 1 \\ 0 & -1 & -2 & 0 & -1 & 1 \\ 0 & 2 & 2 & 4 & 6 & 6 \end{pmatrix}$$

$$\xrightarrow[r_3-2r_2]{\substack{r_1+2r_2 \\ -r_2}} \begin{pmatrix} 1 & 0 & -3 & 1 & 2 & 3 \\ 0 & 1 & 2 & 0 & 1 & -1 \\ 0 & 0 & -2 & 4 & 4 & 8 \end{pmatrix} \xrightarrow{r_3\div(-2)} \begin{pmatrix} 1 & 0 & -3 & 1 & 2 & 3 \\ 0 & 1 & 2 & 0 & 1 & -1 \\ 0 & 0 & 1 & -2 & -2 & -4 \end{pmatrix}$$

$$\xrightarrow[r_2-2r_3]{r_1+3r_3} \begin{pmatrix} 1 & 0 & 0 & -5 & -4 & -9 \\ 0 & 1 & 0 & 4 & 5 & 7 \\ 0 & 0 & 1 & -2 & -2 & -4 \end{pmatrix}.$$

所以，$\boldsymbol{X}^{\mathrm{T}}=\begin{pmatrix} -5 & -4 & -9 \\ 4 & 5 & 7 \\ -2 & -2 & -4 \end{pmatrix}$，从而得

$$\boldsymbol{X}=\begin{pmatrix} -5 & 4 & -2 \\ -4 & 5 & -2 \\ -9 & 7 & -4 \end{pmatrix}.$$

关于矩阵方程 $\boldsymbol{AX}=\boldsymbol{B}$ 或 $\boldsymbol{XA}=\boldsymbol{B}$ 的另一种常用解法是：先求出逆矩阵 $\boldsymbol{A}^{-1}$，然后用逆矩阵左乘 $\boldsymbol{AX}=\boldsymbol{B}$ 两边，得到 $\boldsymbol{X}=\boldsymbol{A}^{-1}\boldsymbol{B}$；或用逆矩阵右乘 $\boldsymbol{XA}=\boldsymbol{B}$ 两边，得到 $\boldsymbol{X}=\boldsymbol{BA}^{-1}$.

例如，在上述两例中可先求出

$$\boldsymbol{A}^{-1}=\frac{1}{2}\begin{pmatrix} 1 & 0 & 1 \\ -2 & 2 & -2 \\ -3 & 2 & -1 \end{pmatrix},$$

再求出所要求的 $\boldsymbol{X}$. 不过，此时必须进行复杂的矩阵乘法运算，不建议采用这种方法求解矩阵方程.

本节讨论的解矩阵方程 $\boldsymbol{AX}=\boldsymbol{B}$ 或 $\boldsymbol{XA}=\boldsymbol{B}$，前提条件是矩阵 $\boldsymbol{A}$ 可逆，当矩阵 $\boldsymbol{A}$ 不可逆时，上述方法不能使用，此类问题将在第 4 章线性方程组中进行讨论求解.

2.5　矩阵的秩

矩阵的秩是线性代数中的一个重要概念，它在矩阵理论和应用中扮演着关键角色. 矩阵的秩提供了关于矩阵的结构和性质的有用信息，并且在解决线性方程组、矩阵变换和数据分析等领域中具有广泛的应用. 在 2.3 的定理 2.1 中，任意给定的 $m\times n$ 矩阵 $\boldsymbol{A}$ 总可以经若干次初等变换化为标准形 $\boldsymbol{F}=\begin{pmatrix}\boldsymbol{E}_r & \boldsymbol{0}\\ \boldsymbol{0} & \boldsymbol{0}\end{pmatrix}_{m\times n}$，其中 r 为行阶梯形矩阵中非零行的行数，它是描述矩阵的一个重要指标，就是本节要讨论的矩阵的秩.

2.5.1　矩阵秩的定义

定义 2.14　在 $m\times n$ 矩阵 $\boldsymbol{A}$ 中，任取 k 行 k 列（$k\leqslant\min\{m,n\}$），位于这些行列交叉处的 k^2 个元素按原来的相对顺序位置构成的 k 阶行列式，称为矩阵 $\boldsymbol{A}$ 的一个 k 阶子式. 显然，对于确定的 k 来说，在 $m\times n$ 矩阵 $\boldsymbol{A}$ 中，k 阶子式的总个数为 $C_m^k\times C_n^k$. 把 $\boldsymbol{A}$ 中对应不同的 k 的所有 k 阶子式放在一起，可以分成值为 0 的和值不为 0 的两大类，其中值不为 0 的子式称为非零子式. 例如，3×4 矩阵

$$\boldsymbol{A}=\begin{pmatrix}2 & -3 & 8 & 1\\ 2 & 12 & -2 & 6\\ 1 & 3 & 1 & 2\end{pmatrix}$$

共有 $C_3^2C_4^2=18$ 个二阶子式，如

$$\begin{vmatrix}2 & -3\\ 2 & 12\end{vmatrix},\begin{vmatrix}2 & -3\\ 1 & 3\end{vmatrix},\begin{vmatrix}-3 & 1\\ 12 & 6\end{vmatrix},\begin{vmatrix}12 & 6\\ 3 & 2\end{vmatrix},\cdots$$

共有 $C_3^3C_4^3=4$ 个三阶子式，它们的值全为 0，如

$$\begin{vmatrix}2 & -3 & 8\\ 2 & 12 & -2\\ 1 & 3 & 1\end{vmatrix},\begin{vmatrix}2 & -3 & 1\\ 2 & 12 & 6\\ 1 & 3 & 2\end{vmatrix},\begin{vmatrix}2 & 8 & 1\\ 2 & -2 & 6\\ 1 & 1 & 2\end{vmatrix},\begin{vmatrix}-3 & 8 & 1\\ 12 & -2 & 6\\ 3 & 1 & 2\end{vmatrix}.$$

定义 2.15　在 $m\times n$ 矩阵 $\boldsymbol{A}$ 中，非零子式的最高阶数称为矩阵 $\boldsymbol{A}$ 的秩，记作 $r(\boldsymbol{A})$. 若一个矩阵没有不等于 0 的最高阶子式（即零矩阵），则规定该矩阵的秩为 0.

非零子式的最高阶数指的是，在所有的不等于 0 的那些子式中，阶数最高的子式的阶数. 例如，当 $r(\boldsymbol{A})=3$ 时，说明在矩阵 $\boldsymbol{A}$ 中至少有一个三阶子式不为 0，而所有的阶数大于 3 的子式都等于 0.

例 2.23　用定义求矩阵 $\boldsymbol{A}=\begin{pmatrix}2 & -3 & 8 & 1\\ 2 & 12 & -2 & 6\\ 1 & 3 & 1 & 2\end{pmatrix}$ 的秩.

解　容易计算二阶行列式

$$\begin{vmatrix}2 & -3\\ 2 & 12\end{vmatrix}=30\neq 0.$$

$\boldsymbol{A}$ 是一个 3×4 的矩阵，把 $\boldsymbol{A}$ 的 3 行全部取出，再从其 4 列中任取 3 列就可得到一个三阶子式，共有 4 个三阶子式，计算它们的值.

$$\begin{vmatrix}2 & -3 & 8\\2 & 12 & -2\\1 & 3 & 1\end{vmatrix}=0,\begin{vmatrix}2 & -3 & 1\\2 & 12 & 6\\1 & 3 & 2\end{vmatrix}=0,$$

$$\begin{vmatrix}2 & 8 & 1\\2 & -2 & 6\\1 & 1 & 2\end{vmatrix}=0,\begin{vmatrix}-3 & 8 & 1\\12 & -2 & 6\\3 & 1 & 2\end{vmatrix}=0.$$

$\boldsymbol{A}$ 是一个 3×4 的矩阵，显然是不存在四阶子式的，所以 $\boldsymbol{A}$ 的不等于 0 的最高阶子式的阶数为 2，因此 $r(\boldsymbol{A})=2$.

显然，标准形矩阵 $\boldsymbol{F}=\begin{pmatrix}\boldsymbol{E}_r & \boldsymbol{0}\\\boldsymbol{0} & \boldsymbol{0}\end{pmatrix}_{m\times n}$ 的秩为 r.

2.5.2 矩阵秩的性质

由矩阵的秩的定义，我们可得如下性质.

性质 2.10 设 $\boldsymbol{A}$ 是 $m\times n$ 矩阵，矩阵的秩有如下性质：

(1)$0\leqslant r(\boldsymbol{A})\leqslant\min\{m,n\}$.

(2)$r(\boldsymbol{A})=r(\boldsymbol{A}^{\mathrm{T}})$. 实际上，因为 $\boldsymbol{A}^{\mathrm{T}}$ 的子式与 $\boldsymbol{A}$ 的子式对应相等，即最高非零子式阶数一样，所以它们的秩相同.

(3)n 阶方阵 $\boldsymbol{A}$ 为可逆矩阵 $\Leftrightarrow|\boldsymbol{A}|\neq0\Leftrightarrow r(\boldsymbol{A})=n$，所以可逆矩阵常称为满秩矩阵，不可逆矩阵称为降秩矩阵.

定理 2.6 对于 $m\times n$ 矩阵 $\boldsymbol{A}$，$r(\boldsymbol{A})=r$ 的充分必要条件是 $\boldsymbol{A}$ 中存在 r 阶子式不为 0，而所有的 $r+1$ 阶子式（若存在）全为 0.

例 2.24 求行梯形矩阵 $\boldsymbol{T}=\begin{pmatrix}a_{1j_1} & \cdots & * & * & \cdots & * & * & \cdots & *\\0 & \cdots & 0 & a_{2j_2} & \cdots & * & * & \cdots & *\\\vdots & & \vdots & \vdots & & & \vdots & \vdots & \vdots\\0 & \cdots & 0 & 0 & \cdots & a_{rj_r} & * & \cdots & *\\0 & \cdots & 0 & 0 & \cdots & 0 & 0 & \cdots & 0\\\vdots & & \vdots & \vdots & & \vdots & \vdots & & \vdots\\0 & \cdots & 0 & 0 & \cdots & 0 & 0 & \cdots & 0\end{pmatrix}$ 的秩.

解 取行阶梯形矩阵 $\boldsymbol{T}$ 的每行第一个非零元素，由它们构成了 $\boldsymbol{T}$ 的最高阶非零子式：

$$\begin{vmatrix}a_{1j_1} & * & \cdots & *\\ & a_{2j_2} & \cdots & *\\ & & \ddots & \vdots\\ & & & a_{rj_r}\end{vmatrix}\neq0\left(\text{因为}\prod_{i=1}^{r}a_{ij_i}\neq0\right).$$

由于矩阵 $\boldsymbol{T}$ 后面 $n-r$ 行均为零行，因此 $\boldsymbol{T}$ 的所有 $r+1$ 阶子式均为 0，故 $r(\boldsymbol{T})=r$.

对于普通的矩阵，当行数和列数较高时，按照定义或定理 2.6 求矩阵的秩是比较麻烦的，而行阶梯形矩阵求秩就简单得多. 事实上，行阶梯形矩阵的秩等于其非零行的行数. 如何借助行阶梯形矩阵的秩来求出普通矩阵的秩呢？下面的定理给出了相应的结论.

定理 2.7　如果矩阵 $\boldsymbol{A}$ 与 $\boldsymbol{B}$ 等价，则 $r(\boldsymbol{A})=r(\boldsymbol{B})$.

结合定理 2.7，求矩阵的秩，只需使用初等变换把矩阵化为行阶梯形矩阵，则行阶梯形矩阵中非零行的行数就是所求矩阵的秩.

推论　设 $\boldsymbol{A}$ 是 $m\times n$ 矩阵，$r(\boldsymbol{A})=r$，则矩阵 $\boldsymbol{A}$ 的标准形为

$$\boldsymbol{F}=\begin{pmatrix}\boldsymbol{E}_r & \boldsymbol{0}\\ \boldsymbol{0} & \boldsymbol{0}\end{pmatrix}_{m\times n}.$$

例 2.25　用初等变换求矩阵 $\boldsymbol{A}=\begin{pmatrix}2 & -3 & 8 & 1\\ 2 & 12 & -2 & 6\\ 1 & 3 & 1 & 2\end{pmatrix}$ 的秩.

解　对矩阵 $\boldsymbol{A}$ 进行初等变换得

$$\boldsymbol{A}\xrightarrow{r_1\leftrightarrow r_3}\begin{pmatrix}1 & 3 & 1 & 2\\ 2 & 12 & -2 & 6\\ 2 & -3 & 8 & 1\end{pmatrix}\xrightarrow[r_3-2r_1]{r_2-2r_1}\begin{pmatrix}1 & 3 & 1 & 2\\ 0 & 6 & -4 & 2\\ 0 & -9 & 6 & -3\end{pmatrix}$$

$$\xrightarrow[r_3\div(-3)]{r_2\div 2}\begin{pmatrix}1 & 3 & 1 & 2\\ 0 & 3 & -2 & 1\\ 0 & 3 & -2 & 1\end{pmatrix}\xrightarrow{r_3-r_2}\begin{pmatrix}1 & 3 & 1 & 2\\ 0 & 3 & -2 & 1\\ 0 & 0 & 0 & 0\end{pmatrix},$$

故 $r(\boldsymbol{A})=2$.

例 2.26　设矩阵 $\boldsymbol{A}=\begin{pmatrix}1 & 2 & 0 & -1\\ 2 & 2 & \lambda & 1\\ 3 & 4 & 6 & \mu\end{pmatrix}$，已知 $r(\boldsymbol{A})=2$，求 λ 与 μ 的值.

解　$$\boldsymbol{A}\xrightarrow[r_3-3r_1]{r_2-2r_1}\begin{pmatrix}1 & 2 & 0 & -1\\ 0 & -2 & \lambda & 3\\ 0 & -2 & 6 & \mu+3\end{pmatrix}\xrightarrow{r_3-r_2}\begin{pmatrix}1 & 2 & 0 & -1\\ 0 & -2 & \lambda & 3\\ 0 & 0 & 6-\lambda & \mu\end{pmatrix},$$

因为 $r(\boldsymbol{A})=2$，故有

$$\begin{cases}6-\lambda=0,\\ \mu=0,\end{cases}$$

即 $\begin{cases}\lambda=6,\\ \mu=0.\end{cases}$

2.5.3　矩阵秩的相关结论

定理 2.8　设 $\boldsymbol{A}$ 是 $m\times n$ 矩阵，$\boldsymbol{P},\boldsymbol{Q}$ 分别为 m 阶、n 阶满秩矩阵（可逆矩阵），则

$$r(\boldsymbol{A})=r(\boldsymbol{PA})=r(\boldsymbol{AQ})=r(\boldsymbol{PAQ}).$$

例 2.27　设 $\boldsymbol{A}$ 是 5×3 矩阵，且 $r(\boldsymbol{A})=2$，而矩阵 $\boldsymbol{B}=\begin{pmatrix}1 & 0 & 1\\ 0 & 2 & 1\\ 0 & 0 & 3\end{pmatrix}$，求矩阵 $\boldsymbol{AB}$ 的秩.

解　因为

$$|\boldsymbol{B}|=\begin{vmatrix}1 & 0 & 1\\ 0 & 2 & 1\\ 0 & 0 & 3\end{vmatrix}=6\neq 0,$$

即矩阵 $\boldsymbol{B}$ 是满秩矩阵，由定理 2.8 知，$r(\boldsymbol{AB})=r(\boldsymbol{A})=2$.

定理 2.9 设有两个矩阵 $\boldsymbol{A},\boldsymbol{B}$，

(1)若 $\boldsymbol{A}$ 为 $m\times n$ 矩阵，$\boldsymbol{B}$ 为 $m\times s$ 矩阵，则 $\max\{r(\boldsymbol{A}),r(\boldsymbol{B})\}\leqslant r(\boldsymbol{A},\boldsymbol{B})\leqslant r(\boldsymbol{A})+r(\boldsymbol{B})$. 特别地，当 $\boldsymbol{B}=\boldsymbol{b}$ 为非零列向量时，有 $r(\boldsymbol{A})\leqslant r(\boldsymbol{A},\boldsymbol{B})\leqslant r(\boldsymbol{A})+1$.

(2)若 $\boldsymbol{A},\boldsymbol{B}$ 均为 $m\times n$ 矩阵时，则有 $r(\boldsymbol{A}\pm\boldsymbol{B})\leqslant r(\boldsymbol{A})+r(\boldsymbol{B})$.

(3)若 $\boldsymbol{A}$ 为 $m\times n$ 矩阵，$\boldsymbol{B}$ 为 $n\times s$ 矩阵，则 $r(\boldsymbol{AB})\leqslant\min\{r(\boldsymbol{A}),r(\boldsymbol{B})\}$.

(4)若 $\boldsymbol{A}$ 为 $m\times n$ 矩阵，$\boldsymbol{B}$ 为 $n\times s$ 矩阵，若 $\boldsymbol{AB}=\boldsymbol{0}$，则 $r(\boldsymbol{A})+r(\boldsymbol{B})\leqslant n$.

定理的证明略去.

例 2.28 设 $\boldsymbol{A}$ 为 n 阶矩阵，证明 $r(\boldsymbol{A}+\boldsymbol{E})+r(\boldsymbol{A}-\boldsymbol{E})\geqslant n$.

证明 因为$(\boldsymbol{A}+\boldsymbol{E})+(\boldsymbol{E}-\boldsymbol{A})=2\boldsymbol{E}$，由定理 2.9(2)得

$$r(\boldsymbol{A}+\boldsymbol{E})+r(\boldsymbol{E}-\boldsymbol{A})\geqslant r(2\boldsymbol{E})=n,$$

又有 $r(\boldsymbol{E}-\boldsymbol{A})=r(\boldsymbol{A}-\boldsymbol{E})$，所以有

$$r(\boldsymbol{A}+\boldsymbol{E})+r(\boldsymbol{A}-\boldsymbol{E})\geqslant n.$$

例 2.29 证明：若 $\boldsymbol{A}_{m\times n}\boldsymbol{B}_{n\times s}=\boldsymbol{C}_{m\times s}$ 且 $r(\boldsymbol{A})=n(m\geqslant n)$，则 $r(\boldsymbol{B})=r(\boldsymbol{C})$.

证明 因 $r(\boldsymbol{A})=n$，知矩阵 $\boldsymbol{A}$ 的行最简形矩阵为 $\begin{pmatrix}\boldsymbol{E}_n\\ \boldsymbol{0}\end{pmatrix}_{m\times n}$，并存在 m 阶可逆矩阵 $\boldsymbol{P}$，使得 $\boldsymbol{PA}=\begin{pmatrix}\boldsymbol{E}_n\\ \boldsymbol{0}\end{pmatrix}$. 于是

$$\boldsymbol{PC}=\boldsymbol{PAB}=\begin{pmatrix}\boldsymbol{E}_n\\ \boldsymbol{0}\end{pmatrix}\boldsymbol{B}=\begin{pmatrix}\boldsymbol{B}\\ \boldsymbol{0}\end{pmatrix}.$$

由定理 2.8 知 $r(\boldsymbol{C})=r(\boldsymbol{PC})$，而 $r\begin{pmatrix}\boldsymbol{B}\\ \boldsymbol{0}\end{pmatrix}=r(\boldsymbol{B})$，故 $r(\boldsymbol{B})=r(\boldsymbol{C})$.

本例中的矩阵 $\boldsymbol{A}$ 的秩等于它的列数，这样的矩阵称为列满秩矩阵. 当 $\boldsymbol{A}$ 为方阵时，列满秩矩阵成为满秩矩阵，也就是可逆矩阵. 当 $\boldsymbol{C}=\boldsymbol{0}$ 时，这时结论为设 $\boldsymbol{AB}=\boldsymbol{0}$，若 $\boldsymbol{A}$ 为列满秩矩阵，则 $\boldsymbol{B}=\boldsymbol{0}$.

这是因为，按本例的结论，此时 $r(\boldsymbol{B})=r(\boldsymbol{0})=0$，故 $\boldsymbol{B}=\boldsymbol{0}$.

定理 2.10 设 $\boldsymbol{A}$ 为 n 阶方阵，$\boldsymbol{A}^*$ 为 $\boldsymbol{A}$ 的伴随矩阵，则

$$r(\boldsymbol{A}^*)=\begin{cases}n, & 若\ r(\boldsymbol{A})=n,\\ 1, & 若\ r(\boldsymbol{A})=n-1,\\ 0, & 若\ r(\boldsymbol{A})<n-1.\end{cases}$$

例 2.30 设四阶矩阵 $\boldsymbol{A}$ 的秩为 2，则其伴随矩阵 $\boldsymbol{A}^*$ 的秩为多少？

解 由题意知 $r(\boldsymbol{A})=2<4-1=3$，再根据定理 2.10 可得 $r(\boldsymbol{A}^*)=0$.

2.6 矩阵与线性方程组

本节简单介绍用矩阵的初等行变换解线性方程组的方法，并利用矩阵的秩给出齐次线性方程组有非零解的一个判别条件.

设 n 元线性方程组为

$$\begin{cases} a_{11}x_1+a_{12}x_2+\cdots+a_{1n}x_n=b_1, \\ a_{21}x_1+a_{22}x_2+\cdots+a_{2n}x_n=b_2, \\ \qquad\vdots \\ a_{m1}x_1+a_{m2}x_2+\cdots+a_{mn}x_n=b_m, \end{cases} \tag{2.6}$$

记 $\boldsymbol{A}=\begin{pmatrix} a_{11} & a_{12} & \cdots & a_{1n} \\ a_{21} & a_{22} & \cdots & a_{2n} \\ \vdots & \vdots & & \vdots \\ a_{m1} & a_{m2} & \cdots & a_{mn} \end{pmatrix}, \boldsymbol{x}=\begin{pmatrix} x_1 \\ x_2 \\ \vdots \\ x_n \end{pmatrix}, \boldsymbol{b}=\begin{pmatrix} b_1 \\ b_2 \\ \vdots \\ b_m \end{pmatrix}$.

利用矩阵的乘法，可将方程组(2.6)写成如下的矩阵方程形式：

$$\boldsymbol{Ax}=\boldsymbol{b},$$

其中 $\boldsymbol{A}$ 为线性方程组的**系数矩阵**，$\boldsymbol{x}$ 为未知列向量，$\boldsymbol{b}$ 为常数项向量. 当 $\boldsymbol{b}=\boldsymbol{0}$ 时，(2.6)为齐次线性方程组.

线性方程组的**增广矩阵**是一个 $m\times(n+1)$ 矩阵，记为

$$\overline{\boldsymbol{A}}=(\boldsymbol{A},\boldsymbol{b})=\begin{pmatrix} a_{11} & a_{12} & \cdots & a_{1n} & b_1 \\ a_{21} & a_{22} & \cdots & a_{2n} & b_2 \\ \vdots & \vdots & & \vdots & \vdots \\ a_{m1} & a_{m2} & \cdots & a_{mn} & b_m \end{pmatrix}.$$

若 $x_1=c_1, x_2=c_2, \cdots, x_n=c_n$ 是线性方程组的一个解，则它必满足矩阵等式：

$$\begin{pmatrix} a_{11} & a_{12} & \cdots & a_{1n} \\ a_{21} & a_{22} & \cdots & a_{2n} \\ \vdots & \vdots & & \vdots \\ a_{m1} & a_{m2} & \cdots & a_{mn} \end{pmatrix}\begin{pmatrix} c_1 \\ c_2 \\ \vdots \\ c_n \end{pmatrix}=\begin{pmatrix} b_1 \\ b_2 \\ \vdots \\ b_m \end{pmatrix}.$$

记 $\boldsymbol{c}=(c_1,c_2,\cdots,c_n)^{\mathrm{T}}$，则上述矩阵等式可简写为

$$\boldsymbol{Ac}=\boldsymbol{b}.$$

例 2.31　求解线性方程组

$$\begin{cases} 2x_1-x_2-x_3+x_4=2, & ① \\ x_1+x_2-2x_3+x_4=4, & ② \\ 4x_1-6x_2+2x_3-2x_4=4, & ③ \\ 3x_1+6x_2-9x_3+7x_4=9. & ④ \end{cases}$$

解　用消元法求解：

$$\xrightarrow[③\div 2]{①\leftrightarrow②}\begin{cases} x_1+x_2-2x_3+x_4=4, & ① \\ 2x_1-x_2-x_3+x_4=2, & ② \\ 2x_1-3x_2+x_3-x_4=2, & ③ \\ 3x_1+6x_2-9x_3+7x_4=9, & ④ \end{cases} \tag{1}$$

$$\xrightarrow[④-3①]{\substack{②-③ \\ ③-2①}}\begin{cases} x_1+x_2-2x_3+x_4=4, & ① \\ 2x_2-2x_3+2x_4=0, & ② \\ -5x_2+5x_3-3x_4=-6, & ③ \\ 3x_2-3x_3+4x_4=-3, & ④ \end{cases} \tag{2}$$

$$\xrightarrow[\substack{③+5② \\ ④-3②}]{②\div 2}\begin{cases} x_1+x_2-2x_3+x_4=4, & ① \\ \qquad x_2-\ x_3+x_4=0, & ② \\ \qquad\qquad\quad 2x_4=-6, & ③ \\ \qquad\qquad\quad\ \ x_4=-3, & ④ \end{cases} \tag{3}$$

$$\xrightarrow[④-2③]{③\leftrightarrow④}\begin{cases} x_1+x_2-2x_3+x_4=4, & ① \\ \qquad x_2-\ x_3+x_4=0, & ② \\ \qquad\qquad\quad\ \ x_4=-3, & ③ \\ \qquad\qquad\quad\ \ 0=0. & ④ \end{cases} \tag{4}$$

形如(4)的方程组称为**阶梯形方程组**,它与原方程组同解.方程组(4)实际上由 3 个方程构成,它含 4 个未知量,其中一个未知量 $x_4=-3$ 取值固定,必有一个未知量可以自由取值.可以自由取值的未知量叫**自由未知量**.若取 x_3 为自由未知量,代入方程组解得

$$\begin{cases} x_1=x_3+4, \\ x_2=x_3+3, \\ x_4=-3. \end{cases}$$

令 $x_3=c$,方程组的解可记作

$$x=\begin{pmatrix} x_1 \\ x_2 \\ x_3 \\ x_4 \end{pmatrix}=\begin{pmatrix} c+4 \\ c+3 \\ c \\ -3 \end{pmatrix}=c\begin{pmatrix} 1 \\ 1 \\ 1 \\ 0 \end{pmatrix}+\begin{pmatrix} 4 \\ 3 \\ 0 \\ -3 \end{pmatrix},$$

所以方程组有无穷多个解.

下面用矩阵的初等行变换求解方程组,对增广矩阵 $\boldsymbol{B}$ 施行初等行变换,其过程可与上面的消元过程一一对照.

$$\boldsymbol{B}=\begin{pmatrix} 2 & -1 & -1 & 1 & 2 \\ 1 & 1 & -2 & 1 & 4 \\ 4 & -6 & 2 & -2 & 4 \\ 3 & 6 & -9 & 7 & 9 \end{pmatrix}$$

$$\xrightarrow[r_3\div 2]{r_1\leftrightarrow r_2}\begin{pmatrix} 1 & 1 & -2 & 1 & 4 \\ 2 & -1 & -1 & 1 & 2 \\ 2 & -3 & 1 & -1 & 2 \\ 3 & 6 & -9 & 7 & 9 \end{pmatrix}=\boldsymbol{B}_1$$

$$\xrightarrow[r_4-3r_1]{\substack{r_2-r_3 \\ r_3-2r_1}}=\begin{pmatrix} 1 & 1 & -2 & 1 & 4 \\ 0 & 2 & -2 & 2 & 0 \\ 0 & -5 & 5 & -3 & -6 \\ 0 & 3 & -3 & 4 & -3 \end{pmatrix}=\boldsymbol{B}_2$$

$$\xrightarrow[r_4-3r_2]{\substack{r_2\div 2 \\ r_3+5r_2}}=\begin{pmatrix} 1 & 1 & -2 & 1 & 4 \\ 0 & 1 & -1 & 1 & 0 \\ 0 & 0 & 0 & 2 & -6 \\ 0 & 0 & 0 & 1 & -3 \end{pmatrix}=\boldsymbol{B}_3$$

$$\xrightarrow[r_4-2r_3]{r_3\leftrightarrow r_4}\begin{pmatrix}1&1&-2&1&4\\0&1&-1&1&0\\0&0&0&1&-3\\0&0&0&0&0\end{pmatrix}=\boldsymbol{B}_4.$$

$\boldsymbol{B}_4$ 为行阶梯形矩阵，可进一步初等行变换为行最简形矩阵 $\boldsymbol{B}_5$，即

$$\boldsymbol{B}_4\xrightarrow[r_2-r_3]{r_1-r_2}\begin{pmatrix}1&0&-1&0&4\\0&1&-1&0&3\\0&0&0&1&-3\\0&0&0&0&0\end{pmatrix}=\boldsymbol{B}_5.$$

$\boldsymbol{B}_5$ 对应的方程组为

$$\begin{cases}x_1-x_3=4,\\x_2-x_3=3,\\x_4=-3,\end{cases}\quad 即\begin{cases}x_1=x_3+4,\\x_2=x_3+3,\\x_4=-3.\end{cases}$$

用消元法求解线性方程组的过程，实际上就是用线性方程组的初等变换简化方程组的系数的过程，由此达到消去若干未知量的目的. 对照上面两种求解方法可以看出，线性方程组的每一种初等变换恰与其系数矩阵(增广矩阵)的同一种初等行变换对应.

因此，在求解齐次线性方程组时，可利用矩阵的初等行变换，将其系数矩阵化为简化行阶梯形矩阵，得出易于求解的同解线性方程组，然后求出方程组的解. 对于非齐次线性方程组，我们可以利用矩阵的初等行变换把它的增广矩阵化成简化行阶梯形矩阵，从而得到易于求解的同解线性方程组，然后求出方程组的解.

例 2.32　求解线性方程组：

$$\begin{cases}x+y-2z=-3,\\5x-2y+7z=22,\\2x-5y+4z=4.\end{cases}$$

解　把线性方程组的增广矩阵化为行最简形矩阵：

$$(\boldsymbol{A},\boldsymbol{b})=\begin{pmatrix}1&1&-2&-3\\5&-2&7&22\\2&-5&4&4\end{pmatrix}\xrightarrow[r_3-2r_1]{r_2-5r_1}\begin{pmatrix}1&1&-2&-3\\0&-7&17&37\\0&-7&8&10\end{pmatrix}$$

$$\xrightarrow[r_3\div(-9)]{r_3-r_2}\begin{pmatrix}1&1&-2&-3\\0&-7&17&37\\0&0&1&3\end{pmatrix}\xrightarrow[r_1+2r_3]{r_2-17r_3}\begin{pmatrix}1&1&0&3\\0&-7&0&-14\\0&0&1&3\end{pmatrix}$$

$$\xrightarrow[r_1-r_2]{r_2\div(-7)}\begin{pmatrix}1&0&0&1\\0&1&0&2\\0&0&1&3\end{pmatrix}.$$

由增广矩阵的行最简形矩阵可知原方程组有唯一解：

$$x=1,y=2,z=3.$$

下面利用矩阵的秩给出齐次线性方程组有非零解的充分必要条件.

定理 2.11　n 元齐次线性方程组 $\boldsymbol{Ax}=\boldsymbol{0}$ 有非零解的充分必要条件是系数矩阵 $\boldsymbol{A}=$

$(a_{ij})_{m\times n}$的秩 $r(\mathbf{A})<n$.

证明 必要性:设方程组 $\mathbf{Ax}=\mathbf{0}$ 有非零解,要证 $r(\mathbf{A})<n$ 成立.

用反证法.设 $r(\mathbf{A})=n$,此时必有 $n\leqslant m$,则 $m\times n$ 矩阵 $\mathbf{A}$ 中必有一个 n 阶行列式 $D_n\neq 0$.根据克拉默法则,D_n 所对应的含 n 个方程、n 个未知量的齐次线性方程组只有零解,从而 $\mathbf{Ax}=\mathbf{0}$ 也只有零解.这与方程组 $\mathbf{Ax}=\mathbf{0}$ 有非零解的假设矛盾,从而 $r(\mathbf{A})=n$ 不成立,故有 $r(\mathbf{A})<n$ 成立.

充分性:设 $r(\mathbf{A})=r<n$,则 $\mathbf{A}$ 的行阶梯形矩阵只有 r 个非零行,从而方程组 $\mathbf{Ax}=\mathbf{0}$ 有 $n-r$ 个自由未知量,让自由未知量都取值为 1,即可得到线性方程组的一个非零解.

由本定理的证明过程可得以下两个推论.

推论 1 含有 n 个方程的 n 元齐次线性方程组 $\mathbf{Ax}=\mathbf{0}$ 有非零解的充分必要条件是 $|\mathbf{A}|=0$,且当它有非零解时,必有无穷多个非零解.

推论 2 若方程 $\mathbf{Ax}=\mathbf{0}$ 中方程的个数小于未知量的个数,则方程组必有非零解.

由于方程组的系数矩阵的秩不超过其行数,即方程的个数,所以 $r(\mathbf{A})\leqslant m<n$.

关于线性方程组的详细讨论将在第 4 章中进行.

2.7 分块矩阵

分块矩阵理论是矩阵理论中的重要组成部分.在理论研究和实际应用中,有时会遇到行数和列数较大的矩阵,为了表示方便和运算简洁,常对矩阵采用分块的方法进行处理.

2.7.1 分块矩阵的定义

定义 2.16 用若干条贯穿矩阵的横线和纵线将矩阵 $\mathbf{A}$ 分成若干个小块,每一小块称为矩阵 $\mathbf{A}$ 的子块,以子块作为元素的形式上的矩阵称为分块矩阵.

例如,将 3×4 矩阵

$$\mathbf{A}=\begin{pmatrix} a_{11} & a_{12} & a_{13} & a_{14} \\ a_{21} & a_{22} & a_{23} & a_{24} \\ a_{31} & a_{32} & a_{33} & a_{34} \end{pmatrix}$$

分成子块的分法很多,下面举 3 种分块形式:

$$①\left(\begin{array}{cc:cc} a_{11} & a_{12} & a_{13} & a_{14} \\ a_{21} & a_{22} & a_{23} & a_{24} \\ \hdashline a_{31} & a_{32} & a_{33} & a_{34} \end{array}\right),\quad ②\left(\begin{array}{c:cc:c} a_{11} & a_{12} & a_{13} & a_{14} \\ a_{21} & a_{22} & a_{23} & a_{24} \\ \hdashline a_{31} & a_{32} & a_{33} & a_{34} \end{array}\right),$$

$$③\left(\begin{array}{c:c:c:c} a_{11} & a_{12} & a_{13} & a_{14} \\ a_{21} & a_{22} & a_{23} & a_{24} \\ a_{31} & a_{32} & a_{33} & a_{34} \end{array}\right).$$

分法①可记为

$$\mathbf{A}=\begin{pmatrix} \mathbf{A}_{11} & \mathbf{A}_{12} \\ \mathbf{A}_{21} & \mathbf{A}_{22} \end{pmatrix},$$

其中

$$A_{11}=\begin{pmatrix}a_{11} & a_{12}\\ a_{21} & a_{22}\end{pmatrix},A_{12}=\begin{pmatrix}a_{13} & a_{14}\\ a_{23} & a_{24}\end{pmatrix},A_{21}=(a_{31}\quad a_{32}),A_{22}=(a_{33}\quad a_{34}),$$

即 $\boldsymbol{A}_{11},\boldsymbol{A}_{12},\boldsymbol{A}_{21},\boldsymbol{A}_{22}$ 为 $\boldsymbol{A}$ 的子块，而 $\boldsymbol{A}$ 形式上成为以这些子块为元素的分块矩阵.

分法②把矩阵 $\boldsymbol{A}$ 分成 6 个子块；分法③是按列进行分块的，把矩阵 $\boldsymbol{A}$ 分成 4 个子块.

在对矩阵进行分块处理时，通常应按照以下原则进行：

(1)结构一致性. 分块后的子矩阵应该保持一致的结构和规律. 这意味着每个子矩阵都应具有相同的行数和列数，以便在后续运算中能够对应相应的元素.

(2)功能性. 分块应考虑到矩阵的功能或特定问题的需求. 根据矩阵的特性和要解决的问题，将相关的元素和操作放在同一个块中，以方便计算和推导.

(3)运算可行性. 进行矩阵运算时，分块后的子矩阵之间的运算应是可行的. 这意味着在执行加法、乘法等操作时，对应的子矩阵应允许运算，并满足运算规则.

(4)抽象简化. 分块可以将大型复杂的矩阵拆分为更小的块，从而简化问题的处理和推导过程. 合理划分块的方式可以降低问题的复杂度，并帮助我们更好地理解和处理矩阵.

需要注意的是，分块处理在不同的情况下可能有不同的原则和策略，具体选择哪种原则取决于矩阵的性质、所需的运算和问题的要求. 在实际应用中，经验和灵活性也是进行分块处理时需要考虑的因素.

2.7.2　分块矩阵的运算

分块矩阵的运算与普通矩阵的运算规则相类似，下面介绍 4 种最常用的分块矩阵的运算.

1. 分块矩阵的加法

把 $m\times n$ 矩阵 $\boldsymbol{A}$ 和 $\boldsymbol{B}$(同类型)做同样的分块：

$$\boldsymbol{A}=\begin{pmatrix}\boldsymbol{A}_{11} & \boldsymbol{A}_{12} & \cdots & \boldsymbol{A}_{1s}\\ \boldsymbol{A}_{21} & \boldsymbol{A}_{22} & \cdots & \boldsymbol{A}_{2s}\\ \vdots & \vdots & & \vdots\\ \boldsymbol{A}_{r1} & \boldsymbol{A}_{r2} & \cdots & \boldsymbol{A}_{rs}\end{pmatrix},\boldsymbol{B}=\begin{pmatrix}\boldsymbol{B}_{11} & \boldsymbol{B}_{12} & \cdots & \boldsymbol{B}_{1s}\\ \boldsymbol{B}_{21} & \boldsymbol{B}_{22} & \cdots & \boldsymbol{B}_{2s}\\ \vdots & \vdots & & \vdots\\ \boldsymbol{B}_{r1} & \boldsymbol{B}_{r2} & \cdots & \boldsymbol{B}_{rs}\end{pmatrix},$$

其中，子块 $\boldsymbol{A}_{ij}$ 的行数、列数分别与 $\boldsymbol{B}_{ij}$ 的行数、列数相同，$1\leqslant i\leqslant r,1\leqslant j\leqslant s$，则

$$\boldsymbol{A}+\boldsymbol{B}=\begin{pmatrix}\boldsymbol{A}_{11}+\boldsymbol{B}_{11} & \boldsymbol{A}_{12}+\boldsymbol{B}_{12} & \cdots & \boldsymbol{A}_{1s}+\boldsymbol{B}_{1s}\\ \boldsymbol{A}_{21}+\boldsymbol{B}_{21} & \boldsymbol{A}_{22}+\boldsymbol{B}_{22} & \cdots & \boldsymbol{A}_{2s}+\boldsymbol{B}_{2s}\\ \vdots & \vdots & & \vdots\\ \boldsymbol{A}_{r1}+\boldsymbol{B}_{r1} & \boldsymbol{A}_{r2}+\boldsymbol{B}_{r2} & \cdots & \boldsymbol{A}_{rs}+\boldsymbol{B}_{rs}\end{pmatrix}.$$

2. 数乘分块矩阵

数 λ 与分块矩阵 $\boldsymbol{A}=(\boldsymbol{A}_{ij})_{r\times s}$ 的乘积为

$$\lambda\boldsymbol{A}=\begin{pmatrix}\lambda\boldsymbol{A}_{11} & \lambda\boldsymbol{A}_{12} & \cdots & \lambda\boldsymbol{A}_{1s}\\ \lambda\boldsymbol{A}_{21} & \lambda\boldsymbol{A}_{22} & \cdots & \lambda\boldsymbol{A}_{2s}\\ \vdots & \vdots & & \vdots\\ \lambda\boldsymbol{A}_{r1} & \lambda\boldsymbol{A}_{r2} & \cdots & \lambda\boldsymbol{A}_{rs}\end{pmatrix}.$$

3. 分块矩阵的转置

设分块矩阵

$$\boldsymbol{A}=\begin{pmatrix}\boldsymbol{A}_{11} & \boldsymbol{A}_{12} & \cdots & \boldsymbol{A}_{1s}\\ \boldsymbol{A}_{21} & \boldsymbol{A}_{22} & \cdots & \boldsymbol{A}_{2s}\\ \vdots & \vdots & & \vdots\\ \boldsymbol{A}_{r1} & \boldsymbol{A}_{r2} & \cdots & \boldsymbol{A}_{rs}\end{pmatrix}=(\boldsymbol{A}_{ij})_{r\times s},$$

则其转置矩阵为

$$\boldsymbol{A}^{\mathrm{T}}=\begin{pmatrix}\boldsymbol{A}_{11}^{\mathrm{T}} & \boldsymbol{A}_{21}^{\mathrm{T}} & \cdots & \boldsymbol{A}_{r1}^{\mathrm{T}}\\ \boldsymbol{A}_{12}^{\mathrm{T}} & \boldsymbol{A}_{22}^{\mathrm{T}} & \cdots & \boldsymbol{A}_{r2}^{\mathrm{T}}\\ \vdots & \vdots & & \vdots\\ \boldsymbol{A}_{1s}^{\mathrm{T}} & \boldsymbol{A}_{2s}^{\mathrm{T}} & \cdots & \boldsymbol{A}_{rs}^{\mathrm{T}}\end{pmatrix}=(\boldsymbol{B}_{ij})_{s\times r},$$

其中 $\boldsymbol{B}_{ij}=\boldsymbol{A}_{ji}^{\mathrm{T}}(i=1,2,\cdots,s;j=1,2,\cdots,r)$. 分块矩阵转置时,不但被看作元素的子块要转置,而且每个子块是一个子矩阵,它内部也要转置.

4. 分块矩阵的乘法

设矩阵 $\boldsymbol{A}=(a_{ij})_{m\times s}$,$\boldsymbol{B}=(b_{ij})_{s\times n}$,且对 $\boldsymbol{A}$ 的列分块方法与对 $\boldsymbol{B}$ 的行分块方法相同,即分块为

$$\boldsymbol{A}=\begin{pmatrix}\boldsymbol{A}_{11} & \boldsymbol{A}_{12} & \cdots & \boldsymbol{A}_{1t}\\ \boldsymbol{A}_{21} & \boldsymbol{A}_{22} & \cdots & \boldsymbol{A}_{2t}\\ \vdots & \vdots & & \vdots\\ \boldsymbol{A}_{s1} & \boldsymbol{A}_{s2} & \cdots & \boldsymbol{A}_{st}\end{pmatrix},\boldsymbol{B}=\begin{pmatrix}\boldsymbol{B}_{11} & \boldsymbol{B}_{12} & \cdots & \boldsymbol{B}_{1r}\\ \boldsymbol{B}_{21} & \boldsymbol{B}_{22} & \cdots & \boldsymbol{B}_{2r}\\ \vdots & \vdots & & \vdots\\ \boldsymbol{B}_{t1} & \boldsymbol{B}_{t2} & \cdots & \boldsymbol{B}_{tr}\end{pmatrix},$$

其中矩阵 $\boldsymbol{A}$ 的第 i 行各子块 $\boldsymbol{A}_{i1},\boldsymbol{A}_{i2},\cdots,\boldsymbol{A}_{it}(i=1,2,\cdots,s)$的列数分别等于矩阵 $\boldsymbol{B}$ 的第 j 列的各子块 $\boldsymbol{B}_{1j},\boldsymbol{B}_{2j},\cdots,\boldsymbol{B}_{tj}(j=1,2,\cdots,r)$的行数,则

$$\boldsymbol{AB}=\begin{pmatrix}\boldsymbol{C}_{11} & \boldsymbol{C}_{12} & \cdots & \boldsymbol{C}_{1r}\\ \boldsymbol{C}_{21} & \boldsymbol{C}_{22} & \cdots & \boldsymbol{C}_{2r}\\ \vdots & \vdots & & \vdots\\ \boldsymbol{C}_{s1} & \boldsymbol{C}_{s2} & \cdots & \boldsymbol{C}_{sr}\end{pmatrix},$$

其中

$$\boldsymbol{C}_{ij}=\sum_{k=1}^{t}\boldsymbol{A}_{ik}\boldsymbol{B}_{kj}=\boldsymbol{A}_{i1}\boldsymbol{B}_{1j}+\boldsymbol{A}_{i2}\boldsymbol{B}_{2j}+\cdots+\boldsymbol{A}_{it}\boldsymbol{B}_{tj}(i=1,2,\cdots,s;j=1,2,\cdots r).$$

例 2.33 设

$$\boldsymbol{A}=\begin{pmatrix}1 & 0 & 0 & 0\\ 0 & 1 & 0 & 0\\ -1 & 2 & 1 & 0\\ 1 & 1 & 0 & 1\end{pmatrix},\boldsymbol{B}=\begin{pmatrix}1 & 0 & 3 & 2\\ -1 & 2 & 0 & 1\\ 1 & 0 & 4 & 1\\ -1 & -1 & 2 & 0\end{pmatrix},$$

求 $\boldsymbol{AB}$.

解 把 $\boldsymbol{A},\boldsymbol{B}$ 分块如下:

$$\boldsymbol{A}=\left(\begin{array}{cc|cc}1 & 0 & 0 & 0\\ 0 & 1 & 0 & 0\\ \hline -1 & 2 & 1 & 0\\ 1 & 1 & 0 & 1\end{array}\right)=\begin{pmatrix}\boldsymbol{E} & \boldsymbol{0}\\ \boldsymbol{A}_1 & \boldsymbol{E}\end{pmatrix},\quad \boldsymbol{B}=\left(\begin{array}{cc|cc}1 & 0 & 3 & 2\\ -1 & 2 & 0 & 1\\ \hline 1 & 0 & 4 & 1\\ -1 & -1 & 2 & 0\end{array}\right)=\begin{pmatrix}\boldsymbol{B}_{11} & \boldsymbol{B}_{12}\\ \boldsymbol{B}_{21} & \boldsymbol{B}_{22}\end{pmatrix},$$

则

$$AB=\begin{pmatrix}E&0\\A_1&E\end{pmatrix}\begin{pmatrix}B_{11}&B_{12}\\B_{21}&B_{22}\end{pmatrix}=\begin{pmatrix}B_{11}&B_{12}\\A_1B_{11}+B_{21}&A_1B_{12}+B_{22}\end{pmatrix}.$$

而

$$A_1B_{11}+B_{21}=\begin{pmatrix}-1&2\\1&1\end{pmatrix}\begin{pmatrix}1&0\\-1&2\end{pmatrix}+\begin{pmatrix}1&0\\-1&-1\end{pmatrix}=\begin{pmatrix}-2&4\\-1&1\end{pmatrix},$$

$$A_1B_{12}+B_{22}=\begin{pmatrix}-1&2\\1&1\end{pmatrix}\begin{pmatrix}3&2\\0&1\end{pmatrix}+\begin{pmatrix}4&1\\2&0\end{pmatrix}=\begin{pmatrix}1&1\\5&3\end{pmatrix}.$$

于是

$$AB=\begin{pmatrix}1&0&3&2\\-1&2&0&1\\-2&4&1&1\\-1&1&5&3\end{pmatrix}.$$

2.7.3 分块对角矩阵

分块对角矩阵在矩阵理论和应用中具有广泛的作用.它由多个对角块组成,其中每个对角块都是一个独立的子矩阵.分块对角矩阵在简化计算、并行计算、模型简化、特征值问题和系统耦合等方面具有重要作用.它们广泛应用于数学、物理、工程和计算科学等领域,为处理和分析复杂问题提供了便利和效率.下面对分块对角矩阵进行详细的讨论.

定义 2.17 设 A 是 n 阶方阵,若它的分块矩阵只有在主对角线上有非零子块且都是方阵,其余子块均为零矩阵块,即

$$A=\begin{pmatrix}A_1&0&\cdots&0\\0&A_2&\cdots&0\\\vdots&\vdots&&\vdots\\0&0&\cdots&A_r\end{pmatrix},$$

其中 $A_i(i=1,2,\cdots,r)$ 都是方阵,则称 A 是分块对角矩阵,也称为准对角矩阵.

设 A,B 都是分块对角矩阵,即

$$A=\begin{pmatrix}A_1&0&\cdots&0\\0&A_2&\cdots&0\\\vdots&\vdots&&\vdots\\0&0&\cdots&A_r\end{pmatrix},B=\begin{pmatrix}B_1&0&\cdots&0\\0&B_2&\cdots&0\\\vdots&\vdots&&\vdots\\0&0&\cdots&B_r\end{pmatrix},$$

其中 $A_i,B_i(i=1,2,\cdots,r)$ 是同阶的子块,则分块对角矩阵有如下的运算性质.

性质 2.11

(1)加法运算:$A\pm B=\begin{pmatrix}A_1\pm B_1&&&\\&A_2\pm B_2&&\\&&\ddots&\\&&&A_r\pm B_r\end{pmatrix}.$

(2)数乘运算：$\lambda\boldsymbol{A}=\begin{pmatrix}\lambda\boldsymbol{A}_1 & & & \\ & \lambda\boldsymbol{A}_2 & & \\ & & \ddots & \\ & & & \lambda\boldsymbol{A}_r\end{pmatrix}$.

(3)乘法运算：$\boldsymbol{AB}=\begin{pmatrix}\boldsymbol{A}_1\boldsymbol{B}_1 & & & \\ & \boldsymbol{A}_2\boldsymbol{B}_2 & & \\ & & \ddots & \\ & & & \boldsymbol{A}_r\boldsymbol{B}_r\end{pmatrix}$.

(4)转置运算：$\boldsymbol{A}^{\mathrm{T}}=\begin{pmatrix}\boldsymbol{A}_1^{\mathrm{T}} & & & \\ & \boldsymbol{A}_2^{\mathrm{T}} & & \\ & & \ddots & \\ & & & \boldsymbol{A}_r^{\mathrm{T}}\end{pmatrix}$.

(5)行列式运算：$|\boldsymbol{A}|=|\boldsymbol{A}_1||\boldsymbol{A}_2|\cdots|\boldsymbol{A}_r|$.

(6)逆矩阵运算：若$|\boldsymbol{A}_i|\neq 0,(i=1,2,\cdots,r)$，则$\boldsymbol{A}$可逆，且

$$\boldsymbol{A}^{-1}=\begin{pmatrix}\boldsymbol{A}_1^{-1} & & & \\ & \boldsymbol{A}_2^{-1} & & \\ & & \ddots & \\ & & & \boldsymbol{A}_r^{-1}\end{pmatrix}.$$

(7)秩的运算：$r(\boldsymbol{A})=r(\boldsymbol{A}_1)+r(\boldsymbol{A}_2)+\cdots+r(\boldsymbol{A}_r)$.

此外，若$\boldsymbol{A}$是反对角分块矩阵，即

$$\boldsymbol{A}=\begin{pmatrix} & & & \boldsymbol{A}_1 \\ & & \boldsymbol{A}_2 & \\ & \iddots & & \\ \boldsymbol{A}_r & & & \end{pmatrix},$$

则它的逆矩阵为

$$\boldsymbol{A}^{-1}=\begin{pmatrix} & & & \boldsymbol{A}_r^{-1} \\ & & \iddots & \\ & \boldsymbol{A}_2^{-1} & & \\ \boldsymbol{A}_1^{-1} & & & \end{pmatrix}.$$

例 2.34 设矩阵 $\boldsymbol{A}=\begin{pmatrix}1&2&1&0\\0&1&0&1\\0&0&2&1\\0&0&4&3\end{pmatrix}$，$\boldsymbol{B}=\begin{pmatrix}1&0&3&1\\0&1&2&-1\\0&0&-2&3\\0&0&0&-3\end{pmatrix}$，求$\boldsymbol{AB}$.

解 将矩阵$\boldsymbol{A},\boldsymbol{B}$进行如下分块：

$$\boldsymbol{A}=\begin{pmatrix}\boldsymbol{A}_{11} & \boldsymbol{E}_2\\ \boldsymbol{0} & \boldsymbol{A}_{22}\end{pmatrix},\boldsymbol{B}=\begin{pmatrix}\boldsymbol{E}_2 & \boldsymbol{B}_{12}\\ \boldsymbol{0} & \boldsymbol{B}_{22}\end{pmatrix},$$

其中 $A_{11}=\begin{pmatrix}1&2\\0&1\end{pmatrix}$，$E_2=\begin{pmatrix}1&0\\0&1\end{pmatrix}$，$\mathbf{0}=\begin{pmatrix}0&0\\0&0\end{pmatrix}$，$A_{22}=\begin{pmatrix}2&1\\4&3\end{pmatrix}$，$B_{12}=\begin{pmatrix}3&1\\2&-1\end{pmatrix}$，$B_{22}=\begin{pmatrix}-2&3\\0&-3\end{pmatrix}$，则

$$AB=\begin{bmatrix}A_{11}&E_2\\\mathbf{0}&A_{22}\end{bmatrix}\begin{bmatrix}E_2&B_{12}\\\mathbf{0}&B_{22}\end{bmatrix}=\begin{bmatrix}A_{11}&A_{11}B_{12}+B_{22}\\\mathbf{0}&A_{22}B_{22}\end{bmatrix}.$$

而

$$A_{11}B_{12}+B_{22}=\begin{pmatrix}1&2\\0&1\end{pmatrix}\begin{pmatrix}3&1\\2&-1\end{pmatrix}+\begin{pmatrix}-2&3\\0&-3\end{pmatrix}=\begin{pmatrix}5&2\\2&-4\end{pmatrix},$$

$$A_{22}B_{22}=\begin{pmatrix}2&1\\4&3\end{pmatrix}\begin{pmatrix}-2&3\\0&-3\end{pmatrix}=\begin{pmatrix}-4&3\\-8&3\end{pmatrix},$$

于是可得 $AB=\begin{bmatrix}1&2&5&2\\0&1&2&-4\\0&0&-4&3\\0&0&-8&3\end{bmatrix}$.

例 2.35　设矩阵 $A=\begin{bmatrix}1&2&0&0\\0&1&0&0\\0&0&3&4\\0&0&4&5\end{bmatrix}$，求矩阵 A 的行列式、秩及逆矩阵.

解　把矩阵进行分块得 $A=\begin{bmatrix}A_1&\mathbf{0}\\\mathbf{0}&A_2\end{bmatrix}$，由性质 2.11 得

$|A|=|A_1||A_2|=\begin{vmatrix}1&2\\0&1\end{vmatrix}\times\begin{vmatrix}3&4\\4&5\end{vmatrix}=-1$，$A$ 的秩为 $r(A)=r(A_1)+r(A_2)=2+2=4$.

A 的逆矩阵计算使用公式

$$A^{-1}=\begin{bmatrix}A_1^{-1}&\mathbf{0}\\\mathbf{0}&A_2^{-1}\end{bmatrix}.$$

再由公式 $\begin{pmatrix}x_1&x_2\\x_3&x_4\end{pmatrix}^{-1}=\dfrac{1}{x_1x_4-x_2x_3}\begin{pmatrix}x_4&-x_2\\-x_3&x_1\end{pmatrix}$，有

$$\begin{pmatrix}1&2\\0&1\end{pmatrix}^{-1}=\begin{pmatrix}1&-2\\0&1\end{pmatrix},\begin{pmatrix}3&4\\4&5\end{pmatrix}^{-1}=\begin{pmatrix}-5&4\\4&-3\end{pmatrix}.$$

所以

$$A^{-1}=\begin{bmatrix}A_1^{-1}&\mathbf{0}\\\mathbf{0}&A_2^{-1}\end{bmatrix}=\begin{bmatrix}1&-2&0&0\\0&1&0&0\\0&0&-5&4\\0&0&4&-3\end{bmatrix}.$$

上述两例中利用分块矩阵算出来的结果与直接根据矩阵的定义算出来的结果是一致的，但采用分块矩阵运算更简便一些.

2.8 运用 MATLAB 进行矩阵运算

矩阵的基本运算包括加、减、数乘、乘法、转置、求逆、求秩等，而 MATLAB 中所有的数值功能都是以矩阵为基本单元进行的，它内置了各种矩阵运算函数，在矩阵运算中的作用是提供了一个强大且便捷的工具，使得用户能够方便地创建、操作、计算和分析矩阵. 它在矩阵运算中扮演着至关重要的角色，并被广泛应用于科学、工程和计算领域.

2.8.1 矩阵的加法运算

在 MATLAB 中，可以使用加法运算符（+）来进行矩阵的加法运算. 下面是几种利用 MATLAB 进行矩阵加法的方法：

1. 直接相加

如果两个矩阵具有相同的大小（行数和列数），则可以直接将它们相加.

2. 使用内置函数

MATLAB 还提供了内置函数 plus 来执行矩阵加法运算. 此函数接受两个矩阵作为参数，并返回它们的和.

例 2.36 已知矩阵 $\boldsymbol{A}=\begin{pmatrix}2&2&1\\3&0&5\\2&7&-3\end{pmatrix}$，$\boldsymbol{B}=\begin{pmatrix}1&0&3\\2&4&-2\\1&3&5\end{pmatrix}$，求 $\boldsymbol{A}+\boldsymbol{B}$.

解 1 （1）直接相加：

```
>> A=[2 2 1;3 0 5;2 7 -3];B=[1 0 3;2 4 -2;1 3 5];%  输入矩阵A,B的值
>> A+B  %矩阵相加

ans =

     3     2     4
     5     4     3
     3    10     2
```

由此可知，$\boldsymbol{A}+\boldsymbol{B}=\begin{pmatrix}3&2&4\\5&4&3\\3&10&2\end{pmatrix}$.

（2）使用内置函数：

```
>> A=[2 2 1;3 0 5;2 7 -3];B=[1 0 3;2 4 -2;1 3 5];%  输入矩阵A,B的值
>> C=plus(A,B);  %使用plus函数进行矩阵相加
>> disp(C);  %显示矩阵C的值
     3     2     4
     5     4     3
     3    10     2
```

由此可知，$\boldsymbol{A}+\boldsymbol{B}=\begin{pmatrix}3 & 2 & 4\\5 & 4 & 3\\3 & 10 & 2\end{pmatrix}$.

2.8.2 矩阵的乘法、数乘和乘方运算

在 MATLAB 中，可以使用乘法运算符“ * ”来进行矩阵的乘法运算，同时，可以使用数乘运算符“ * ”对矩阵进行数乘操作，以及使用幂运算符“^”进行矩阵的乘方运算.

例 2.37　已知矩阵 $\boldsymbol{A}=\begin{pmatrix}2 & 3 & 0\\-1 & 4 & 5\end{pmatrix}$，$\boldsymbol{B}=\begin{pmatrix}3 & 1 & 2\\2 & -1 & 4\\5 & 2 & 3\end{pmatrix}$，求 $\boldsymbol{AB}$，$3\boldsymbol{A}$ 和 $\boldsymbol{B}^4$.

解

```
>> A=[2 3 0;-1 4 5];B=[3 1 2;2 -1 4;5 2 3]; %输入矩阵A,B的值
>> C=A*B;   %矩阵相乘
>> disp(C)  %显示两矩阵相乘的结果
    12    -1    16
    30     5    29

>> k=3;  %数乘因子
>> D=k*A; %数乘运算
>> disp(D)  %显示数乘运算结果
     6     9     0
    -3    12    15

>> n=4;  %乘方次数
>> E=B^n;    %矩阵乘方
>> disp(E)  %显示矩阵乘方运算结果
        1129         336         840
        1176         373         840
        1848         546        1381
```

由此可知，$\boldsymbol{AB}=\begin{pmatrix}12 & -1 & 16\\30 & 5 & 29\end{pmatrix}$，$3\boldsymbol{A}=\begin{pmatrix}6 & 9 & 0\\-3 & 12 & 15\end{pmatrix}$，$\boldsymbol{B}^4=\begin{pmatrix}1129 & 336 & 840\\1176 & 373 & 840\\1848 & 546 & 1381\end{pmatrix}$.

需要注意的是，矩阵乘法、数乘和乘方运算都遵循矩阵运算的规则和要求. 在进行矩阵乘法时，要确保左矩阵的列数与右矩阵的行数匹配. 而进行数乘和乘方运算时，要了解矩阵乘法和幂运算的定义以及相应的运算规则. 根据具体需求，选择合适的运算符和参数来执行相应的操作.

2.8.3 矩阵的转置运算

在 MATLAB 中，可以使用单引号(')或使用内置函数 transpose 进行矩阵的转置运算.

例 2.38　已知矩阵 $\boldsymbol{A}=\begin{pmatrix}2 & 3 & 0\\-1 & 4 & 5\end{pmatrix}$，求 $\boldsymbol{A}^{\mathrm{T}}$.

解

```
>> A=[2 3 0;-1 4 5];  %输入矩阵A的值
>> B=A';  %矩阵转置
>> C=transpose(A); %使用transpose函数进行矩阵转置
>> disp(B);disp(C)
     2    -1
     3     4
     0     5

     2    -1
     3     4
     0     5
```

由此可知，$A^{T}=\begin{pmatrix}2&-1\\3&4\\0&5\end{pmatrix}$.

2.8.4 求逆矩阵运算

如果方阵 A 可逆，则存在可逆矩阵 A^{-1}. 人工求解逆矩阵比较烦琐，而在 MATLAB 中，可以使用内置函数“inv(A)”来求解矩阵的逆矩阵.

例 2.39 判断矩阵 $B=\begin{pmatrix}3&1&2\\2&-1&4\\5&2&3\end{pmatrix}$是否可逆，若可逆，则求其逆矩阵 B^{-1}.

解

```
>> B=[3 1 2;2 -1 4;5 2 3]; %输入矩阵B的值
>> C=inv(B);  %求逆矩阵
>> disp(C);
   11.0000   -1.0000   -6.0000
  -14.0000    1.0000    8.0000
   -9.0000    1.0000    5.0000
```

由此可知，矩阵 B 可逆且 $B^{-1}=\begin{pmatrix}11&-1&-6\\-14&1&8\\-9&1&5\end{pmatrix}$.

2.8.5 求矩阵的行最简形运算

行最简形矩阵是经过一系列行变换操作后的结果，使得每个非零行的第一个非零元素为 1，并且每个主元所在的列除主元外的其他元素都为 0. 通过行最简形矩阵，可以更直观地了解矩阵的线性相关性和线性无关性. 要求解矩阵的行最简形，可以使用 MATLAB 中的内置函数“rref(A)”，它会将矩阵转化为其行最简形.

例 2.40　将矩阵 $\boldsymbol{A}=\begin{pmatrix}2 & -1 & -1 & 1 & 2\\1 & 1 & -2 & 1 & 4\\4 & -6 & 2 & -2 & 4\\3 & 6 & -9 & 7 & 9\end{pmatrix}$ 化为行最简形阶梯矩阵.

解

```
>> A=[2 -1 -1 1 2;1 1 -2 1 4;4 -6 2 -2 4;3 6 -9 7 9];  %输入矩阵
>> B=rref(A);    %求行最简形矩阵
>> disp(B);      %使用disp函数将其显示出来
     1     0    -1     0     4
     0     1    -1     0     3
     0     0     0     1    -3
     0     0     0     0     0
```

由此可知,$\boldsymbol{A}$ 的行最简形阶梯矩阵为 $\begin{pmatrix}1 & 0 & -1 & 0 & 4\\0 & 1 & -1 & 0 & 3\\0 & 0 & 0 & 1 & -3\\0 & 0 & 0 & 0 & 0\end{pmatrix}$.

2.8.6　求解矩阵方程

要使用 MATLAB 求解矩阵方程,可以使用 MATLAB 中的函数和运算符.求解矩阵方程的基本步骤如下:

(1)确定矩阵方程.确定给定的矩阵方程的形式.矩阵方程可以表示为 $\boldsymbol{AX}=\boldsymbol{B}$ 的形式,其中 $\boldsymbol{A}$ 是已知的系数矩阵,$\boldsymbol{X}$ 是待求解的矩阵,$\boldsymbol{B}$ 是已知的常数矩阵.

(2)使用 MATLAB 中的函数和运算符求解矩阵方程.

①如果方程是线性的,则可以使用反斜杠运算符(\)来求解.在 MATLAB 命令窗口中输入 $X=A\backslash B$,即可得到矩阵方程的解矩阵 $\boldsymbol{X}$.MATLAB 将使用适当的线性代数方法进行求解,如 LU 分解、QR 分解等.

②如果方程不是线性的,则可以使用 MATLAB 中的函数进行求解.例如,可以使用 linsolve(A,B)函数来求解形如 $\boldsymbol{AX}=\boldsymbol{B}$ 的矩阵方程.

例 2.41　解矩阵方程 $\begin{pmatrix}2 & 5\\1 & 3\end{pmatrix}\boldsymbol{X}=\begin{pmatrix}4 & -6\\2 & 1\end{pmatrix}$.

解

```
>> A=[2 5;1 3]; %输入矩阵A
>> B=[4 -6;2 1]; %输入矩阵B
>> X=A\B;         %求解矩阵X
>> disp(X);       %使用disp函数将矩阵X显示出来
     2   -23
     0     8
```

由此可知,$\boldsymbol{X}=\begin{pmatrix}2 & -23\\0 & 8\end{pmatrix}$.

需要注意的是,矩阵方程的求解可能存在唯一解、无解或无穷多解的情况,具体取决于方程的性质和给定矩阵的条件.

习题二

1. 以下对矩阵的描述中，不正确的是（　　）.

A. n 阶方阵的行数与列数相同　　B. 三角矩阵都是方阵

C. 任何矩阵都是方阵　　D. 对称矩阵与反对称矩阵都是方阵

2. 已知三阶矩阵 $\boldsymbol{A}$ 是反对称矩阵，如果将 $\boldsymbol{A}$ 的主对角线以上的每个元素都加 4，所得新矩阵为对称矩阵，求矩阵 $\boldsymbol{A}$.

3. 设矩阵 $\boldsymbol{A}$ 与 $\boldsymbol{B}$ 为同阶对称矩阵，证明：$\boldsymbol{AB}$ 为对称矩阵的充要条件是 $\boldsymbol{AB}=\boldsymbol{BA}$.

4. 计算矩阵的乘积：

(1) $\begin{pmatrix}1&2&3\\2&4&6\\3&6&9\end{pmatrix}\begin{pmatrix}-1&-2&-4\\-1&-2&-4\\1&2&4\end{pmatrix}$；　　(2) $\begin{pmatrix}2&1&-2\\1&0&4\\-3&1&0\\0&1&1\end{pmatrix}\begin{pmatrix}3&1&0\\0&0&1\\-1&2&0\end{pmatrix}$.

5. 设矩阵 $\boldsymbol{A}=\begin{pmatrix}1&1&1\\1&2&-1\\3&4&1\end{pmatrix}$，$\boldsymbol{B}=\begin{pmatrix}-3&3&0\\2&-2&0\\1&-1&0\end{pmatrix}$，求 $\boldsymbol{AB}$ 和 $\boldsymbol{BA}$.

6. 设函数 $f(x)=x^2-4x+3$，$\boldsymbol{A}=\begin{pmatrix}2&-1\\-3&4\end{pmatrix}$，求 $f(\boldsymbol{A})$.

7. 已知二阶矩阵 $\boldsymbol{A}=\begin{pmatrix}\cos\varphi&-\sin\varphi\\\sin\varphi&\cos\varphi\end{pmatrix}$，求 $\boldsymbol{A}^n$.

8. 设 $\boldsymbol{A}$ 为 n 阶方阵，证明 $|\boldsymbol{A}^*|=|\boldsymbol{A}|^{n-1}$.

9. 已知三阶方阵 $\boldsymbol{A}$ 的行列式 $|\boldsymbol{A}|=2$，求 $\left|\left(\frac{1}{4}\boldsymbol{A}^*\right)^{-1}\right|$ 和 $|3\boldsymbol{A}^{-1}-2\boldsymbol{A}^*|$ 的值.

10. 下列各矩阵中，（　　）是初等矩阵.

A. $\begin{pmatrix}0&1&0\\0&0&1\\1&0&0\end{pmatrix}$　　B. $\begin{pmatrix}0&0&1\\0&1&0\\2&0&0\end{pmatrix}$　　C. $\begin{pmatrix}1&0&2\\0&1&0\\0&0&1\end{pmatrix}$　　D. $\begin{pmatrix}0&0&1\\0&1&0\\1&0&2\end{pmatrix}$

11. 与矩阵 $\boldsymbol{A}=\begin{pmatrix}1&2&0\\2&4&0\\0&0&4\end{pmatrix}$ 等价的矩阵是（　　）.

A. $\begin{pmatrix}1&0&0\\0&0&0\\0&0&0\end{pmatrix}$　　B. $\begin{pmatrix}1&0&0\\0&2&0\\0&0&0\end{pmatrix}$　　C. $\begin{pmatrix}1&0&0\\0&2&0\\0&0&3\end{pmatrix}$　　D. $\begin{pmatrix}1&0&0\\0&2&0\\0&0&4\end{pmatrix}$

12. 设矩阵 $\boldsymbol{A}=\begin{pmatrix}a_{11}&a_{12}&a_{13}\\a_{21}&a_{22}&a_{23}\\a_{31}&a_{32}&a_{33}\end{pmatrix}$，$\boldsymbol{B}=\begin{pmatrix}a_{21}&a_{22}&a_{23}\\a_{11}&a_{12}&a_{13}\\a_{31}+a_{11}&a_{32}+a_{12}&a_{33}+a_{13}\end{pmatrix}$，$\boldsymbol{P}_1=\begin{pmatrix}0&1&0\\1&0&0\\0&0&1\end{pmatrix}$，

$\boldsymbol{P}_2=\begin{pmatrix}1&0&0\\0&1&0\\1&0&1\end{pmatrix}$，则必有(　　).

A. $\boldsymbol{AP}_1\boldsymbol{P}_2=\boldsymbol{B}$　　B. $\boldsymbol{AP}_2\boldsymbol{P}_1=\boldsymbol{B}$　　C. $\boldsymbol{P}_1\boldsymbol{P}_2\boldsymbol{A}=\boldsymbol{B}$　　D. $\boldsymbol{P}_2\boldsymbol{P}_1\boldsymbol{A}=\boldsymbol{B}$

13. 若 n 阶方阵 $\boldsymbol{A}$ 满足 $\boldsymbol{A}^2-2\boldsymbol{A}-3\boldsymbol{E}=0$，求 $(\boldsymbol{A}+5\boldsymbol{E})^{-1}$.

14. 判断下列矩阵是否可逆，若可逆，则求出它们的逆矩阵：

(1) $\begin{pmatrix}1&1&2\\-1&2&0\\1&1&3\end{pmatrix}$；　　(2) $\begin{pmatrix}1&2&-1\\2&-3&1\\4&1&-1\end{pmatrix}$；

(3) $\begin{pmatrix}1&2&0\\2&1&-1\\3&1&1\end{pmatrix}$；　　(4) $\begin{pmatrix}1&-3&2\\-3&0&1\\1&1&-1\end{pmatrix}$.

15. 解下列矩阵方程：

(1) $\begin{pmatrix}2&5\\1&3\end{pmatrix}\boldsymbol{X}=\begin{pmatrix}4&-6\\2&1\end{pmatrix}$；

(2) $\boldsymbol{X}\begin{pmatrix}2&1&-1\\2&1&0\\1&-1&1\end{pmatrix}=\begin{pmatrix}1&-1&3\\4&3&2\end{pmatrix}$；

(3) $\begin{pmatrix}1&4\\-1&2\end{pmatrix}\boldsymbol{X}\begin{pmatrix}2&0\\-1&1\end{pmatrix}=\begin{pmatrix}3&1\\0&-1\end{pmatrix}$；

(4) $\begin{pmatrix}0&1&0\\1&0&0\\0&0&1\end{pmatrix}\boldsymbol{X}\begin{pmatrix}1&0&0\\0&0&1\\0&1&0\end{pmatrix}=\begin{pmatrix}1&-4&3\\2&0&-1\\1&-2&0\end{pmatrix}$.

16. 设矩阵 $\boldsymbol{A}=\begin{pmatrix}1&-3&0\\2&1&0\\0&0&2\end{pmatrix}$，求 $\boldsymbol{X}$，使其满足 $\boldsymbol{A}+\boldsymbol{X}=\boldsymbol{XA}$.

17. 求下列矩阵的秩：

(1) $\begin{pmatrix}2&-1&3\\1&-3&4\\-1&2&-3\end{pmatrix}$；　　(2) $\begin{pmatrix}3&1&0&2\\1&-1&2&-1\\1&3&-4&4\end{pmatrix}$；

(3) $\begin{pmatrix}3&2&-1&-3&-1\\2&-1&3&1&-3\\7&0&5&-1&-8\end{pmatrix}$；　　(4) $\begin{pmatrix}2&1&8&3&7\\2&-3&0&7&-5\\3&-2&5&8&0\\1&0&3&2&0\end{pmatrix}$.

18. 设矩阵 $\boldsymbol{A}=\begin{pmatrix}1 & -2 & 3k\\ -1 & 2k & -3\\ k & -2 & 3\end{pmatrix}$,问 k 为何值,可使

(1)$r(\boldsymbol{A})=1$;(2)$r(\boldsymbol{A})=2$;(3)$r(\boldsymbol{A})=3$.

19.(1)设五阶矩阵 $\boldsymbol{A}$ 的秩为 4,则其伴随矩阵 $\boldsymbol{A}^*$ 的秩为多少?

(2)设五阶矩阵 $\boldsymbol{A}$ 的秩为 5,则其伴随矩阵 $\boldsymbol{A}^*$ 的秩为多少?

(3)设五阶矩阵 $\boldsymbol{A}$ 的秩为 3,则其伴随矩阵 $\boldsymbol{A}^*$ 的秩为多少?

20. 设 $\boldsymbol{A}$ 为 $m\times n$ 矩阵,$\boldsymbol{B}$ 为 $n\times m$ 矩阵,则有(　　).

A. 当 $m>n$ 时,必有行列式 $|\boldsymbol{AB}|\neq 0$

B. 当 $m>n$ 时,必有行列式 $|\boldsymbol{AB}|=0$

C. 当 $n>m$ 时,必有行列式 $|\boldsymbol{AB}|\neq 0$

D. 当 $n>m$ 时,必有行列式 $|\boldsymbol{AB}|=0$

21. 解下列线性方程组:

(1)$\begin{cases}x_1+2x_2+4x_3-3x_4=0,\\ 3x_1+5x_2+6x_3-5x_4=0,\\ 4x_1+5x_2-2x_3+3x_4=0;\end{cases}$

(2)$\begin{cases}3x_1-5x_2+5x_3-3x_4=0,\\ x_1-2x_2+3x_3-x_4=0,\\ 2x_1-3x_2+2x_3-2x_4=0;\end{cases}$

(3)$\begin{cases}x_1+2x_2+4x_3=31,\\ 5x_1+x_2+2x_3=29,\\ 3x_1-x_2-2x_3=2;\end{cases}$

(4)$\begin{cases}x_1+2x_2-2x_3=4,\\ 2x_1-x_3=-3,\\ x_2+3x_3=-1.\end{cases}$

22. 利用分块矩阵的方法求下列矩阵的乘积:

(1)$\begin{pmatrix}1 & 0 & 2 & 1\\ 0 & 1 & 3 & 4\\ 0 & 0 & -1 & 0\\ 0 & 0 & 0 & -1\end{pmatrix}\begin{pmatrix}1 & 2 & 0 & 0\\ 3 & 0 & 0 & 0\\ 4 & 5 & 1 & 0\\ 0 & 2 & 0 & 1\end{pmatrix}$;

(2)$\begin{pmatrix}a & 0 & 0 & 0\\ 0 & a & 0 & 0\\ 1 & 0 & b & 0\\ 0 & 1 & 0 & b\end{pmatrix}\begin{pmatrix}1 & 0 & c & 0\\ 0 & 1 & 0 & c\\ 0 & 0 & d & 0\\ 0 & 0 & 0 & d\end{pmatrix}$.

23. 利用分块矩阵的方法求下列逆矩阵:

(1)$\begin{pmatrix}6 & 2 & 0 & 0\\ 1 & 3 & 0 & 0\\ 0 & 0 & 7 & 3\\ 0 & 0 & 5 & 2\end{pmatrix}$;

(2)$\begin{pmatrix}0 & 0 & 1 & 2\\ 0 & 0 & 3 & 4\\ 5 & 6 & 0 & 0\\ 7 & 8 & 0 & 0\end{pmatrix}$.

24. 已知 $\boldsymbol{A}=\begin{pmatrix}4 & 0 & 0 & 0 & 0\\ 0 & 5 & 3 & 0 & 0\\ 0 & 2 & 1 & 0 & 0\\ 0 & 0 & 0 & 2 & 5\\ 0 & 0 & 0 & 1 & 2\end{pmatrix}$,求 $|\boldsymbol{A}^3|$ 和 $\boldsymbol{A}^{-1}$.

第 3 章　向量与向量空间

本章介绍 n 维向量的有关概念和向量空间的基本概念，先讨论向量组的线性相关性和线性无关性，然后引进极大线性无关向量组这个概念，定义向量组的秩，并进一步讨论向量组的秩和矩阵的秩之间的关系，最后给出 n 维向量空间的概念及度量性质.

3.1　n 维向量及其线性运算

在平面解析几何中引入直角坐标系后，若一个向量的起点放在原点 $O(0,0)$ 上，终点为平面上点 $P(a,b)$，则向量 $\overrightarrow{OP}$ 可以用二元有序数组 (a,b) 来表示；在空间解析几何中引入直角坐标系后，有向线段 $\overrightarrow{OP}$ 也可由三元有序数组 (x,y,z) 来描述. 类似地，我们可用 n 元有序数组 $(x_1,x_2,\cdots,x_n)$ 来表示 n 元线性方程组的解. 下面我们给出 n 维向量的概念.

3.1.1　n 维向量的定义

定义 3.1　由 n 个数 $a_1,a_2,\cdots,a_n$ 组成的有序数组

$$(a_1,a_2,\cdots,a_n),$$

称为一个 n 维向量，数 a_i 称为该向量的第 i 个分量 $(i=1,2,\cdots,n)$.

分量全为实数的向量称为**实向量**，分量为复数的向量称为**复向量**. 除非有特别声明，本书一般只讨论实向量.

向量的**维数**是指向量中分量的个数.

向量可以写成一行 $(a_1,a_2,\cdots,a_n)$，也可以写成一列 $\begin{pmatrix} a_1 \\ a_2 \\ \vdots \\ a_n \end{pmatrix}$，前者称为**行向量**，后者称为**列向量**. 列向量也可以写成 $(a_1,a_2,\cdots,a_n)^{\mathrm{T}}$ 的形式.

本书，我们将用小写黑体字母 $\boldsymbol{\alpha},\boldsymbol{\beta},\boldsymbol{\gamma}$ 等表示列向量，用 $\boldsymbol{\alpha}^{\mathrm{T}},\boldsymbol{\beta}^{\mathrm{T}},\boldsymbol{\gamma}^{\mathrm{T}}$ 等表示行向量，用带下标的白体字母 a_i,b_i,x_i,y_i 等表示向量的分量.

n 维向量还可以用矩阵方法进行定义. 一个 n 维行向量可直接定义为一个 $1\times n$ 矩阵 $\boldsymbol{\alpha}=(a_1,a_2,\cdots,a_n)$.

一个 n 维列向量可定义为一个 $n\times1$ 矩阵 $\boldsymbol{\beta}=\begin{pmatrix}b_1\\b_2\\\vdots\\b_n\end{pmatrix}=(b_1,b_2,\cdots,b_n)^{\mathrm{T}}$.

3.1.2 n 维向量的线性运算

既然向量是一种特殊的矩阵，则向量相等、零向量、负向量及向量运算的定义都应与矩阵的相应定义一致.

定义 3.2 n 维向量的基本概念：

(1)分量全为零的向量称为**零向量**，记作 $\mathbf{0}$，即 $\mathbf{0}=(0,0,\cdots,0)^{\mathrm{T}}$.

(2)对于 $\boldsymbol{\alpha}=(a_1,a_2,\cdots,a_n)^{\mathrm{T}}$，称 $(-a_1,-a_2,\cdots,-a_n)^{\mathrm{T}}$ 为 $\boldsymbol{\alpha}$ 的**负向量**，记作 $-\boldsymbol{\alpha}$.

(3)对于 $\boldsymbol{\alpha}=(a_1,a_2,\cdots,a_n)^{\mathrm{T}}$，$\boldsymbol{\beta}=(b_1,b_2,\cdots,b_n)^{\mathrm{T}}$，当且仅当 $a_i=b_i(i=1,2,\cdots,n)$ 时，称 $\boldsymbol{\alpha}$ 与 $\boldsymbol{\beta}$ 相等，记作 $\boldsymbol{\alpha}=\boldsymbol{\beta}$.

(4)对于 $\boldsymbol{\alpha}=(a_1,a_2,\cdots,a_n)^{\mathrm{T}}$，$\boldsymbol{\beta}=(b_1,b_2,\cdots,b_n)^{\mathrm{T}}$，称 $(a_1+b_1,a_2+b_2,\cdots,a_n+b_n)^{\mathrm{T}}$ 为 $\boldsymbol{\alpha}$ 与 $\boldsymbol{\beta}$ 的和，记作 $\boldsymbol{\alpha}+\boldsymbol{\beta}$.

(5)对于 $\boldsymbol{\alpha}=(a_1,a_2,\cdots,a_n)^{\mathrm{T}}$，$\boldsymbol{\beta}=(b_1,b_2,\cdots,b_n)^{\mathrm{T}}$，称 $(a_1-b_1,a_2-b_2,\cdots,a_n-b_n)^{\mathrm{T}}$ 为 $\boldsymbol{\alpha}$ 与 $\boldsymbol{\beta}$ 的差，记作 $\boldsymbol{\alpha}-\boldsymbol{\beta}$.

(6)对于 $\boldsymbol{\alpha}=(a_1,a_2,\cdots,a_n)^{\mathrm{T}}$，$k$ 为实数，称 $(ka_1,ka_2,\cdots,ka_n)^{\mathrm{T}}$ 为 k 与 $\boldsymbol{\alpha}$ 的数乘，记作 $k\boldsymbol{\alpha}$.

向量的加法和数乘统称为向量的**线性运算**. 根据矩阵的运算规律，向量的线性运算满足下列 8 条运算规律：设 $\boldsymbol{\alpha},\boldsymbol{\beta},\boldsymbol{\gamma}$ 都是 n 维向量，k,l 是两任意实数，则

(1)加法交换律：$\boldsymbol{\alpha}+\boldsymbol{\beta}=\boldsymbol{\beta}+\boldsymbol{\alpha}$.

(2)加法结合律：$(\boldsymbol{\alpha}+\boldsymbol{\beta})+\boldsymbol{\gamma}=\boldsymbol{\alpha}+(\boldsymbol{\beta}+\boldsymbol{\gamma})$.

(3)零向量存在律：$\boldsymbol{\alpha}+\mathbf{0}=\boldsymbol{\alpha}$.

(4)负向量存在律：$\boldsymbol{\alpha}+(-\boldsymbol{\alpha})=\mathbf{0}$.

(5)单位元存在律：$1\times\boldsymbol{\alpha}=\boldsymbol{\alpha}$.

(6)数乘分配律：$k(\boldsymbol{\alpha}+\boldsymbol{\beta})=k\boldsymbol{\alpha}+k\boldsymbol{\beta}$.

(7)数乘分配律：$(k+l)\boldsymbol{\alpha}=k\boldsymbol{\alpha}+l\boldsymbol{\alpha}$.

(8)数乘结合律：$(kl)\boldsymbol{\alpha}=k(l\boldsymbol{\alpha})$.

例 3.1 设向量 $\boldsymbol{\alpha}=(1,-1,1)^{\mathrm{T}}$，$\boldsymbol{\beta}=(-1,1,1)^{\mathrm{T}}$，$\boldsymbol{\gamma}=(1,1,-1)^{\mathrm{T}}$，求向量 $2\boldsymbol{\alpha}-3\boldsymbol{\beta}+4\boldsymbol{\gamma}$.

解
$$\begin{aligned}2\boldsymbol{\alpha}-3\boldsymbol{\beta}+4\boldsymbol{\gamma}&=2(1,-1,1)^{\mathrm{T}}-3(-1,1,1)^{\mathrm{T}}+4(1,1,-1)^{\mathrm{T}}\\&=(2,-2,2)^{\mathrm{T}}+(3,-3,-3)^{\mathrm{T}}+(4,4,-4)^{\mathrm{T}}=(9,-1,-5)^{\mathrm{T}}.\end{aligned}$$

3.1.3 向量的线性组合

1. 向量的线性组合

定义 3.3 设 $\boldsymbol{\alpha}_1,\boldsymbol{\alpha}_2,\cdots,\boldsymbol{\alpha}_m$ 是一组 n 维向量，$k_1,k_2,\cdots,k_m$ 是一组常数，则称
$$k_1\boldsymbol{\alpha}_1+k_2\boldsymbol{\alpha}_2+\cdots+k_m\boldsymbol{\alpha}_m$$
为 $\boldsymbol{\alpha}_1,\boldsymbol{\alpha}_2,\cdots,\boldsymbol{\alpha}_m$ 的一个**线性组合**，常数 $k_1,k_2,\cdots,k_m$ 称为该线性组合的**组合系数**.

若有一个 n 维向量 $\boldsymbol{\beta}$ 可以表示成

$$\boldsymbol{\beta}=k_1\boldsymbol{\alpha}_1+k_2\boldsymbol{\alpha}_2+\cdots+k_m\boldsymbol{\alpha}_m,$$

则称 $\boldsymbol{\beta}$ 是 $\boldsymbol{\alpha}_1,\boldsymbol{\alpha}_2,\cdots,\boldsymbol{\alpha}_m$ 的**线性组合**，或称 $\boldsymbol{\beta}$ 可用 $\boldsymbol{\alpha}_1,\boldsymbol{\alpha}_2,\cdots,\boldsymbol{\alpha}_m$ **线性表示**. 仍称常数 $k_1,k_2,\cdots,k_m$ 为**组合系数**.

显然，零向量可用任意一组同维数的向量线性表示：

$$\mathbf{0}=0\boldsymbol{\alpha}_1+0\boldsymbol{\alpha}_2+\cdots+0\boldsymbol{\alpha}_m,$$

称它为**零向量的平凡表达式**. 这说明组合系数全为 0 时被表示出来的向量必是**零向量**.

由若干个同维数的行向量(或同维数的列向量)组成的集合称为**向量组**.

设矩阵 $\mathbf{A}=(a_{ij})_{m\times n}$，将 $\mathbf{A}$ 按行分块可得一个 n 维行向量组(共有 m 个向量)

$$(a_{11},a_{12},\cdots,a_{1n}),(a_{21},a_{22},\cdots,a_{2n}),\cdots,(a_{m1},a_{m2},\cdots,a_{mn}),$$

称之为矩阵 $\mathbf{A}$ 的**行向量组**.

将 $\mathbf{A}$ 按列分块可得一个 m 维列向量组(共有 n 个向量)

$$\boldsymbol{\alpha}_1=\begin{pmatrix}a_{11}\\a_{21}\\\vdots\\a_{m1}\end{pmatrix},\boldsymbol{\alpha}_2=\begin{pmatrix}a_{12}\\a_{22}\\\vdots\\a_{m2}\end{pmatrix},\boldsymbol{\alpha}_3=\begin{pmatrix}a_{13}\\a_{23}\\\vdots\\a_{m3}\end{pmatrix},\cdots,\boldsymbol{\alpha}_n=\begin{pmatrix}a_{1n}\\a_{2n}\\\vdots\\a_{mn}\end{pmatrix},$$

称之为矩阵 $\mathbf{A}$ 的**列向量组**.

若下列一个 m 维列向量组

$$\boldsymbol{\varepsilon}_1=\begin{pmatrix}1\\0\\\vdots\\0\end{pmatrix},\boldsymbol{\varepsilon}_2=\begin{pmatrix}0\\1\\\vdots\\0\end{pmatrix},\cdots,\boldsymbol{\varepsilon}_m=\begin{pmatrix}0\\0\\\vdots\\1\end{pmatrix},$$

其中 $\boldsymbol{\varepsilon}_i$ 中第 i 个分量为 1，其余分量都为 0，则称 $\boldsymbol{\varepsilon}_1,\boldsymbol{\varepsilon}_2,\cdots,\boldsymbol{\varepsilon}_m$ 为 m 维标准单位向量组. 显然，任意一个 m 维列向量 $\boldsymbol{\alpha}=(a_1,a_2,\cdots,a_m)^{\mathrm{T}}$ 都可以唯一地表示成这 m 个标准单位向量的线性组合，即

$$\boldsymbol{\alpha}=a_1\boldsymbol{\varepsilon}_1+a_2\boldsymbol{\varepsilon}_2+\cdots+a_m\boldsymbol{\varepsilon}_m.$$

2. 向量的线性表示关系的几何解释

任意取定二维非零向量 $\boldsymbol{\alpha},\boldsymbol{\beta}$，若 $\boldsymbol{\beta}$ 可用 $\boldsymbol{\alpha}$ 线性表示，即 $\boldsymbol{\beta}=k\boldsymbol{\alpha}(k\neq0)$，也就是 $\boldsymbol{\alpha}$ 与 $\boldsymbol{\beta}$ 共线(或称为平行)，则要求 $\boldsymbol{\alpha}$ 与 $\boldsymbol{\beta}$ 的对应分量成比例.

任意取定三维非零向量 $\boldsymbol{\alpha},\boldsymbol{\beta},\boldsymbol{\gamma}$，若 $\boldsymbol{\gamma}$ 可用 $\boldsymbol{\alpha},\boldsymbol{\beta}$ 线性表示，即 $\boldsymbol{\gamma}=k\boldsymbol{\alpha}+l\boldsymbol{\beta}$，则这 3 个非零向量共面.

例 3.2　判断下列给定向量 $\boldsymbol{\eta}$ 是否可以由相应的向量组线性表示：

(1) $\boldsymbol{\eta}=\begin{pmatrix}1\\0\\2\end{pmatrix}$，向量组是 $\boldsymbol{\alpha}_1=\begin{pmatrix}1\\-2\\0\end{pmatrix},\boldsymbol{\alpha}_2=\begin{pmatrix}1\\0\\2\end{pmatrix},\boldsymbol{\alpha}_3=\begin{pmatrix}-1\\2\\0\end{pmatrix}$；

(2) $\boldsymbol{\eta}=\begin{pmatrix}1\\2\\1\end{pmatrix}$，向量组是 $\boldsymbol{\alpha}_1=\begin{pmatrix}1\\-2\\0\end{pmatrix},\boldsymbol{\alpha}_2=\begin{pmatrix}1\\0\\2\end{pmatrix}$.

解 (1)设 $\boldsymbol{\eta}=x_1\boldsymbol{\alpha}_1+x_2\boldsymbol{\alpha}_2+x_3\boldsymbol{\alpha}_3$，根据它们的分量之间的关系，得方程组

$$\begin{cases}x_1+x_2-x_3=1,\\-2x_1+2x_3=0,\\2x_2=2.\end{cases}$$

解方程组得 $x_1=x_3$，$x_2=1$，x_3 可以取任意值，这样对任意数 x_3，$\boldsymbol{\eta}=x_3\boldsymbol{\alpha}_1+\boldsymbol{\alpha}_2+x_3\boldsymbol{\alpha}_3$，故 $\boldsymbol{\eta}$ 可以由 $\boldsymbol{\alpha}_1,\boldsymbol{\alpha}_2,\boldsymbol{\alpha}_3$ 线性表示.

(2)设 $\boldsymbol{\eta}=x_1\boldsymbol{\alpha}_1+x_2\boldsymbol{\alpha}_2$，根据它们的分量相等，有等式

$$\begin{cases}x_1+x_2=1,\\-2x_1=2,\\2x_2=1.\end{cases}$$

显然，要让 x_1,x_2 同时满足这 3 个等式是不可能的，故 $\boldsymbol{\eta}$ 无法由 $\boldsymbol{\alpha}_1,\boldsymbol{\alpha}_2$ 线性表示.

3. 线性组合的矩阵表示法

为了充分利用矩阵来研究向量之间的关系，我们引进线性组合的矩阵表示法.

向量 $\boldsymbol{\beta}=\begin{pmatrix}b_1\\b_2\\\vdots\\b_m\end{pmatrix}$ 可由矩阵列向量组 $\boldsymbol{\alpha}_1=\begin{pmatrix}a_{11}\\a_{21}\\\vdots\\a_{m1}\end{pmatrix}$，$\boldsymbol{\alpha}_2=\begin{pmatrix}a_{12}\\a_{22}\\\vdots\\a_{m2}\end{pmatrix}$，…，$\boldsymbol{\alpha}_n=\begin{pmatrix}a_{1n}\\a_{2n}\\\vdots\\a_{mn}\end{pmatrix}$ 线性表示的充分必要条件是存在 n 个数 $k_1,k_2,\cdots,k_n$，使得

$$k_1\boldsymbol{\alpha}_1+k_2\boldsymbol{\alpha}_2+\cdots+k_n\boldsymbol{\alpha}_n=\boldsymbol{\beta}. \tag{3.1}$$

利用向量的线性运算，上式可以写成如下的 n 元线性方程组：

$$\begin{cases}a_{11}x_1+a_{12}x_2+\cdots+a_{1n}x_n=b_1,\\a_{21}x_1+a_{22}x_2+\cdots+a_{2n}x_n=b_2,\\\quad\vdots\\a_{m1}x_1+a_{m2}x_2+\cdots+a_{mn}x_n=b_m.\end{cases} \tag{3.2}$$

那么，存在 n 个数 $k_1,k_2,\cdots,k_n$，使得(3.1)式成立当且仅当方程组(3.2)有解.

构造一个 $m\times n$ 矩阵 $\boldsymbol{A}=(\boldsymbol{\alpha}_1,\boldsymbol{\alpha}_2,\cdots,\boldsymbol{\alpha}_n)$，并令 $\boldsymbol{x}=(x_1,x_2,\cdots,x_n)^{\mathrm{T}}$，根据分块矩阵的乘法规则，方程组(3.2)可写成矩阵形式：

$$x_1\boldsymbol{\alpha}_1+x_2\boldsymbol{\alpha}_2+\cdots+x_n\boldsymbol{\alpha}_n=(\boldsymbol{\alpha}_1,\boldsymbol{\alpha}_2,\cdots,\boldsymbol{\alpha}_n)\begin{pmatrix}x_1\\x_2\\\vdots\\x_n\end{pmatrix}=\boldsymbol{\beta},$$

或简写为 $\boldsymbol{Ax}=\boldsymbol{\beta}$.

于是满足(3.1)式的组合系数 $k_1,k_2,\cdots,k_n$ 就是线性方程组 $\boldsymbol{Ax}=\boldsymbol{\beta}$ 的解.

若方程组(3.2)有唯一解，则表明 $\boldsymbol{\beta}$ 可用 $\boldsymbol{\alpha}_1,\boldsymbol{\alpha}_2,\cdots,\boldsymbol{\alpha}_n$ 线性表示，且表示法是唯一的.

若方程组(3.2)有无穷多个解，则表明 $\boldsymbol{\beta}$ 可用 $\boldsymbol{\alpha}_1,\boldsymbol{\alpha}_2,\cdots,\boldsymbol{\alpha}_n$ 线性表示，且表示法不唯一.

若方程组(3.2)无解，则表明 $\boldsymbol{\beta}$ 不能用 $\boldsymbol{\alpha}_1,\boldsymbol{\alpha}_2,\cdots,\boldsymbol{\alpha}_n$ 线性表示.

如果 $\boldsymbol{\alpha}_1,\boldsymbol{\alpha}_2,\cdots,\boldsymbol{\alpha}_n$ 和 $\boldsymbol{\beta}$ 都是 m 维行向量，此时，必须构造 $m\times n$ 矩阵 $\boldsymbol{A}=(\boldsymbol{\alpha}_1^{\mathrm{T}},\boldsymbol{\alpha}_2^{\mathrm{T}},\cdots,$

$\boldsymbol{\alpha}_n^{\mathrm{T}}$)，即把所给的行向量全部转置成列向量，再依次存放构造出矩阵 $\boldsymbol{A}$，则

$$k_1\boldsymbol{\alpha}_1+k_2\boldsymbol{\alpha}_2+\cdots+k_n\boldsymbol{\alpha}_n=\boldsymbol{\beta}\text{ 成立}\Leftrightarrow k_1\boldsymbol{\alpha}_1^{\mathrm{T}}+k_2\boldsymbol{\alpha}_2^{\mathrm{T}}+\cdots+k_n\boldsymbol{\alpha}_n^{\mathrm{T}}=\boldsymbol{\beta}^{\mathrm{T}}\text{ 成立}$$
$$\Leftrightarrow \boldsymbol{A}\boldsymbol{x}=\boldsymbol{\beta}^{\mathrm{T}}\text{ 有解}.$$

注意 所述线性方程组的方程个数就是所讨论的向量维数(分量个数)为 m，所述线性方程组的未知量个数就是所讨论的向量个数 n，即线性组合系数个数.

4. 线性组合系数的求法

下面用 3 个具体例子来说明线性组合系数的求法.

例 3.3 问 $\boldsymbol{\beta}=(-3,3,7)^{\mathrm{T}}$ 能否表示成 $\boldsymbol{\alpha}_1=(1,-1,2)^{\mathrm{T}}$，$\boldsymbol{\alpha}_2=(2,1,0)^{\mathrm{T}}$，$\boldsymbol{\alpha}_3=(-1,2,1)^{\mathrm{T}}$ 的线性组合？

解 设线性方程组为

$$x_1\boldsymbol{\alpha}_1+x_2\boldsymbol{\alpha}_2+x_3\boldsymbol{\alpha}_3=\boldsymbol{\beta}.$$

$\boldsymbol{\beta}$ 能否表示成 $\boldsymbol{\alpha}_1,\boldsymbol{\alpha}_2,\boldsymbol{\alpha}_3$ 的线性组合，取决于该方程组是否有解. 可对它的增广矩阵施行初等行变换，得

$$(\boldsymbol{\alpha}_1,\boldsymbol{\alpha}_2,\boldsymbol{\alpha}_3,\boldsymbol{\beta})=\begin{pmatrix}1&2&-1&-3\\-1&1&2&3\\2&0&1&7\end{pmatrix}\xrightarrow[r_3-2r_1]{r_2+r_1}\begin{pmatrix}1&2&-1&-3\\0&3&1&0\\0&-4&3&13\end{pmatrix}$$
$$\xrightarrow[\substack{r_3+4r_2\\ r_3\div(13/3)}]{r_2\div 3}\begin{pmatrix}1&2&-1&-3\\0&1&1/3&0\\0&0&1&3\end{pmatrix}\xrightarrow[r_2-\frac{1}{3}r_3]{r_1+r_3}\begin{pmatrix}1&2&0&0\\0&1&0&-1\\0&0&1&3\end{pmatrix}$$
$$\xrightarrow{r_1-2r_2}\begin{pmatrix}1&0&0&2\\0&1&0&-1\\0&0&1&3\end{pmatrix}=(\boldsymbol{T},\boldsymbol{d}).$$

由初等行变换的性质可知，$x_1\boldsymbol{\alpha}_1+x_2\boldsymbol{\alpha}_2+x_3\boldsymbol{\alpha}_3=\boldsymbol{\beta}$ 的同解方程组为 $\boldsymbol{T}\boldsymbol{x}=\boldsymbol{d}$，即为

$$\begin{cases}x_1=2,\\x_2=-1,\\x_3=3.\end{cases}$$

它的唯一的解就是 $x_1=2,x_2=-1,x_3=3$，所以 $\boldsymbol{\beta}$ 可唯一表示成 $\boldsymbol{\alpha}_1,\boldsymbol{\alpha}_2,\boldsymbol{\alpha}_3$ 的线性组合，且 $\boldsymbol{\beta}=2\boldsymbol{\alpha}_1-\boldsymbol{\alpha}_2+3\boldsymbol{\alpha}_3$.

例 3.4 问 $\boldsymbol{\beta}=(1,0,3,1)$ 能否表示成 $\boldsymbol{\alpha}_1=(1,1,2,2)$，$\boldsymbol{\alpha}_2=(1,2,1,3)$，$\boldsymbol{\alpha}_3=(1,-1,4,0)$ 的线性组合？

解 设线性方程组为

$$x_1\boldsymbol{\alpha}_1^{\mathrm{T}}+x_2\boldsymbol{\alpha}_2^{\mathrm{T}}+x_3\boldsymbol{\alpha}_3^{\mathrm{T}}=\boldsymbol{\beta}^{\mathrm{T}}.$$

用矩阵的初等行变换化简方程组的增广矩阵：

$$(\boldsymbol{\alpha}_1^{\mathrm{T}},\boldsymbol{\alpha}_2^{\mathrm{T}},\boldsymbol{\alpha}_3^{\mathrm{T}},\boldsymbol{\beta}^{\mathrm{T}})=\begin{pmatrix}1&1&1&1\\1&2&-1&0\\2&1&4&3\\2&3&0&1\end{pmatrix}\xrightarrow[\substack{r_3-2r_1\\ r_4-2r_1}]{r_2-r_1}\begin{pmatrix}1&1&1&1\\0&1&-2&-1\\0&-1&2&1\\0&1&-2&-1\end{pmatrix}$$

$$\xrightarrow[r_4-r_2]{r_3+r_2}\begin{pmatrix}1&1&1&1\\0&1&-2&-1\\0&0&0&0\\0&0&0&0\end{pmatrix}\xrightarrow{r_1-r_2}\begin{pmatrix}1&0&3&2\\0&1&-2&-1\\0&0&0&0\\0&0&0&0\end{pmatrix}.$$

方程组的同解方程组为

$$\begin{cases}x_1=2-3x_3,\\x_2=-1+2x_3.\end{cases}$$

取 $x_3=k$,则有 $\boldsymbol{\beta}=(2-3k)\boldsymbol{\alpha}_1+(-1+2k)\boldsymbol{\alpha}_2+k\boldsymbol{\alpha}_3$($k$ 可取任意数值). 这说明了 $\boldsymbol{\beta}$ 可用 $\boldsymbol{\alpha}_1,\boldsymbol{\alpha}_2,\boldsymbol{\alpha}_3$ 线性表示的方法有无穷多种.

例 3.5 设 $\boldsymbol{\alpha}_1=(1,3,0)$,$\boldsymbol{\alpha}_2=(1,-1,0)$,$\boldsymbol{\alpha}_3=(4,4,0)$,$\boldsymbol{\beta}=(1,-1,1)$,问 $\boldsymbol{\beta}$ 是否可以表示成向量组 $\boldsymbol{\alpha}_1,\boldsymbol{\alpha}_2,\boldsymbol{\alpha}_3$ 的线性组合?

解 设线性方程组

$$x_1\boldsymbol{\alpha}_1^{\mathrm{T}}+x_2\boldsymbol{\alpha}_2^{\mathrm{T}}+x_3\boldsymbol{\alpha}_3^{\mathrm{T}}=\boldsymbol{\beta}^{\mathrm{T}}.$$

对其增广矩阵进行初等行变换得

$$\overline{\boldsymbol{A}}=(\boldsymbol{\alpha}_1^{\mathrm{T}},\boldsymbol{\alpha}_2^{\mathrm{T}},\boldsymbol{\alpha}_3^{\mathrm{T}},\boldsymbol{\beta}^{\mathrm{T}})=\begin{pmatrix}1&1&4&1\\3&-1&4&-1\\0&0&0&1\end{pmatrix}\xrightarrow{r_2-3r_1}\begin{pmatrix}1&1&4&1\\0&-4&-8&-4\\0&0&0&1\end{pmatrix}$$

$$\xrightarrow{r_2\div(-4)}\begin{pmatrix}1&1&4&1\\0&1&2&1\\0&0&0&1\end{pmatrix}\xrightarrow{r_1-r_2}\begin{pmatrix}1&0&2&0\\0&1&2&1\\0&0&0&1\end{pmatrix}.$$

由此可见,方程组无解,所以 $\boldsymbol{\beta}$ 不能表示成 $\boldsymbol{\alpha}_1,\boldsymbol{\alpha}_2,\boldsymbol{\alpha}_3$ 的线性组合.

3.2 线性相关与线性无关

一个向量能由某一向量组线性表示,是单个向量与向量组之间的一种线性关系. 在一个向量组中是否存在某个向量可以由该向量组中的其他向量线性表示出来,这是向量组研究的一项重要内容. 要深入研究向量组的这种特性,需要研究向量组的线性相关性和线性无关性.

线性相关性和线性无关性在向量空间的理论和应用中具有重要意义,它们是研究向量空间的基、维度、基变换等概念与性质的基础. 对于线性变换、最优化问题以及其他线性代数领域的深入学习,线性相关性和线性无关性提供了重要的工具和理论支持.

3.2.1 线性相关性概念

定义 3.4 设 $\boldsymbol{\alpha}_1,\boldsymbol{\alpha}_2,\cdots,\boldsymbol{\alpha}_m$ 是 m 个 n 维向量,如果存在 m 个不全为 0 的数 $k_1,k_2,\cdots,k_m$ 使得

$$k_1\boldsymbol{\alpha}_1+k_2\boldsymbol{\alpha}_2+\cdots+k_m\boldsymbol{\alpha}_m=\boldsymbol{0},\tag{3.3}$$

则称向量组 $\boldsymbol{\alpha}_1,\boldsymbol{\alpha}_2,\cdots,\boldsymbol{\alpha}_m$ **线性相关**,称 $k_1,k_2,\cdots,k_m$ 为**组合系数**;否则,称向量组 $\boldsymbol{\alpha}_1,\boldsymbol{\alpha}_2,\cdots,\boldsymbol{\alpha}_m$ **线性无关**.

根据此定义，我们可把向量组分成“线性相关”和“线性无关”两大类. 定义中“否则”的含义是：不存在 m 个不全为 0 的数 $k_1,k_2,\cdots,k_m$，即当且仅当 $k_1=k_2=\cdots=k_m=0$ 时，(3.3)式才成立，则称 $\boldsymbol{\alpha}_1,\boldsymbol{\alpha}_2,\cdots,\boldsymbol{\alpha}_m$ **线性无关**.

向量组 $\boldsymbol{\alpha}_1,\boldsymbol{\alpha}_2,\cdots,\boldsymbol{\alpha}_m$ 线性相关，一般情况下是指向量组至少含有两个向量，对于 $m=1$，向量组只含一个向量 $\boldsymbol{\alpha}$ 时，当 $\boldsymbol{\alpha}\neq\mathbf{0}$ 时向量组是线性无关的；当 $\boldsymbol{\alpha}=\mathbf{0}$ 时，向量组是线性相关的. 对于 $m=2$，向量组含 $\boldsymbol{\alpha}_1,\boldsymbol{\alpha}_2$ 两个向量，若向量组线性相关，则存在不全为 0 的两个数 k_1，k_2，使得 $k_1\boldsymbol{\alpha}_1+k_2\boldsymbol{\alpha}_2=\mathbf{0}$ 成立，不妨设 $k_2\neq 0$，则有 $\boldsymbol{\alpha}_2=-\frac{k_1}{k_2}\boldsymbol{\alpha}_1$，即说明 $\boldsymbol{\alpha}_1,\boldsymbol{\alpha}_2$ 两个二维向量的分量对应成比例，其几何意义是这两个向量共线. 类似地，3 个向量线性相关的几何意义是这 3 个向量共面.

例 3.6 证明：n 维基本单位向量组 $\boldsymbol{e}_1=(1,0,\cdots,0),\boldsymbol{e}_2=(0,1,\cdots,0),\cdots,\boldsymbol{e}_n=(0,0,\cdots,1)$ 线性无关.

证明 设有一组数 $k_1,k_2,\cdots,k_n$，使 $k_1\boldsymbol{e}_1+k_2\boldsymbol{e}_2+\cdots+k_n\boldsymbol{e}_n=\mathbf{0}$ 成立，即 $(k_1,k_2,\cdots,k_n)^{\mathrm{T}}=\mathbf{0}$，有 $k_1=k_2=\cdots=k_n=0$，所以 $\boldsymbol{e}_1,\boldsymbol{e}_2,\cdots,\boldsymbol{e}_n$ 线性无关.

例 3.7 讨论向量组 $\boldsymbol{\alpha}_1=(2,3,1),\boldsymbol{\alpha}_2=(1,2,1),\boldsymbol{\alpha}_3=(3,2,1)$ 是否线性相关？

解 设 $x_1\boldsymbol{\alpha}_1+x_2\boldsymbol{\alpha}_2+x_3\boldsymbol{\alpha}_3=\mathbf{0}$，即 $x_1(2,3,1)+x_2(1,2,1)+x_3(3,2,1)=(0,0,0)$.

令等式两边的 3 个分量分别相等，就可以列出组合系数满足的线性方程组：

$$\begin{cases}2x_1+x_2+3x_3=0,\\3x_1+2x_2+2x_3=0,\\x_1+x_2+x_3=0.\end{cases}$$

因为该方程组的系数行列式

$$\begin{vmatrix}2&1&3\\3&2&2\\1&1&1\end{vmatrix}=\begin{vmatrix}-1&-2&0\\1&0&0\\1&1&1\end{vmatrix}=\begin{vmatrix}-1&-2\\1&0\end{vmatrix}=2\neq 0,$$

所以此线性方程组只有零解，这说明 $\boldsymbol{\alpha}_1,\boldsymbol{\alpha}_2,\boldsymbol{\alpha}_3$ 线性无关.

例 3.8 若 $\boldsymbol{\alpha}_1,\boldsymbol{\alpha}_2,\boldsymbol{\alpha}_3$ 线性无关，证明以下向量组线性无关：

$$\boldsymbol{\beta}_1=\boldsymbol{\alpha}_2+\boldsymbol{\alpha}_3,\boldsymbol{\beta}_2=\boldsymbol{\alpha}_1+\boldsymbol{\alpha}_3,\boldsymbol{\beta}_3=\boldsymbol{\alpha}_1+\boldsymbol{\alpha}_2.$$

证明 设 $k_1\boldsymbol{\beta}_1+k_2\boldsymbol{\beta}_2+k_3\boldsymbol{\beta}_3=\mathbf{0}$，即得 $k_1(\boldsymbol{\alpha}_2+\boldsymbol{\alpha}_3)+k_2(\boldsymbol{\alpha}_1+\boldsymbol{\alpha}_3)+k_3(\boldsymbol{\alpha}_1+\boldsymbol{\alpha}_2)=\mathbf{0}$，整理可得

$$(k_2+k_3)\boldsymbol{\alpha}_1+(k_1+k_3)\boldsymbol{\alpha}_2+(k_1+k_2)\boldsymbol{\alpha}_3=\mathbf{0}.$$

因为 $\boldsymbol{\alpha}_1,\boldsymbol{\alpha}_2,\boldsymbol{\alpha}_3$ 线性无关，所以必有

$$\begin{cases}k_2+k_3=0,\\k_1+k_3=0,\\k_1+k_2=0.\end{cases}$$

因为关于 k_1,k_2,k_3 这 3 个未知量的方程组系数行列式

$$\begin{vmatrix}0&1&1\\1&0&1\\1&1&0\end{vmatrix}=\begin{vmatrix}0&1&1\\1&-1&0\\1&1&0\end{vmatrix}=\begin{vmatrix}1&-1\\1&1\end{vmatrix}=2\neq 0,$$

所以 $k_1=k_2=k_3=0$. 这就证明了 $\boldsymbol{\beta}_1,\boldsymbol{\beta}_2,\boldsymbol{\beta}_3$ 线性无关.

3.2.2 求组合系数的方法

考虑 $n\times m$ 矩阵 $\mathbf{A}$ 的 m 个 n 维列向量

$$\boldsymbol{\alpha}_1=\begin{pmatrix}a_{11}\\a_{21}\\\vdots\\a_{n1}\end{pmatrix},\boldsymbol{\alpha}_2=\begin{pmatrix}a_{12}\\a_{22}\\\vdots\\a_{n2}\end{pmatrix},\cdots,\boldsymbol{\alpha}_m=\begin{pmatrix}a_{1m}\\a_{2m}\\\vdots\\a_{nm}\end{pmatrix}.$$

由定义 3.4 知，$\boldsymbol{\alpha}_1,\boldsymbol{\alpha}_2,\cdots\boldsymbol{\alpha}_m$ 线性相关⇔存在 m 个不全为 0 的数 $k_1,k_2,\cdots,k_m$ 使得 $k_1\boldsymbol{\alpha}_1+k_2\boldsymbol{\alpha}_2+\cdots+k_m\boldsymbol{\alpha}_m=\mathbf{0}$⇔以下 m 元齐次线性方程组：

$$\begin{cases}a_{11}x_1+a_{12}x_2+\cdots+a_{1m}x_m=0,\\a_{21}x_1+a_{22}x_2+\cdots+a_{2m}x_m=0,\\\qquad\vdots\\a_{n1}x_1+a_{n2}x_2+\cdots+a_{nm}x_m=0.\end{cases}$$

有非零解，即 $\mathbf{A}\boldsymbol{x}=\mathbf{0}$ 有非零解.

这里 $\mathbf{A}=(\boldsymbol{\alpha}_1,\boldsymbol{\alpha}_2,\cdots,\boldsymbol{\alpha}_m)$ 为 $n\times m$ 矩阵. 求出的非零解的 m 个分量 $x_1=k_1,x_2=k_2,\cdots,x_m=k_m$，就是所需要求的组合系数.

类似有，m 个 n 维行向量 $\boldsymbol{\alpha}_1,\boldsymbol{\alpha}_2,\cdots,\boldsymbol{\alpha}_m$ 线性相关⇔m 个 n 维列向量 $\boldsymbol{\alpha}_1^{\mathrm{T}},\boldsymbol{\alpha}_2^{\mathrm{T}},\cdots\boldsymbol{\alpha}_m^{\mathrm{T}}$ 线性相关⇔齐次线性方程组 $\mathbf{A}\boldsymbol{x}=\mathbf{0}$ 有非零解.

这里 $\mathbf{A}=(\boldsymbol{\alpha}_1^{\mathrm{T}},\boldsymbol{\alpha}_2^{\mathrm{T}},\cdots,\boldsymbol{\alpha}_m^{\mathrm{T}})$ 为 $n\times m$ 矩阵.

例 3.9 已知向量组：

$$\boldsymbol{\alpha}_1=\begin{pmatrix}1\\-2\\3\end{pmatrix},\boldsymbol{\alpha}_2=\begin{pmatrix}2\\-7\\3\end{pmatrix},\boldsymbol{\alpha}_3=\begin{pmatrix}1\\1\\6\end{pmatrix},$$

试讨论其线性相关性. 若线性相关，则求出一组不全为 0 的组合系数.

解 构造矩阵 $\mathbf{A}=(\boldsymbol{\alpha}_1,\boldsymbol{\alpha}_2,\boldsymbol{\alpha}_3)$，利用矩阵的初等行变换将 $\mathbf{A}\boldsymbol{x}=\mathbf{0}$ 的系数矩阵化成行最简形矩阵.

$$\mathbf{A}=\begin{pmatrix}1&2&1\\-2&-7&1\\3&3&6\end{pmatrix}\xrightarrow[r_3-3r_1]{r_2+2r_1}\begin{pmatrix}1&2&1\\0&-3&3\\0&-3&3\end{pmatrix}\xrightarrow[r_2\div(-3)]{r_3-r_2}\begin{pmatrix}1&2&1\\0&1&-1\\0&0&0\end{pmatrix}$$

$$\xrightarrow{r_1-2r_2}\begin{pmatrix}1&0&3\\0&1&-1\\0&0&0\end{pmatrix}.$$

因为 $r(\mathbf{A})=2<3$，所以 $\mathbf{A}\boldsymbol{x}=\mathbf{0}$ 有非零解，从而向量组线性相关.

与 $\mathbf{A}\boldsymbol{x}=\mathbf{0}$ 同解的齐次线性方程组为

$$\begin{cases}x_1+3x_3=0,\\x_2-x_3=0.\end{cases}$$

令 $x_3=1$，可得一组解为 $x_1=-3,x_2=1,x_3=1$；取 $k_1=x_1=-3,k_2=x_2=1,k_3=x_3=1$，可得

$$-3\boldsymbol{\alpha}_1+\boldsymbol{\alpha}_2+\boldsymbol{\alpha}_3=\mathbf{0}.$$

3.2.3 线性相关性的基本定理

定理 3.1　m 个 n 维向量组 $\boldsymbol{\alpha}_1,\boldsymbol{\alpha}_2,\cdots,\boldsymbol{\alpha}_m(m>1)$ 线性相关的充分必要条件是至少存在一个向量 $\boldsymbol{\alpha}_i$ 可由其余 $m-1$ 个向量线性表示.

证明　必要性:设 $\boldsymbol{\alpha}_1,\boldsymbol{\alpha}_2,\cdots,\boldsymbol{\alpha}_m$ 线性相关,则存在不全为 0 的数 $k_1,k_2,\cdots,k_m$,使

$$k_1\boldsymbol{\alpha}_1+k_2\boldsymbol{\alpha}_2+\cdots+k_m\boldsymbol{\alpha}_m=\mathbf{0}.$$

不妨假设 $k_1\neq 0$,则有 $\boldsymbol{\alpha}_1=-\dfrac{1}{k_1}(k_2\boldsymbol{\alpha}_2+\cdots+k_m\boldsymbol{\alpha}_m)=-\dfrac{k_2}{k_1}\boldsymbol{\alpha}_2-\dfrac{k_3}{k_1}\boldsymbol{\alpha}_3-\cdots-\dfrac{k_m}{k_1}\boldsymbol{\alpha}_m$.

充分性:如果 $\boldsymbol{\alpha}_i=k_1\boldsymbol{\alpha}_1+\cdots+k_{i-1}\boldsymbol{\alpha}_{i-1}+k_{i+1}\boldsymbol{\alpha}_{i+1}+\cdots+k_m\boldsymbol{\alpha}_m$,则

$$k_1\boldsymbol{\alpha}_1+\cdots+k_{i-1}\boldsymbol{\alpha}_{i-1}-\boldsymbol{\alpha}_i+k_{i+1}\boldsymbol{\alpha}_{i+1}+\cdots+k_m\boldsymbol{\alpha}_m=\mathbf{0}.$$

由于存在 m 个数 $k_1,k_2,\cdots,k_i=-1,k_{i+1},\cdots,k_m$ 中至少 $k_i=-1$ 不为 0,因此 $\boldsymbol{\alpha}_1,\boldsymbol{\alpha}_2,\cdots,\boldsymbol{\alpha}_m$ 线性相关.

推论　$m(m>1)$ 个向量线性无关的充分必要条件是任意一个向量都不能由其余 $m-1$ 个向量线性表示.

定理 3.2　m 个 n 维向量 $\boldsymbol{\alpha}_i=(a_{1i},a_{2i},\cdots,a_{ni})^{\mathrm{T}}(i=1,2,\cdots,m)$ 线性相关的充分必要条件是矩阵

$$\boldsymbol{A}=(\boldsymbol{\alpha}_1,\boldsymbol{\alpha}_2,\cdots,\boldsymbol{\alpha}_m)=\begin{pmatrix}a_{11}&a_{12}&\cdots&a_{1m}\\a_{21}&a_{22}&\cdots&a_{2m}\\\vdots&\vdots&&\vdots\\a_{n1}&a_{n2}&\cdots&a_{nm}\end{pmatrix}$$

的秩 $r(\boldsymbol{A})<m$.

证明　必要性:设 $\boldsymbol{\alpha}_1,\boldsymbol{\alpha}_2,\cdots,\boldsymbol{\alpha}_m$ 线性相关,根据定理 3.1 至少有一个向量可由其余 $m-1$ 个向量线性表示,不妨假设 $\boldsymbol{\alpha}_m$,即

$$\boldsymbol{\alpha}_m=k_1\boldsymbol{\alpha}_1+k_2\boldsymbol{\alpha}_2+\cdots+k_{m-1}\boldsymbol{\alpha}_{m-1}.$$

上式写成分量形式为

$$\begin{cases}a_{1m}=k_1a_{11}+k_2a_{12}+\cdots+k_{m-1}a_{1,m-1},\\a_{2m}=k_1a_{21}+k_2a_{22}+\cdots+k_{m-1}a_{2,m-1},\\\qquad\vdots\\a_{nm}=k_1a_{n1}+k_2a_{n2}+\cdots+k_{m-1}a_{n,m-1}.\end{cases}$$

对矩阵 $\boldsymbol{A}$ 进行初等列变换,用 $-k_1,-k_2,\cdots,-k_{m-1}$ 分别乘以 $\boldsymbol{A}$ 的第 $1,2,\cdots,m-1$ 列后都加到第 m 列,有

$$\boldsymbol{A}=\begin{pmatrix}a_{11}&a_{12}&\cdots&a_{1m}\\a_{21}&a_{22}&\cdots&a_{2m}\\\vdots&\vdots&&\vdots\\a_{n1}&a_{n2}&\cdots&a_{nm}\end{pmatrix}\longrightarrow\begin{pmatrix}a_{11}&\cdots&a_{1,m-1}&0\\a_{21}&\cdots&a_{2,m-1}&0\\\vdots&&\vdots&\vdots\\a_{n1}&\cdots&a_{n,m-1}&0\end{pmatrix}=\boldsymbol{B}.$$

由矩阵秩的定义知 $r(\boldsymbol{B})<m$. 由于 $\boldsymbol{A},\boldsymbol{B}$ 两矩阵等价,所以 $r(\boldsymbol{A})=r(\boldsymbol{B})<m$.

充分性:由定理 2.11 知,若 $r(\boldsymbol{A})<m$,则 m 元齐次线性方程组 $\boldsymbol{Ax}=\mathbf{0}$ 有非零解,求出非零解的 m 个分量 $k_1=x_1,k_2=x_2,\cdots,k_m=x_m$,即存在 m 个不全为 0 的数 $k_1,k_2,\cdots,k_m$,使得

$$k_1\boldsymbol{\alpha}_1+k_2\boldsymbol{\alpha}_2+\cdots+k_m\boldsymbol{\alpha}_m=\mathbf{0},$$

所以 $\boldsymbol{\alpha}_1,\boldsymbol{\alpha}_2,\cdots,\boldsymbol{\alpha}_m$ 线性相关.

推论 1 任意 m 个 n 维向量 $\boldsymbol{\alpha}_i=(a_{1i},a_{2i},\cdots,a_{ni})^{\mathrm{T}}(i=1,2,\cdots,m)$ 线性无关的充分必要条件是它们构成的矩阵 $\boldsymbol{A}_{n\times m}$ 的秩 $r(\boldsymbol{A})=m(m<n)$.

推论 2 任意 n 个 n 维向量 $\boldsymbol{\alpha}_i=(a_{1i},a_{2i},\cdots,a_{ni})^{\mathrm{T}}(i=1,2,\cdots,n)$ 线性无关的充分必要条件是它们构成的方阵 $\boldsymbol{A}_{n\times n}$ 的秩 $r(\boldsymbol{A})=n$,即方阵 $\boldsymbol{A}$ 的行列式不为 $0(|\boldsymbol{A}|\neq 0)$.

推论 3 当 $m>n$ 时,m 个 n 维列向量 $\boldsymbol{\alpha}_1,\boldsymbol{\alpha}_2,\cdots,\boldsymbol{\alpha}_m$ 一定线性相关.

定理 3.3 如果向量组 $\boldsymbol{\alpha}_1,\boldsymbol{\alpha}_2,\cdots,\boldsymbol{\alpha}_m$ 线性无关,而添加一个同维向量 $\boldsymbol{\beta}$ 后所得到的向量组 $\boldsymbol{\alpha}_1,\boldsymbol{\alpha}_2,\cdots,\boldsymbol{\alpha}_m,\boldsymbol{\beta}$ 线性相关,则 $\boldsymbol{\beta}$ 可用 $\boldsymbol{\alpha}_1,\boldsymbol{\alpha}_2,\cdots,\boldsymbol{\alpha}_m$ 线性表示,且表示式是唯一的.

证明 因为 $\boldsymbol{\alpha}_1,\boldsymbol{\alpha}_2,\cdots,\boldsymbol{\alpha}_m,\boldsymbol{\beta}$ 线性相关,所以存在不全为 0 的 $m+1$ 个数 $k_1,k_2,\cdots,k_m,k$,使得

$$k_1\boldsymbol{\alpha}_1+k_2\boldsymbol{\alpha}_2+\cdots+k_m\boldsymbol{\alpha}_m+k\boldsymbol{\beta}=\boldsymbol{0}.$$

如果 $k=0$,则 $k_1,k_2,\cdots,k_m$ 不全为 0,且 $k_1\boldsymbol{\alpha}_1+k_2\boldsymbol{\alpha}_2+\cdots+k_m\boldsymbol{\alpha}_m=\boldsymbol{0}$,这与 $\boldsymbol{\alpha}_1,\boldsymbol{\alpha}_2,\cdots,\boldsymbol{\alpha}_m$ 线性无关的条件矛盾,所以必有 $k\neq 0$,于是得到如下的线性表示式

$$\boldsymbol{\beta}=-\frac{1}{k}(k_1\boldsymbol{\alpha}_1+k_2\boldsymbol{\alpha}_2+\cdots+k_m\boldsymbol{\alpha}_m)=-\frac{k_1}{k}\boldsymbol{\alpha}_1-\frac{k_2}{k}\boldsymbol{\alpha}_2-\cdots-\frac{k_m}{k}\boldsymbol{\alpha}_m,$$

即 $\boldsymbol{\beta}$ 可用 $\boldsymbol{\alpha}_1,\boldsymbol{\alpha}_2,\cdots,\boldsymbol{\alpha}_m$ 线性表示.

唯一性:如果有两个线性表示式

$$\boldsymbol{\beta}=k_1\boldsymbol{\alpha}_1+k_2\boldsymbol{\alpha}_2+\cdots+k_m\boldsymbol{\alpha}_m=l_1\boldsymbol{\alpha}_1+l_2\boldsymbol{\alpha}_2+\cdots+l_m\boldsymbol{\alpha}_m,$$

整理得

$$(k_1-l_1)\boldsymbol{\alpha}_1+(k_2-l_2)\boldsymbol{\alpha}_2+\cdots+(k_m-l_m)\boldsymbol{\alpha}_m=\boldsymbol{0}.$$

因为 $\boldsymbol{\alpha}_1,\boldsymbol{\alpha}_2,\cdots,\boldsymbol{\alpha}_m$ 线性无关,必有 $k_i-l_i=0$,即 $k_i=l_i(i=1,2,\cdots,m)$,所以线性表示式唯一.

定理 3.4 设向量组 $\boldsymbol{\alpha}_1,\boldsymbol{\alpha}_2,\cdots,\boldsymbol{\alpha}_m$ 线性相关,则任意扩充后的同维向量组 $\boldsymbol{\alpha}_1,\boldsymbol{\alpha}_2,\cdots,\boldsymbol{\alpha}_m,\boldsymbol{\alpha}_{m+1},\boldsymbol{\alpha}_{m+2},\cdots,\boldsymbol{\alpha}_{m+r}$ 必线性相关.

证明 因为 $\boldsymbol{\alpha}_1,\boldsymbol{\alpha}_2,\cdots,\boldsymbol{\alpha}_m$ 线性相关,所以存在不全为 0 的数 $k_1,k_2,\cdots,k_m$,使得

$$k_1\boldsymbol{\alpha}_1+k_2\boldsymbol{\alpha}_2+\cdots+k_m\boldsymbol{\alpha}_m=\boldsymbol{0}.$$

此时,当然也有

$$k_1\boldsymbol{\alpha}_1+k_2\boldsymbol{\alpha}_2+\cdots+k_m\boldsymbol{\alpha}_m+0\boldsymbol{\alpha}_{m+1}+0\boldsymbol{\alpha}_{m+2}+\cdots+0\boldsymbol{\alpha}_{m+r}=\boldsymbol{0},$$

所以 $\boldsymbol{\alpha}_1,\boldsymbol{\alpha}_2,\cdots,\boldsymbol{\alpha}_m,\boldsymbol{\alpha}_{m+1},\boldsymbol{\alpha}_{m+2},\cdots,\boldsymbol{\alpha}_{m+r}$ 必线性相关.

推论 若一个向量组线性无关,则其任何一部分向量组都线性无关.

定理 3.4 可以简述为"相关组的扩充向量组必为相关组",或者"部分相关,整体必相关".它的等价说法是"无关组的子向量组必为无关组"或者"整体无关,部分必无关".

定理 3.5 设有两个向量组,它们的前 n 个分量对应相等:

$$\boldsymbol{\alpha}_i=(a_{i1},a_{i2},\cdots,a_{in}),\boldsymbol{\beta}_i=(a_{i1},a_{i2},\cdots,a_{in},b_{i1})(i=1,2,\cdots,n),$$

如果 $\boldsymbol{\beta}_1,\boldsymbol{\beta}_2,\cdots,\boldsymbol{\beta}_m$ 线性相关,则 $\boldsymbol{\alpha}_1,\boldsymbol{\alpha}_2,\cdots,\boldsymbol{\alpha}_m$ 必线性相关.

证明 因为 $\boldsymbol{\beta}_1,\boldsymbol{\beta}_2,\cdots,\boldsymbol{\beta}_m$ 线性相关,所以一定存在不全为 0 的数 $k_1,k_2,\cdots,k_m$,使得

$$k_1\boldsymbol{\beta}_1+k_2\boldsymbol{\beta}_2+\cdots+k_m\boldsymbol{\beta}_m=\boldsymbol{0},$$

按分量展开即 $k_1(a_{11},a_{12},\cdots,a_{1n},b_{11})+k_2(a_{21},a_{22},\cdots,a_{2n},b_{21})+\cdots+k_m(a_{m1},a_{m2},\cdots,a_{mn},b_{m1})=(0,0,\cdots,0)$,上式等价于下述 $n+1$ 个等式成立:

$$k_1a_{11}+k_2a_{21}+\cdots+k_ma_{m1}=0,$$
$$\vdots$$
$$k_1a_{1n}+k_2a_{2n}+\cdots+k_ma_{mn}=0,$$
$$k_1b_{11}+k_2b_{21}+\cdots+k_mb_{m1}=0.$$

其中前 n 个等式成立也就是下述向量方程成立：

$$k_1\boldsymbol{\alpha}_1+k_2\boldsymbol{\alpha}_2+\cdots+k_m\boldsymbol{\alpha}_m=\mathbf{0},$$

所以 $\boldsymbol{\alpha}_1,\boldsymbol{\alpha}_2,\cdots,\boldsymbol{\alpha}_m$ 也线性相关.

我们把向量组 $\boldsymbol{\beta}_1,\boldsymbol{\beta}_2,\cdots,\boldsymbol{\beta}_m$ 称为向量组 $\boldsymbol{\alpha}_1,\boldsymbol{\alpha}_2,\cdots,\boldsymbol{\alpha}_m$ 的**"接长"向量组**；而把向量组 $\boldsymbol{\alpha}_1,\boldsymbol{\alpha}_2,\cdots,\boldsymbol{\alpha}_m$ 称为 $\boldsymbol{\beta}_1,\boldsymbol{\beta}_2,\cdots,\boldsymbol{\beta}_m$ 的**"截短"向量组**.

推论　设有两个向量组，它们的前 n 个分量对应相等：

$$\boldsymbol{\alpha}_i=(a_{i1},a_{i2},\cdots,a_{in}),\boldsymbol{\beta}_i=(a_{i1},a_{i2},\cdots,a_{in},b_{i1})(i=1,2,\cdots,n),$$

如果 $\boldsymbol{\alpha}_1,\boldsymbol{\alpha}_2,\cdots,\boldsymbol{\alpha}_m$ 线性无关，则 $\boldsymbol{\beta}_1,\boldsymbol{\beta}_2,\cdots,\boldsymbol{\beta}_m$ 必线性无关.

注意　(1)扩充向量组是指向量维数(即向量中分量个数)不变，仅是向量个数增减；接长或截短向量组是指向量个数不变，仅是向量维数增减.

(2)接长或截短向量组必须在相应分量上进行，但未必限于首、尾分量，可以在任意相应分量上进行接长或截短，而且增减分量个数也可多于一个.

例 3.10　当 t 为何值时，向量组 $\boldsymbol{\alpha}_1=(1,1,0)^{\mathrm{T}},\boldsymbol{\alpha}_2=(1,3,-1)^{\mathrm{T}},\boldsymbol{\alpha}_3=(5,3,t)^{\mathrm{T}}$ 线性相关？

解　对矩阵$(\boldsymbol{\alpha}_1,\boldsymbol{\alpha}_2,\boldsymbol{\alpha}_3)$施行初等行变换化为行阶梯形矩阵，即

$$(\boldsymbol{\alpha}_1,\boldsymbol{\alpha}_2,\boldsymbol{\alpha}_3)=\begin{pmatrix}1&1&5\\1&3&3\\0&-1&t\end{pmatrix}\xrightarrow[r_2\div 2]{r_2-r_1}\begin{pmatrix}1&1&5\\0&1&-1\\0&-1&t\end{pmatrix}\xrightarrow{r_3+r_2}\begin{pmatrix}1&1&5\\0&1&-1\\0&0&t-1\end{pmatrix}.$$

当 $t-1=0$，即 $t=1$ 时，$r(\boldsymbol{\alpha}_1,\boldsymbol{\alpha}_2,\boldsymbol{\alpha}_3)=2<3$，由定理 3.2 知 $\boldsymbol{\alpha}_1,\boldsymbol{\alpha}_2,\boldsymbol{\alpha}_3$ 线性相关.

3.3　向量组的秩

向量组的秩提供了关于向量组的线性相关性和张成的空间维度的重要信息.本节讨论向量组的极大线性无关组和向量组的秩及其求法.

3.3.1　向量组的极大线性无关组

定义 3.5　设有两个 n 维向量组

$$R=\{\boldsymbol{\alpha}_1,\boldsymbol{\alpha}_2,\cdots,\boldsymbol{\alpha}_r\},S=\{\boldsymbol{\beta}_1,\boldsymbol{\beta}_2,\cdots,\boldsymbol{\beta}_s\}.$$

若向量组 R 中的每个向量 $\boldsymbol{\alpha}_i(i=1,2,\cdots,r)$都可以由向量组 S 中的向量线性表示，则称向量组 R 可以由向量组 S 线性表示.

定义 3.6　若向量组 R 可以由向量组 S 线性表示，向量组 S 也可以由向量组 R 线性表示，则称这两个**向量组等价**.

向量组之间的等价关系有下列基本性质：设 R,S,T 为 3 个同维向量组，则有

(1)反身性：R 与 R 自身等价.

(2)对称性:若 R 与 S 等价,则 S 与 R 也等价.

(3)传递性:若 R 与 S 等价,S 与 T 等价,则 R 与 T 也等价.

定义 3.7 设 V 是由若干个(有限或无限多个)n 维向量组成的向量组,若存在 V 的一个部分组 $\boldsymbol{\alpha}_1,\boldsymbol{\alpha}_2,\cdots,\boldsymbol{\alpha}_r$ 满足以下条件:

(1)$\boldsymbol{\alpha}_1,\boldsymbol{\alpha}_2,\cdots,\boldsymbol{\alpha}_r$ 线性无关;

(2)对于任意一个向量 $\boldsymbol{\beta}\in V$,$\boldsymbol{\beta}$ 都可由 $\boldsymbol{\alpha}_1,\boldsymbol{\alpha}_2,\cdots,\boldsymbol{\alpha}_r$ 线性表示,

则称 $\boldsymbol{\alpha}_1,\boldsymbol{\alpha}_2,\cdots,\boldsymbol{\alpha}_r$ 为 V 的一个极大线性无关向量组,简称极大线性无关组.

极大线性无关组 $S=\{\boldsymbol{\alpha}_1,\boldsymbol{\alpha}_2,\cdots,\boldsymbol{\alpha}_r\}$ 在 V 中的“极大”可以理解为 S 在 V 中已经“饱和”了,即 S 本身是线性无关组,在 S 中再任意添加 V 中的一个向量 $\boldsymbol{\beta}$,就成为线性相关组了.即极大线性无关组 S 就是向量组 V 中个数最多的、线性无关的部分组.由线性相关的性质可知,定义中的第二个条件可以更改为“对于任意一个向量 $\boldsymbol{\beta}\in V$,向量组 $\boldsymbol{\alpha}_1,\boldsymbol{\alpha}_2,\cdots,\boldsymbol{\alpha}_r,\boldsymbol{\beta}$ 都线性相关”.

若向量组 V 是线性无关组,那么极大线性无关组是唯一的,就是向量组本身.若向量组是线性相关的,则极大线性无关组不一定唯一.如 $\boldsymbol{\alpha}_1=(1,0,0)^{\mathrm{T}},\boldsymbol{\alpha}_2=(0,1,0)^{\mathrm{T}},\boldsymbol{\alpha}_3=(2,3,0)^{\mathrm{T}}$,假设 $V=\{\boldsymbol{\alpha}_1,\boldsymbol{\alpha}_2,\boldsymbol{\alpha}_3\}$,$S_1=\{\boldsymbol{\alpha}_1,\boldsymbol{\alpha}_2\}$,$S_2=\{\boldsymbol{\alpha}_2,\boldsymbol{\alpha}_3\}$,$S_3=\{\boldsymbol{\alpha}_1,\boldsymbol{\alpha}_3\}$,则 S_1,S_2,S_3 都是 V 的极大线性无关组.

例 3.11 证明 $\boldsymbol{\eta}_1=(1,1,1)^{\mathrm{T}},\boldsymbol{\eta}_2=(1,1,0)^{\mathrm{T}},\boldsymbol{\eta}_3=(1,0,0)^{\mathrm{T}}$ 是 $\mathbf{R}^3$ 的一个极大线性无关组.

证明 由

$$x_1\boldsymbol{\eta}_1+x_2\boldsymbol{\eta}_2+x_3\boldsymbol{\eta}_3=x_1\begin{pmatrix}1\\1\\1\end{pmatrix}+x_2\begin{pmatrix}1\\1\\0\end{pmatrix}+x_3\begin{pmatrix}1\\0\\0\end{pmatrix}=\begin{pmatrix}0\\0\\0\end{pmatrix},$$

可得 $x_1=x_2=x_3=0$,所以 $\boldsymbol{\eta}_1,\boldsymbol{\eta}_2,\boldsymbol{\eta}_3$ 线性无关.

任取 $\boldsymbol{\beta}=(a,b,c)^{\mathrm{T}}\in\mathbf{R}^3$,由定理 3.2 的推论 3 知,4 个三维向量必线性相关,于是 $\boldsymbol{\beta}$ 必可由 $\boldsymbol{\eta}_1,\boldsymbol{\eta}_2,\boldsymbol{\eta}_3$ 线性表示,所以 $\boldsymbol{\eta}_1,\boldsymbol{\eta}_2,\boldsymbol{\eta}_3$ 是 $\mathbf{R}^3$ 的一个极大线性无关组.

现在我们先讨论向量组与它的任意一个极大线性无关组之间的关系,然后再讨论它的任意两个极大线性无关组之间的关系.

定理 3.6 向量组 V 与它的任意一个极大线性无关组等价,因而 V 的任意两个极大线性无关组等价.

证明 设 S 为 V 的一个极大线性无关组,因为 S 为 V 的一个子集,所以对于任意一个 $\boldsymbol{\alpha}\in S$,$\boldsymbol{\alpha}$ 也是 V 中的向量,且有 $\boldsymbol{\alpha}=1\times\boldsymbol{\alpha}$,这说明 S 可用 V 线性表示.

反之,由极大线性无关组的定义知,V 可用 S 线性表示,因而 S 与 V 等价.

由向量组等价的对称性和传递性,即证得向量组 V 的任意两个极大线性无关组都等价:S_1 和 S_2 同为 V 的极大线性无关组,则由 S_1 与 V 等价,V 与 S_2 等价可得,S_1 和 S_2 等价.

定理 3.7 设有两个 n 维向量组 $R=\{\boldsymbol{\alpha}_1,\boldsymbol{\alpha}_2,\cdots,\boldsymbol{\alpha}_r\}$ 和 $S=\{\boldsymbol{\beta}_1,\boldsymbol{\beta}_2,\cdots,\boldsymbol{\beta}_s\}$,且已知向量组 R 可由向量组 S 线性表示.

(1)若 $r>s$,则 R 必为线性相关组.

(2)如果 R 为线性无关组,则必有 $r\leqslant s$.

证明 (1)已知向量组 R 可由向量组 S 线性表示,可设

$$\begin{cases}\boldsymbol{\alpha}_1=a_{11}\boldsymbol{\beta}_1+a_{21}\boldsymbol{\beta}_2+\cdots+a_{s1}\boldsymbol{\beta}_s,\\ \boldsymbol{\alpha}_2=a_{12}\boldsymbol{\beta}_1+a_{22}\boldsymbol{\beta}_2+\cdots+a_{s2}\boldsymbol{\beta}_s,\\ \qquad\vdots\\ \boldsymbol{\alpha}_r=a_{1r}\boldsymbol{\beta}_1+a_{2r}\boldsymbol{\beta}_2+\cdots+a_{sr}\boldsymbol{\beta}_s.\end{cases}$$

考虑线性组合 $x_1\boldsymbol{\alpha}_1+x_2\boldsymbol{\alpha}_2+\cdots+x_r\boldsymbol{\alpha}_r=\mathbf{0}$,将上式代入可得

$x_1(a_{11}\boldsymbol{\beta}_1+a_{21}\boldsymbol{\beta}_2+\cdots+a_{s1}\boldsymbol{\beta}_s)+x_2(a_{12}\boldsymbol{\beta}_1+a_{22}\boldsymbol{\beta}_2+\cdots+a_{s2}\boldsymbol{\beta}_s)+\cdots+x_r(a_{1r}\boldsymbol{\beta}_1+a_{2r}\boldsymbol{\beta}_2+\cdots+a_{sr}\boldsymbol{\beta}_s)=\mathbf{0}$,

整理得

$(a_{11}x_1+a_{12}x_2+\cdots+a_{1r}x_r)\boldsymbol{\beta}_1+(a_{21}x_1+a_{22}x_2+\cdots+a_{2r}x_r)\boldsymbol{\beta}_2+\cdots+(a_{s1}x_1+a_{s2}x_2+\cdots+a_{sr}x_r)\boldsymbol{\beta}_s=\mathbf{0}$.

考虑下述齐次线性方程组:

$$\begin{cases}a_{11}x_1+a_{12}x_2+\cdots+a_{1r}x_r=0,\\ a_{21}x_1+a_{22}x_2+\cdots+a_{2r}x_r=0,\\ \qquad\vdots\\ a_{s1}x_1+a_{s2}x_2+\cdots+a_{sr}x_r=0.\end{cases}$$

这是一个含 r 个未知量 s 个方程的线性方程组,由于 $r>s$,方程组必有非零解,任取它的一个非零解作为表达式 $x_1\boldsymbol{\alpha}_1+x_2\boldsymbol{\alpha}_2+\cdots+x_r\boldsymbol{\alpha}_r$ 的组合系数,即有存在一组不全为 0 的数使得 $x_1\boldsymbol{\alpha}_1+x_2\boldsymbol{\alpha}_2+\cdots+x_r\boldsymbol{\alpha}_r=\mathbf{0}$ 成立,因此 $\boldsymbol{\alpha}_1,\boldsymbol{\alpha}_2,\cdots,\boldsymbol{\alpha}_r$ 线性相关.

可用反证法证明(2)结论成立.

推论 1 任意两个线性无关的等价向量组所含向量的个数相等.

证明 设 S_1 和 S_2 是两个等价的线性无关组,它们的向量个数分别为 r 和 s,则由定理 3.7(2)知,必有 $r\leqslant s$ 和 $s\leqslant r$,所以有 $r=s$.

推论 2 一个向量组的任意两个极大线性无关组所含向量的个数相等.

3.3.2 向量组的秩

向量组中的极大线性无关组不一定是唯一的,如果极大线性无关组是不唯一的,根据定理 3.6 知,任意两个极大线性无关组等价,再由定理 3.7 的推论 2 可得,向量组的所有极大线性无关组中所包含的向量个数都是相等的,据此可引入向量组的秩的概念.

定义 3.8 向量组 V 的任意一个极大线性无关组中所含向量的个数 r 称为 V 的秩,记为 $r(V)=r$.

仅由零向量组成的向量组不含极大线性无关组,规定零向量组的秩为 0.

只要 n 维向量组 V 中有非零向量,则必有 $r(V)\geqslant 1$,所以任意一个向量组必有秩,而且 $r(V)\leqslant n$. 若向量组 $V=\{\boldsymbol{\alpha}_1,\boldsymbol{\alpha}_2,\cdots,\boldsymbol{\alpha}_r\}$ 是线性无关的,则它的极大线性无关组只有它本身一个,所以 $r(V)=r$. 当一个向量组的秩为 r 时,则它的任意一个含 r 个向量的线性无关组,都是它的极大线性无关组.

定理 3.8 如果向量组 S 可由向量组 T 线性表示,它们的秩分别为 $r(S)=s$, $r(T)=t$,则 $s\leqslant t$.

证明 在 S 和 T 中分别任取极大线性无关组

$$S_1=\{\boldsymbol{\alpha}_1,\boldsymbol{\alpha}_2,\cdots,\boldsymbol{\alpha}_s\},T_1=\{\boldsymbol{\beta}_1,\boldsymbol{\beta}_2,\cdots,\boldsymbol{\beta}_t\}.$$

因为 S 可用 T 线性表示，而 $S_1\subseteq S$，所以 S_1 可用 T 线性表示. 但 T 可用 T_1（T 的一个极大线性无关组）线性表示，所以 S_1 可用 T_1 线性表示. 又因为 S_1 是线性无关组，由定理 3.7 可得 $s\leqslant t$.

推论 等价的向量组必有相同的秩.

证明 当 S 与 T 等价时，它们可互相线性表示，于是根据定理 3.8 有 $s\leqslant t$ 和 $t\leqslant s$，即 $s=t$.

例 3.12 设向量组

$$S:\boldsymbol{\alpha}_1=(1,1,0,0)^{\mathrm{T}},\boldsymbol{\alpha}_2=(1,2,0,0)^{\mathrm{T}}.\ T:\boldsymbol{\beta}_1=(0,0,1,0)^{\mathrm{T}},\boldsymbol{\beta}_2=(0,0,0,1)^{\mathrm{T}}.$$

问 S 与 T 是否等价？

解 由题意易知 $r(S)=r(T)=2$，但 S 不能由 T 线性表示，T 也不能由 S 线性表示，故 S 与 T 不等价.

由上例可知，等价的向量组一定有相同的秩，但是秩相同的两个向量组未必等价.

3.3.3 向量组的秩及极大线性无关组的求法

下面讨论向量组的秩与矩阵的秩之间的关系，并给出求向量组的秩及其极大线性无关组的方法.

设 $\mathbf{A}$ 是一个 $m\times n$ 矩阵，即

$$\mathbf{A}=\begin{pmatrix} a_{11} & a_{12} & \cdots & a_{1n} \\ a_{21} & a_{22} & \cdots & a_{2n} \\ \vdots & \vdots & & \vdots \\ a_{m1} & a_{m2} & \cdots & a_{mn} \end{pmatrix}.$$

将矩阵 $\mathbf{A}$ 分别按行分块和按列分块，得

$$\mathbf{A}=\begin{pmatrix} \boldsymbol{\alpha}_1 \\ \boldsymbol{\alpha}_2 \\ \vdots \\ \boldsymbol{\alpha}_m \end{pmatrix},\text{其中 }\boldsymbol{\alpha}_i=(a_{i1},a_{i2},\cdots,a_{in})(i=1,2,\cdots,m),$$

$$\mathbf{A}=(\boldsymbol{\beta}_1,\boldsymbol{\beta}_2,\cdots,\boldsymbol{\beta}_n),\text{其中 }\boldsymbol{\beta}_j=(a_{1j},a_{2j},\cdots,a_{mj})^{\mathrm{T}}(j=1,2,\cdots,n).$$

于是 $m\times n$ 矩阵 $\mathbf{A}$ 对应两个向量组（分别为 n 维行向量组和 m 维列向量组）：

$$M=\{\boldsymbol{\alpha}_1,\boldsymbol{\alpha}_2,\cdots,\boldsymbol{\alpha}_m\},N=\{\boldsymbol{\beta}_1,\boldsymbol{\beta}_2,\cdots,\boldsymbol{\beta}_n\},$$

称 M 为 $\mathbf{A}$ 的行向量组，称 N 为 $\mathbf{A}$ 的列向量组.

定义 3.9 矩阵 $\mathbf{A}$ 的行向量组 M 的秩称为 $\mathbf{A}$ 的行秩，列向量组 N 的秩称为 $\mathbf{A}$ 的列秩.

定理 3.9 设 $\mathbf{A}$ 为 $m\times n$ 矩阵，则 $\mathbf{A}$ 的秩等于 $\mathbf{A}$ 的行秩，也等于 $\mathbf{A}$ 的列秩.

证明 令 $\mathbf{A}=(\boldsymbol{\alpha}_1,\boldsymbol{\alpha}_2,\cdots,\boldsymbol{\alpha}_n)$，设 $r(\mathbf{A})=r$，根据矩阵秩的定义，存在 r 阶子式 $D_r\neq0$. 若 D_r 位于 $\mathbf{A}$ 中的第 $s_1,s_2,\cdots,s_r$ 列上，这里 $s_1<s_2<\cdots<s_r$，则由 $\mathbf{A}$ 的 r 个列向量 $\boldsymbol{\alpha}_{s_1},\boldsymbol{\alpha}_{s_2},\cdots,\boldsymbol{\alpha}_{s_r}$ 构成的矩阵 $\mathbf{A}_1=(\boldsymbol{\alpha}_{s_1},\boldsymbol{\alpha}_{s_2},\cdots,\boldsymbol{\alpha}_{s_r})$，其秩 $r(\mathbf{A}_1)=r$，故 $\boldsymbol{\alpha}_{s_1},\boldsymbol{\alpha}_{s_2},\cdots,\boldsymbol{\alpha}_{s_r}$ 线性无关.

再从矩阵 $\mathbf{A}$ 的列向量组中任取 $r+1$ 个，记这 $r+1$ 个列向量构成的矩阵为 $\mathbf{A}_2$，显然 $r(\mathbf{A}_2)\leqslant r(\mathbf{A})=r<r+1$，故矩阵 $\mathbf{A}$ 的列向量组中任意的 $r+1$ 个向量线性相关. 于是 $\boldsymbol{\alpha}_{s_1}$，

$\boldsymbol{\alpha}_{s_2},\cdots,\boldsymbol{\alpha}_{s_r}$ 是 $\boldsymbol{\alpha}_1,\boldsymbol{\alpha}_2,\cdots,\boldsymbol{\alpha}_n$ 的一个极大线性无关组，即 $\boldsymbol{A}$ 的列向量组 $\boldsymbol{\alpha}_1,\boldsymbol{\alpha}_2,\cdots,\boldsymbol{\alpha}_n$ 的秩为 r.

由于 $r(\boldsymbol{A})=r(\boldsymbol{A}^{\mathrm{T}})$，而 $\boldsymbol{A}$ 的行向量组的秩就是 $\boldsymbol{A}^{\mathrm{T}}$ 的列向量组的秩，故 $\boldsymbol{A}$ 的行向量组的秩也等于矩阵 $\boldsymbol{A}$ 的秩，从而矩阵 $\boldsymbol{A}$ 的秩等于 $\boldsymbol{A}$ 的行秩，也等于 $\boldsymbol{A}$ 的列秩.

由定理的证明过程可知，若 D_r 是矩阵 $\boldsymbol{A}$ 的一个最高阶非零子式，则 D_r 所在的 r 列就是 $\boldsymbol{A}$ 的列向量组的一个极大线性无关组，则 D_r 所在的 r 行就是 $\boldsymbol{A}$ 的行向量组的一个极大线性无关组.

推论　设 $\boldsymbol{A}$ 是 $m\times n$ 矩阵，$\boldsymbol{B}$ 是 $m\times k$ 矩阵，则 $r(\boldsymbol{A},\boldsymbol{B})\leqslant r(\boldsymbol{A})+r(\boldsymbol{B})$.

证明　设 $r(\boldsymbol{A})=s,r(\boldsymbol{B})=t$，即 $\boldsymbol{A}$ 的列秩是 s，$\boldsymbol{B}$ 的列秩是 t. 这说明 $\boldsymbol{A}$ 的列向量组的任意一个极大线性无关组都含有 s 个向量；$\boldsymbol{B}$ 的列向量组的任意一个极大线性无关组都含有 t 个向量. 设 $\boldsymbol{A}$ 的列向量组的一个极大无关组为 $\boldsymbol{\alpha}_1,\boldsymbol{\alpha}_2,\cdots,\boldsymbol{\alpha}_s$；$\boldsymbol{B}$ 的列向量组的一个极大线性无关组为 $\boldsymbol{\beta}_1,\boldsymbol{\beta}_2,\cdots,\boldsymbol{\beta}_t$，易见 $m\times(n+k)$ 矩阵 $(\boldsymbol{A},\boldsymbol{B})$ 的列向量组可用向量组 $\boldsymbol{\alpha}_1,\boldsymbol{\alpha}_2,\cdots,\boldsymbol{\alpha}_s,\boldsymbol{\beta}_1,\boldsymbol{\beta}_2,\cdots,\boldsymbol{\beta}_t$ 线性表示，由定理 3.8 知矩阵 $(\boldsymbol{A},\boldsymbol{B})$ 的列向量组的秩必小于或等于 $s+t$，再由定理 3.9 知

$$r(\boldsymbol{A},\boldsymbol{B})\leqslant s+t=r(\boldsymbol{A})+r(\boldsymbol{B}).$$

综上所述，在考虑向量组的线性相关和线性无关时，有以下结论：

(1)如果向量个数大于向量维数，则此向量组必是线性相关组.

(2)当向量个数等于向量维数时，它们可拼成一个方阵，此向量组为线性相关组当且仅当此方阵对应的行列式为 0.

(3)当向量个数小于向量维数时，它们可拼成一个矩阵，再用初等行变换把此矩阵化为行阶梯形矩阵，于是所求的向量组的秩就是行阶梯形矩阵中非零行的行数.

(4)当向量组的秩等于向量个数时，它就是线性无关组；当向量组的秩小于向量个数时，它就是线性相关组. 向量组的秩是不可能大于向量个数或向量维数的.

求向量组的秩的方法：

设 $S=\{\boldsymbol{\alpha}_1,\boldsymbol{\alpha}_2,\cdots,\boldsymbol{\alpha}_m\}$ 为 n 维列向量组，构造 $n\times m$ 矩阵

$$\boldsymbol{A}=(\boldsymbol{\alpha}_1,\boldsymbol{\alpha}_2,\cdots,\boldsymbol{\alpha}_m).$$

用初等行变换把它化成行阶梯形矩阵或行最简行矩阵：

$$\boldsymbol{A}=(\boldsymbol{\alpha}_1,\boldsymbol{\alpha}_2,\cdots,\boldsymbol{\alpha}_m)\to(\boldsymbol{\beta}_1,\boldsymbol{\beta}_2,\cdots,\boldsymbol{\beta}_m)=\boldsymbol{B},$$

则在行阶梯形矩阵 $\boldsymbol{B}$ 中容易找出一个极大线性无关组 $T=\{\boldsymbol{\beta}_{j_1},\boldsymbol{\beta}_{j_2},\cdots,\boldsymbol{\beta}_{j_r}\}$，则它所对应的 $\{\boldsymbol{\alpha}_{j_1},\boldsymbol{\alpha}_{j_2},\cdots,\boldsymbol{\alpha}_{j_r}\}$ 一定是 $S=\{\boldsymbol{\alpha}_1,\boldsymbol{\alpha}_2,\cdots,\boldsymbol{\alpha}_m\}$ 的一个极大线性无关组.

这个方法的特点是，只能用初等行变换，而且是求列向量组中的极大线性无关组.

例 3.13　求出下列向量组的秩和一个极大线性无关组，并将其余向量表示为该极大线性无关组的线性组合：

$$\boldsymbol{\alpha}_1=(1,2,1,3)^{\mathrm{T}},\boldsymbol{\alpha}_2=(1,1,-1,1)^{\mathrm{T}},\boldsymbol{\alpha}_3=(1,3,3,5)^{\mathrm{T}},$$
$$\boldsymbol{\alpha}_4=(4,5,-2,7)^{\mathrm{T}},\boldsymbol{\alpha}_5=(-3,-5,-1,-7)^{\mathrm{T}}.$$

解　以所有的向量为列形成 4×5 矩阵，再用初等行变换把它化成行最简形矩阵，即可求出向量组的秩和它的极大线性无关组，并且可将其余向量用极大线性无关组线性表示.

$$A=(\alpha_1,\alpha_2,\alpha_3,\alpha_4,\alpha_5)=\begin{pmatrix}1&1&1&4&-3\\2&1&3&5&-5\\1&-1&3&-2&-1\\3&1&5&7&-7\end{pmatrix}\xrightarrow[\substack{r_3-r_1\\r_4-3r_1}]{r_2-2r_1}\begin{pmatrix}1&1&1&4&-3\\0&-1&1&-3&1\\0&-2&2&-6&2\\0&-2&2&-5&2\end{pmatrix}$$

$$\xrightarrow[\substack{r_3-2r_2\\r_2\div(-1)}]{r_4-r_3}\begin{pmatrix}1&1&1&4&-3\\0&1&-1&3&-1\\0&0&0&0&0\\0&0&0&1&0\end{pmatrix}\xrightarrow[\substack{r_2-3r_3\\r_1-4r_3\\r_1-r_2}]{r_3\leftrightarrow r_4}\begin{pmatrix}1&0&2&0&-2\\0&1&-1&0&-1\\0&0&0&1&0\\0&0&0&0&0\end{pmatrix}\overset{\text{记为}}{=}(\beta_1,\beta_2,\beta_3,\beta_4,\beta_5)=B.$$

这里 B 是 A 的行最简形矩阵，易见矩阵 B 的秩为 3，从而 A 的秩也是 3，即 $r(\alpha_1,\alpha_2,\alpha_3,\alpha_4,\alpha_5)=r(A)=3$，向量组$\{\beta_1,\beta_2,\beta_4\}$的秩为 3，所以它是 B 的列向量组的一个极大线性无关组，从而其对应的$\{\alpha_1,\alpha_2,\alpha_4\}$是 A 的列向量组的一个极大线性无关组，所以$\{\alpha_1,\alpha_2,\alpha_4\}$是$\{\alpha_1,\alpha_2,\alpha_3,\alpha_4,\alpha_5\}$的一个极大线性无关组.

由行最简形矩阵 B 容易得到：$\beta_3=2\beta_1-\beta_2+0\beta_4$，$\beta_5=-2\beta_1-\beta_2+0\beta_4$，由于$\{\alpha_1,\alpha_2,\alpha_3,\alpha_4,\alpha_5\}$与$\{\beta_1,\beta_2,\beta_3,\beta_4,\beta_5\}$对应部分组有相同的线性相关性，于是可得

$$\alpha_3=2\alpha_1-\alpha_2+0\alpha_4=2\alpha_1-\alpha_2,\ \alpha_5=-2\alpha_1-\alpha_2+0\alpha_4=-2\alpha_1-\alpha_2.$$

下面利用向量组的极大线性无关组和秩来证明矩阵的秩的两个重要性质.

例 3.14 设 A,B 为 $m\times n$ 矩阵，则 $r(A+B)\leqslant r(A)+r(B)$.

证明 令

$$A=(\alpha_1,\alpha_2,\cdots,\alpha_n),\ B=(\beta_1,\beta_2,\cdots,\beta_n),$$

则

$$A+B=(\alpha_1+\beta_1,\alpha_2+\beta_2,\cdots,\alpha_n+\beta_n).$$

假设 $r(A)=s$，$r(B)=t$，由定理 3.9 知，A,B 的列向量组的秩分别等于 s,t，不妨设 A,B 的列向量组的极大线性无关组分别为 $\alpha_1,\alpha_2,\cdots,\alpha_s$ 和 $\beta_1,\beta_2,\cdots,\beta_t$. 由极大线性无关组的定义，$A$ 的列向量组 $\alpha_1,\alpha_2,\cdots,\alpha_n$ 可由 $\alpha_1,\alpha_2,\cdots,\alpha_s$ 线性表示，B 的列向量组 $\beta_1,\beta_2,\cdots,\beta_n$ 可用 $\beta_1,\beta_2,\cdots,\beta_t$ 线性表示，从而矩阵 $A+B$ 的列向量组 $\alpha_1+\beta_1,\alpha_2+\beta_2,\cdots,\alpha_n+\beta_n$ 可由向量组 $\alpha_1,\alpha_2,\cdots,\alpha_s,\beta_1,\beta_2,\cdots,\beta_t$ 线性表示，由定理 3.8 和定理 3.9 的推论可得

$$r(A+B)\leqslant r(\alpha_1,\alpha_2,\cdots,\alpha_s,\beta_1,\beta_2,\cdots,\beta_t)\leqslant r(\alpha_1,\alpha_2,\cdots,\alpha_s)+r(\beta_1,\beta_2,\cdots,\beta_t)=r(A)+r(B),$$

即有

$$r(A+B)\leqslant r(A)+r(B).$$

例 3.15 设 A 为 $m\times s$ 矩阵，B 为 $s\times n$ 矩阵，则 $r(AB)\leqslant\min\{r(A),r(B)\}$.

证明 令

$$A=(\alpha_1,\alpha_2,\cdots,\alpha_s),\ B=\begin{pmatrix}b_{11}&\cdots&b_{1n}\\\vdots&&\vdots\\b_{s1}&\cdots&b_{sn}\end{pmatrix},\ AB=(\beta_1,\beta_2,\cdots,\beta_n),$$

则

$$AB=(\beta_1,\beta_2,\cdots,\beta_n)=(\alpha_1,\alpha_2,\cdots,\alpha_s)\begin{pmatrix}b_{11}&\cdots&b_{1n}\\\vdots&&\vdots\\b_{s1}&\cdots&b_{sn}\end{pmatrix},$$

即 $\boldsymbol{AB}$ 的列向量组可由 $\boldsymbol{A}$ 的列向量组线性表示，从而 $r(\boldsymbol{AB})\leqslant r(\boldsymbol{A})$.

又因为 $(\boldsymbol{AB})^{\mathrm{T}}=\boldsymbol{B}^{\mathrm{T}}\boldsymbol{A}^{\mathrm{T}}$，则 $r[(\boldsymbol{AB})^{\mathrm{T}}]\leqslant r(\boldsymbol{B}^{\mathrm{T}})=r(\boldsymbol{B})$，即 $r(\boldsymbol{AB})\leqslant r(\boldsymbol{B})$，所以

$$r(\boldsymbol{AB})\leqslant \min\{r(\boldsymbol{A}),r(\boldsymbol{B})\}.$$

3.4　向量空间

本节我们将介绍向量空间及向量空间的基、维数的概念，并介绍向量空间中向量在给定基下的坐标，以及向量组生成的子空间等内容.

3.4.1　向量空间的概念

前面我们学习了有关向量的基本知识，现在从整体上来研究 n 维向量的性质. 为此先引进向量空间的概念.

定义 3.10　n 维实行向量(实列向量)的全体构成的集合称为实 n 维向量空间，记为 $\mathbf{R}^n$.

显然，$\mathbf{R}^n$ 中任意两个向量的和向量还是 $\mathbf{R}^n$ 中的向量，$\mathbf{R}^n$ 中任意一个向量与任一个实数的乘积也是 $\mathbf{R}^n$ 中的向量. $\mathbf{R}^n$ 的很多子集也有这种性质，把 $\mathbf{R}^n$ 的具有这种性质的子集定义为 $\mathbf{R}^n$ 的子空间. 其严格定义如下所述.

定义 3.11　设 V 是 n 维向量构成的非空集合，且满足

(1)若任意向量 $\boldsymbol{\alpha},\boldsymbol{\beta}\in V$，则 $\boldsymbol{\alpha}+\boldsymbol{\beta}\in V$；

(2)若任意向量 $\boldsymbol{\alpha}\in V,k\in\mathbf{R}$，则 $k\boldsymbol{\alpha}\in V$，

则称集合 V 是 $\mathbf{R}^n$ 上的向量空间.

定义 3.11 中的条件(1)称为 V 对向量的加法运算封闭，条件(2)称为 V 对数乘运算封闭. 这两个条件可以合并为以下条件：

对于任意向量 $\boldsymbol{\alpha},\boldsymbol{\beta}\in V$ 和任意常数 $k,l\in\mathbf{R}$，都有 $k\boldsymbol{\alpha}+l\boldsymbol{\beta}\in V$.

单个零向量组成的向量组 $V=\{\mathbf{0}\}$ 是 $\mathbf{R}$ 上最简单的向量空间. 因为零向量加零向量仍然是零向量，零向量乘以任意实数后仍然是零向量，故称 $V=\{\mathbf{0}\}$ 为零向量空间.

由于向量空间的非空性以及对加法和数乘运算的封闭，因此在任意一个向量空间中一定包含零向量. 事实上，由 V 不是空集可知，任取 $\boldsymbol{\alpha}\in V$，则 $-\boldsymbol{\alpha}=(-1)\boldsymbol{\alpha}\in V$，于是又由加法的封闭性知 $\boldsymbol{\alpha}+(-1)\boldsymbol{\alpha}=\mathbf{0}\in V$.

特别地，当 $n=1$ 时，$\mathbf{R}^1$ 表示一维向量空间，即数轴；$n=2$ 时，$\mathbf{R}^2$ 表示二维向量空间，即平面；$n=3$ 时，$\mathbf{R}^3$ 表示三维向量空间，即立体空间.

例 3.16　判断下列集合是否构成向量空间？

(1)$V_1=\{(0,x_2,\cdots,x_n)^{\mathrm{T}}\mid x_2,\cdots,x_n\in\mathbf{R}\}$；

(2)$V_2=\{(1,x_2,\cdots,x_n)^{\mathrm{T}}\mid x_2,\cdots,x_n\in\mathbf{R}\}$.

解　(1)任取 V_1 中的两个向量 $\boldsymbol{\alpha}=(0,x_2,\cdots,x_n)^{\mathrm{T}},\boldsymbol{\beta}=(0,y_2,\cdots,y_n)^{\mathrm{T}}$ 及 $k\in\mathbf{R}$，有

$$\boldsymbol{\alpha}+\boldsymbol{\beta}=(0,x_2+y_2,\cdots,x_n+y_n)^{\mathrm{T}}\in V_1,k\boldsymbol{\alpha}=(0,kx_2,\cdots,kx_n)^{\mathrm{T}}\in V_1,$$

所以 V_1 构成向量空间.

(2)V_2 不构成向量空间.

事实上,任取 V_2 中的一个向量 $\boldsymbol{\alpha}=(1,x_2,\cdots,x_n)^{\mathrm{T}}$,有 $3\boldsymbol{\alpha}=(3,3x_2,\cdots,3x_n)^{\mathrm{T}}\notin V_2$,即说明集合 V_2 不满足数乘运算,当然它也不满足加法运算,所以 V_2 不构成向量空间.

例 3.17 设 $\boldsymbol{\alpha}_1,\boldsymbol{\alpha}_2,\cdots,\boldsymbol{\alpha}_m$ 为 m 个 n 维向量,证明集合

$$V=\{\boldsymbol{\alpha}=k_1\boldsymbol{\alpha}_1+k_2\boldsymbol{\alpha}_2+\cdots+k_m\boldsymbol{\alpha}_m \mid \forall k_i\in\mathbf{R},i=1,2,\cdots,m\}$$

是一个向量空间.

证明 任取 V 中的两个向量 $\boldsymbol{\alpha}=k_1\boldsymbol{\alpha}_1+k_2\boldsymbol{\alpha}_2+\cdots+k_m\boldsymbol{\alpha}_m$,$\boldsymbol{\beta}=l_1\boldsymbol{\alpha}_1+l_2\boldsymbol{\alpha}_2+\cdots+l_m\boldsymbol{\alpha}_m$ 及 $\lambda\in\mathbf{R}$,有

$$\boldsymbol{\alpha}+\boldsymbol{\beta}=(k_1+l_1)\boldsymbol{\alpha}_1+(k_2+l_2)\boldsymbol{\alpha}_2+\cdots+(k_m+l_m)\boldsymbol{\alpha}_m\in V;$$

$$\lambda\boldsymbol{\alpha}=(\lambda k_1)\boldsymbol{\alpha}_1+(\lambda k_2)\boldsymbol{\alpha}_2+\cdots+(\lambda k_m)\boldsymbol{\alpha}_m\in V.$$

这说明 V 中的向量对向量的加法、数乘运算具有封闭性,从而构成向量空间. 我们称这个向量空间是由向量组 $\boldsymbol{\alpha}_1,\boldsymbol{\alpha}_2,\cdots,\boldsymbol{\alpha}_m$ 生成的向量空间,记为 $V=L(\boldsymbol{\alpha}_1,\boldsymbol{\alpha}_2,\cdots,\boldsymbol{\alpha}_m)$.

定义 3.12 设 V_1,V_2 为两个向量空间,若 $V_1\subseteq V_2$,则称 V_1 是 V_2 的子空间.

零向量空间是任意向量空间的子空间;任意向量空间 V 都是 $\mathbf{R}^n$ 的子空间;特别地,由 n 维向量 $\boldsymbol{\alpha}_1,\boldsymbol{\alpha}_2,\cdots,\boldsymbol{\alpha}_m$ 生成的向量空间是 $\mathbf{R}^n$ 的子空间.

3.4.2 基、维数及坐标

定义 3.13 设 V 是 $\mathbf{R}^n$ 上的一个向量空间,若 V 中的向量组 $\boldsymbol{\alpha}_1,\boldsymbol{\alpha}_2,\cdots,\boldsymbol{\alpha}_r$ 满足:

(1)$\boldsymbol{\alpha}_1,\boldsymbol{\alpha}_2,\cdots,\boldsymbol{\alpha}_r$ 线性无关;

(2)V 中的任意一个向量 $\boldsymbol{\alpha}$ 都可以由向量组 $\boldsymbol{\alpha}_1,\boldsymbol{\alpha}_2,\cdots,\boldsymbol{\alpha}_r$ 线性表示,即存在常数 $k_1,k_2,\cdots,k_r\in\mathbf{R}$,使得

$$\boldsymbol{\alpha}=k_1\boldsymbol{\alpha}_1+k_2\boldsymbol{\alpha}_2+\cdots+k_r\boldsymbol{\alpha}_r,$$

则称向量组 $\boldsymbol{\alpha}_1,\boldsymbol{\alpha}_2,\cdots,\boldsymbol{\alpha}_r$ 为 V 的一个**基**,其中 $\boldsymbol{\alpha}_i(i=1,2,\cdots,r)$ 称为**基向量**. 基中所含向量的个数 r 称为 V 的**维数**,记为 $\dim V=r$,并称 V 为 r 维向量空间.

规定零向量空间$\{\mathbf{0}\}$的维数为 0,称为零维向量空间,它没有基.

由基的定义可知,向量空间 V 的一个基,实际上就是向量集合 V 中的一个极大线性无关组,V 的维数就是极大线性无关组中所含向量的个数,即 V 的秩,因此向量空间的维数是不变的,它不会随基的改变而改变.

对于向量空间 $\mathbf{R}^n$,$\boldsymbol{e}_1=(1,0,\cdots,0)^{\mathrm{T}}$,$\boldsymbol{e}_2=(0,1,\cdots,0)^{\mathrm{T}}$,$\cdots$,$\boldsymbol{e}_n=(0,0,\cdots,1)^{\mathrm{T}}$,$n$ 维基本单位向量是一组基,维数为 n,称为 n 维向量空间;对于由向量组 $\boldsymbol{\alpha}_1,\boldsymbol{\alpha}_2,\cdots,\boldsymbol{\alpha}_r$ 生成的向量空间 V,$\boldsymbol{\alpha}_1,\boldsymbol{\alpha}_2,\cdots,\boldsymbol{\alpha}_r$ 的极大线性无关组就是 V 的一组基,$\boldsymbol{\alpha}_1,\boldsymbol{\alpha}_2,\cdots,\boldsymbol{\alpha}_r$ 的秩就是 V 的维数.

定义 3.14 设 $\boldsymbol{\alpha}_1,\boldsymbol{\alpha}_2,\cdots,\boldsymbol{\alpha}_r$ 是 r 维向量空间 V 的一组基,对 V 中任意向量 $\boldsymbol{\alpha}$,存在唯一的一组实数 $x_1,x_2,\cdots,x_r$,使 $\boldsymbol{\alpha}=x_1\boldsymbol{\alpha}_1+x_2\boldsymbol{\alpha}_2+\cdots+x_r\boldsymbol{\alpha}_r$ 成立,则称有序实数组$(x_1,x_2,\cdots,x_r)$为向量 $\boldsymbol{\alpha}$ 在基 $\boldsymbol{\alpha}_1,\boldsymbol{\alpha}_2,\cdots,\boldsymbol{\alpha}_r$ 下的**坐标**.

由坐标的定义可知,向量空间 $\mathbf{R}^3$ 中任意向量 $\boldsymbol{\alpha}=(a_1,a_2,a_3)^{\mathrm{T}}$ 在基 $\boldsymbol{e}_1=(1,0,0)^{\mathrm{T}}$,$\boldsymbol{e}_2=(0,1,0)^{\mathrm{T}}$,$\boldsymbol{e}_3=(0,0,1)^{\mathrm{T}}$ 下的坐标就是它的分量,即(a_1,a_2,a_3).

当然,同一个向量在不同的基下有不同的坐标. 求坐标的方法就是求出线性表示式的组合系数,也就是解线性方程组.

例 3.18 求 $\boldsymbol{\alpha}=(a_1,a_2,a_3)^{\mathrm{T}}$ 在基 $V_1=\{(1,0,0)^{\mathrm{T}},(1,1,0)^{\mathrm{T}},(1,1,1)^{\mathrm{T}}\}$下的坐标,并

将 $\boldsymbol{\alpha}$ 用这组基线性表示.

解　令 $x_1(1,0,0)^{\mathrm{T}}+x_2(1,1,0)^{\mathrm{T}}+x_3(1,1,1)^{\mathrm{T}}=(a_1,a_2,a_3)^{\mathrm{T}}$,即

$$\begin{cases}x_1+x_2+x_3=a_1,\\ x_2+x_3=a_2,\\ x_3=a_3.\end{cases}$$

解方程组得

$$x_1=a_1-a_2,x_2=a_2-a_3,x_3=a_3.$$

所以 $\boldsymbol{\alpha}=(a_1,a_2,a_3)^{\mathrm{T}}$ 在基 $V_1=\{(1,0,0)^{\mathrm{T}},(1,1,0)^{\mathrm{T}},(1,1,1)^{\mathrm{T}}\}$下的坐标为$(a_1-a_2,a_2-a_3,a_3)$,且有

$$(a_1,a_2,a_3)^{\mathrm{T}}=(a_1-a_2)(1,0,0)^{\mathrm{T}}+(a_2-a_3)(1,1,0)^{\mathrm{T}}+a_3(1,1,1)^{\mathrm{T}}.$$

例 3.19　证明向量组 $\boldsymbol{\alpha}_1=(-1,2,1)^{\mathrm{T}},\boldsymbol{\alpha}_2=(3,-1,0)^{\mathrm{T}},\boldsymbol{\alpha}_3=(2,2,-2)^{\mathrm{T}}$ 为 $\mathbf{R}^3$ 的一组基,并求向量 $\boldsymbol{\beta}=(5,3,-2)^{\mathrm{T}}$ 在此基下的坐标.

证明　因为由这 3 个三维向量组成的三阶行列式

$$\begin{vmatrix}-1&3&2\\2&-1&2\\1&0&-2\end{vmatrix}=\begin{vmatrix}-1&3&0\\2&-1&6\\1&0&0\end{vmatrix}=\begin{vmatrix}3&0\\-1&6\end{vmatrix}=18\neq0,$$

所以 $\boldsymbol{\alpha}_1,\boldsymbol{\alpha}_2,\boldsymbol{\alpha}_3$ 线性无关,它们构成 $\mathbf{R}^3$ 的一组基. 令 $x_1\boldsymbol{\alpha}_1+x_2\boldsymbol{\alpha}_2+x_3\boldsymbol{\alpha}_3=\boldsymbol{\beta}$,即

$$x_1(-1,2,1)^{\mathrm{T}}+x_2(3,-1,0)^{\mathrm{T}}+x_3(2,2,-2)^{\mathrm{T}}=(5,3,-2)^{\mathrm{T}}.$$

与它等价的线性方程组为

$$\begin{cases}-x_1+3x_2+2x_3=5,\\ 2x_1-x_2+2x_3=3,\\ x_1-2x_3=-2.\end{cases}$$

解方程组得 $x_1=2/3,x_2=1,x_3=4/3$,于是

$$\boldsymbol{\beta}=\frac{2}{3}\boldsymbol{\alpha}_1+\boldsymbol{\alpha}_2+\frac{4}{3}\boldsymbol{\alpha}_3,$$

向量 $\boldsymbol{\beta}$ 在此基下的坐标为(2/3,1,4/3).

例 3.20　求 $\mathbf{R}^4$ 中由向量组 $\boldsymbol{\alpha}_1=(1,2,-2,0)^{\mathrm{T}},\boldsymbol{\alpha}_2=(0,-1,3,1)^{\mathrm{T}},\boldsymbol{\alpha}_3=(1,1,-2,5)^{\mathrm{T}},\boldsymbol{\alpha}_4=(2,1,-4,15)^{\mathrm{T}}$ 生成的子空间的一组基和维数.

解　向量组 $\boldsymbol{\alpha}_1,\boldsymbol{\alpha}_2,\boldsymbol{\alpha}_3,\boldsymbol{\alpha}_4$ 的一个极大线性无关组就是其生成子空间的一组基,向量组的秩就是生成空间的维数.

$$\begin{pmatrix}1&0&1&2\\2&-1&1&1\\-2&3&-2&-4\\0&1&5&15\end{pmatrix}\xrightarrow[\substack{r_3+2r_1\\r_3\div3}]{r_2-2r_1}\begin{pmatrix}1&0&1&2\\0&-1&-1&-3\\0&1&0&0\\0&1&5&15\end{pmatrix}\xrightarrow[\substack{r_2+r_3\\r_2\div(-1)\\r_4-r_2}]{\substack{r_4-r_3\\r_4\div5\\r_3\leftrightarrow r_4}}\begin{pmatrix}1&0&1&2\\0&1&0&0\\0&0&1&3\\0&0&0&0\end{pmatrix}.$$

因此,$\boldsymbol{\alpha}_1,\boldsymbol{\alpha}_2,\boldsymbol{\alpha}_3$ 就是 $\boldsymbol{\alpha}_1,\boldsymbol{\alpha}_2,\boldsymbol{\alpha}_3,\boldsymbol{\alpha}_4$ 生成的子空间的一组基,生成子空间的维数为 3.

3.5 向量的内积、长度及正交性

二维和三维空间中的向量有长度、夹角等概念，但空间 $\mathbf{R}^n$ 中的向量没有这些概念. 本节我们先将二维和三维向量的数量积（也称内积）推广到 $\mathbf{R}^n$ 中来，再借助于 $\mathbf{R}^n$ 中向量的内积来定义 $\mathbf{R}^n$ 中向量的长度、夹角等概念.

3.5.1 向量的内积、长度的概念

定义 3.15 设有 n 维向量 $\boldsymbol{\alpha}=(x_1,x_2,\cdots,x_n)^{\mathrm{T}}$，$\boldsymbol{\beta}=(y_1,y_2,\cdots,y_n)^{\mathrm{T}}$，令

$$[\boldsymbol{\alpha},\boldsymbol{\beta}]=\boldsymbol{\alpha}^{\mathrm{T}}\boldsymbol{\beta}=x_1y_1+x_2y_2+\cdots+x_ny_n,$$

称 $[\boldsymbol{\alpha},\boldsymbol{\beta}]$ 为向量 $\boldsymbol{\alpha}$ 与 $\boldsymbol{\beta}$ 的内积.

可见，n 维向量的内积是二维、三维向量的数量积的一种推广，其结果是一个实数. 由内积的定义可得如下性质（其中 $\boldsymbol{\alpha},\boldsymbol{\beta},\boldsymbol{\gamma}$ 都是 n 维列向量，k 为实数）：

(1) $[\boldsymbol{\alpha},\boldsymbol{\beta}]=[\boldsymbol{\beta},\boldsymbol{\alpha}]$.

(2) $[k\boldsymbol{\alpha},\boldsymbol{\beta}]=[\boldsymbol{\alpha},k\boldsymbol{\beta}]=k[\boldsymbol{\alpha},\boldsymbol{\beta}]$.

(3) $[\boldsymbol{\alpha}+\boldsymbol{\beta},\boldsymbol{\gamma}]=[\boldsymbol{\alpha},\boldsymbol{\gamma}]+[\boldsymbol{\beta},\boldsymbol{\gamma}]$.

(4) $[\boldsymbol{\alpha},\boldsymbol{\alpha}]\geqslant 0$，当且仅当 $\boldsymbol{\alpha}$ 为零向量时，$[\boldsymbol{\alpha},\boldsymbol{\alpha}]=0$.

利用这些性质，还可以证明著名的柯西-施瓦茨（Cauchy-Schwarz）不等式

$$[\boldsymbol{\alpha},\boldsymbol{\beta}]^2\leqslant[\boldsymbol{\alpha},\boldsymbol{\alpha}][\boldsymbol{\beta},\boldsymbol{\beta}].$$

利用内积的概念，可以定义 n 维向量的长度和夹角.

定义 3.16 设有 n 维向量 $\boldsymbol{\alpha}=(x_1,x_2,\cdots,x_n)^{\mathrm{T}}$，令

$$\|\boldsymbol{\alpha}\|=\sqrt{[\boldsymbol{\alpha},\boldsymbol{\alpha}]}=\sqrt{x_1^2+x_2^2+\cdots+x_n^2},$$

称 $\|\boldsymbol{\alpha}\|$ 为向量 $\boldsymbol{\alpha}$ 的长度（或范数）.

向量的长度具有下述性质：

(1) 非负性：当 $\boldsymbol{\alpha}\neq\mathbf{0}$（零向量）时，$\|\boldsymbol{\alpha}\|>0$；当 $\boldsymbol{\alpha}$ 为零向量时，$\|\boldsymbol{\alpha}\|=0$.

(2) 齐次性：$\|k\boldsymbol{\alpha}\|=|k|\,\|\boldsymbol{\alpha}\|$.

(3) 三角不等式：$\|\boldsymbol{\alpha}+\boldsymbol{\beta}\|\leqslant\|\boldsymbol{\alpha}\|+\|\boldsymbol{\beta}\|$.

证明 性质(1)(2)是显然的，下面证明性质(3)，因为

$$\|\boldsymbol{\alpha}+\boldsymbol{\beta}\|^2=[\boldsymbol{\alpha}+\boldsymbol{\beta},\boldsymbol{\alpha}+\boldsymbol{\beta}]=[\boldsymbol{\alpha},\boldsymbol{\alpha}]+2[\boldsymbol{\alpha},\boldsymbol{\beta}]+[\boldsymbol{\beta},\boldsymbol{\beta}],$$

根据柯西-施瓦茨不等式有

$$[\boldsymbol{\alpha},\boldsymbol{\beta}]\leqslant\sqrt{[\boldsymbol{\alpha},\boldsymbol{\alpha}][\boldsymbol{\beta},\boldsymbol{\beta}]},$$

从而有

$$\|\boldsymbol{\alpha}+\boldsymbol{\beta}\|^2\leqslant[\boldsymbol{\alpha},\boldsymbol{\alpha}]+2\sqrt{[\boldsymbol{\alpha},\boldsymbol{\alpha}][\boldsymbol{\beta},\boldsymbol{\beta}]}+[\boldsymbol{\beta},\boldsymbol{\beta}]=\|\boldsymbol{\alpha}\|^2+2\|\boldsymbol{\alpha}\|\,\|\boldsymbol{\beta}\|+\|\boldsymbol{\beta}\|^2=(\|\boldsymbol{\alpha}\|+\|\boldsymbol{\beta}\|)^2,$$

即 $\|\boldsymbol{\alpha}+\boldsymbol{\beta}\|\leqslant\|\boldsymbol{\alpha}\|+\|\boldsymbol{\beta}\|$.

当 $\|\boldsymbol{\alpha}\|=1$ 时，称 $\boldsymbol{\alpha}$ 为单位向量. 如果 $\boldsymbol{\alpha}$ 为非零向量，取 $\boldsymbol{\beta}=\dfrac{\boldsymbol{\alpha}}{\|\boldsymbol{\alpha}\|}$，则 $\boldsymbol{\beta}$ 是一个单位向量. 由向量 $\boldsymbol{\alpha}$ 得到单位向量 $\boldsymbol{\beta}$ 的过程称为把向量 $\boldsymbol{\alpha}$ 单位化.

定义 3.17　当 n 维向量 $\boldsymbol{\alpha},\boldsymbol{\beta}$ 同时不为零向量时，

$$\theta=\arccos\frac{[\boldsymbol{\alpha},\boldsymbol{\beta}]}{\|\boldsymbol{\alpha}\|\ \|\boldsymbol{\beta}\|}$$

称为 n 维向量 $\boldsymbol{\alpha}$ 与 $\boldsymbol{\beta}$ 的夹角.

当$[\boldsymbol{\alpha},\boldsymbol{\beta}]=0$ 时，称向量 $\boldsymbol{\alpha}$ 与 $\boldsymbol{\beta}$ 正交. 显然，若 $\boldsymbol{\alpha}$ 为零向量，则 $\boldsymbol{\alpha}$ 与任何向量都正交.

若向量 $\boldsymbol{\alpha}$ 与 $\boldsymbol{\beta}$ 正交，则夹角为$\frac{\pi}{2}$，即正交的几何意义为垂直，所以向量 $\boldsymbol{\alpha}$ 与 $\boldsymbol{\beta}$ 正交，可记为 $\boldsymbol{\alpha}\perp\boldsymbol{\beta}$.

例 3.21　求四维向量 $\boldsymbol{\alpha}=(2,1,3,2)^{\mathrm{T}}$，$\boldsymbol{\beta}=(1,2,-2,1)^{\mathrm{T}}$ 的夹角.

解　$\|\boldsymbol{\alpha}\|=\sqrt{2^2+1^2+3^2+2^2}=3\sqrt{2}$，$\|\boldsymbol{\beta}\|=\sqrt{1^2+2^2+(-2)^2+1^2}=\sqrt{10}$，

$$[\boldsymbol{\alpha},\boldsymbol{\beta}]=2\times1+1\times2+3\times(-2)+2\times1=0,$$

从而它们的夹角

$$\theta=\arccos\frac{[\boldsymbol{\alpha},\boldsymbol{\beta}]}{\|\boldsymbol{\alpha}\|\ \|\boldsymbol{\beta}\|}=\arccos0=\frac{\pi}{2}.$$

3.5.2　正交向量组

定义 3.18　由一组两两正交的非零向量组成的向量组，称为正交向量组.

例如，三维的向量组 $\boldsymbol{\alpha}_1=(1,0,0)^{\mathrm{T}}$，$\boldsymbol{\alpha}_2=(0,2,0)^{\mathrm{T}}$，$\boldsymbol{\alpha}_3=(0,0,3)^{\mathrm{T}}$ 是一组正交向量组.

下面讨论正交向量组的性质.

定理 3.10　若 n 维向量组 $\boldsymbol{\alpha}_1,\boldsymbol{\alpha}_2,\cdots,\boldsymbol{\alpha}_m$ 是一组正交向量组，则 $\boldsymbol{\alpha}_1,\boldsymbol{\alpha}_2,\cdots,\boldsymbol{\alpha}_m$ 线性无关.

证明　设有一组数 $k_1,k_2,\cdots,k_m$，使得

$$k_1\boldsymbol{\alpha}_1+k_2\boldsymbol{\alpha}_2+\cdots+k_m\boldsymbol{\alpha}_m=\mathbf{0}.$$

用 $\boldsymbol{\alpha}_i(i=1,2,\cdots,m)$分别和上式两端做内积，当 $i\neq j$ 时，$[\boldsymbol{\alpha}_i,\boldsymbol{\alpha}_j]=0$，所以有

$$k_i[\boldsymbol{\alpha}_i,\boldsymbol{\alpha}_i]=0(i=1,2,\cdots,m).$$

又因为 $\boldsymbol{\alpha}_i(i=1,2,\cdots,m)$均为非零向量，即$[\boldsymbol{\alpha}_i,\boldsymbol{\alpha}_i]\neq0$，所以 $k_i=0(i=1,2,\cdots,m)$，即 $\boldsymbol{\alpha}_1,\boldsymbol{\alpha}_2,\cdots,\boldsymbol{\alpha}_m$ 是线性无关的.

例 3.22　设向量 $\boldsymbol{\alpha}_1=(1,1,2)^{\mathrm{T}}$，$\boldsymbol{\alpha}_2=(-4,2,1)^{\mathrm{T}}$，试求一个非零向量 $\boldsymbol{\alpha}_3$，使 $\boldsymbol{\alpha}_1,\boldsymbol{\alpha}_2,\boldsymbol{\alpha}_3$ 两两正交.

解　记 $\boldsymbol{A}=\begin{bmatrix}\boldsymbol{\alpha}_1^{\mathrm{T}}\\ \boldsymbol{\alpha}_2^{\mathrm{T}}\end{bmatrix}=\begin{pmatrix}1&1&2\\-4&2&1\end{pmatrix}$，

$\boldsymbol{\alpha}_3$ 应满足齐次线性方程组 $\boldsymbol{Ax}=\mathbf{0}$，即

$$\begin{pmatrix}1&1&2\\-4&2&1\end{pmatrix}\begin{bmatrix}x_1\\x_2\\x_3\end{bmatrix}=\begin{pmatrix}0\\0\end{pmatrix}.$$

对系数矩阵 $\boldsymbol{A}$ 实施初等行变换，则有

$$\begin{pmatrix}1&1&2\\-4&2&1\end{pmatrix}\xrightarrow{r_2+4r_1}\begin{pmatrix}1&1&2\\0&6&9\end{pmatrix}\xrightarrow[r_1-\frac{1}{2}r_2]{r_3\div3}\begin{pmatrix}1&0&0.5\\0&2&3\end{pmatrix},$$

得$\begin{cases} x_1=-0.5x_3 \\ 2x_2=-3x_3 \end{cases}$,从而有基础解系$\begin{pmatrix} 1 \\ 3 \\ -2 \end{pmatrix}$,取$\boldsymbol{\alpha}_3=\begin{pmatrix} 1 \\ 3 \\ -2 \end{pmatrix}$,则$\boldsymbol{\alpha}_1,\boldsymbol{\alpha}_2,\boldsymbol{\alpha}_3$两两正交.

定义 3.19 设n维向量组$\boldsymbol{\xi}_1,\boldsymbol{\xi}_2,\cdots,\boldsymbol{\xi}_r$是向量空间$V(V\subseteq \mathbf{R}^n)$的一组基,如果$\boldsymbol{\xi}_1,\boldsymbol{\xi}_2,\cdots,\boldsymbol{\xi}_r$两两正交,且都是单位向量,则称$\boldsymbol{\xi}_1,\boldsymbol{\xi}_2,\cdots,\boldsymbol{\xi}_r$是$V$的一组标准正交基.

例如,n维单位向量$\boldsymbol{e}_1,\boldsymbol{e}_2,\cdots,\boldsymbol{e}_n$是$\mathbf{R}^n$的一组标准正交基.向量组$\boldsymbol{e}_1=(1,0,0,0)^{\mathrm{T}},\boldsymbol{e}_2=(0,1,0,0)^{\mathrm{T}},\boldsymbol{e}_3=\left(0,0,\frac{\sqrt{2}}{2},\frac{\sqrt{2}}{2}\right)^{\mathrm{T}},\boldsymbol{e}_4=\left(0,0,-\frac{\sqrt{2}}{2},\frac{\sqrt{2}}{2}\right)^{\mathrm{T}}$是四维向量空间的一组标准正交基.

若$\boldsymbol{\xi}_1,\boldsymbol{\xi}_2,\cdots,\boldsymbol{\xi}_r$是向量空间$V$的一组标准正交基,那么$V$中任一向量$\boldsymbol{\beta}$都能由$\boldsymbol{\xi}_1,\boldsymbol{\xi}_2,\cdots,\boldsymbol{\xi}_r$线性表示.设表示式为

$$\boldsymbol{\beta}=k_1\boldsymbol{\xi}_1+k_2\boldsymbol{\xi}_2+\cdots+k_r\boldsymbol{\xi}_r,$$

用$\boldsymbol{\xi}_i^{\mathrm{T}}(i=1,2,\cdots,r)$左乘上式,有

$$\boldsymbol{\xi}_i^{\mathrm{T}}\boldsymbol{\beta}=k_i\boldsymbol{\xi}_i^{\mathrm{T}}\boldsymbol{\xi}_i=k_i(i=1,2,\cdots,r),$$

即

$$k_i=\boldsymbol{\xi}_i^{\mathrm{T}}\boldsymbol{\beta}=[\boldsymbol{\xi}_i,\boldsymbol{\beta}](i=1,2,\cdots,r).$$

由此可见,利用这个公式能方便地求得系数$k_i(i=1,2,\cdots,r)$,也就是向量在标准正交基中的坐标,因此我们常常取标准正交基作为向量空间的一组基.

那么,如何从向量空间V的一组基出发,找到V的一组标准正交基呢?下面我们来讨论此问题.

3.5.3 施密特正交化过程

设$\boldsymbol{\alpha}_1,\boldsymbol{\alpha}_2,\cdots,\boldsymbol{\alpha}_r$是向量空间$V$的一组基,从基$\boldsymbol{\alpha}_1,\boldsymbol{\alpha}_2,\cdots,\boldsymbol{\alpha}_r$出发,找一组两两正交的单位向量$\boldsymbol{\xi}_1,\boldsymbol{\xi}_2,\cdots,\boldsymbol{\xi}_r$,使$\boldsymbol{\xi}_1,\boldsymbol{\xi}_2,\cdots,\boldsymbol{\xi}_r$与$\boldsymbol{\alpha}_1,\boldsymbol{\alpha}_2,\cdots,\boldsymbol{\alpha}_r$等价,这个过程称为把基$\boldsymbol{\alpha}_1,\boldsymbol{\alpha}_2,\cdots,\boldsymbol{\alpha}_r$标准正交化.具体步骤如下:

(1)对于给定的基$\boldsymbol{\alpha}_1,\boldsymbol{\alpha}_2,\cdots,\boldsymbol{\alpha}_r$,令$\boldsymbol{\beta}_1=\boldsymbol{\alpha}_1$.

(2)对于$i=2,3,\cdots,r$,依次计算出$\boldsymbol{\beta}_i$:

$$\boldsymbol{\beta}_2=\boldsymbol{\alpha}_2-\frac{[\boldsymbol{\beta}_1,\boldsymbol{\alpha}_2]}{[\boldsymbol{\beta}_1,\boldsymbol{\beta}_1]}\boldsymbol{\beta}_1,$$

$$\boldsymbol{\beta}_3=\boldsymbol{\alpha}_3-\frac{[\boldsymbol{\beta}_1,\boldsymbol{\alpha}_3]}{[\boldsymbol{\beta}_1,\boldsymbol{\beta}_1]}\boldsymbol{\beta}_1-\frac{[\boldsymbol{\beta}_2,\boldsymbol{\alpha}_3]}{[\boldsymbol{\beta}_2,\boldsymbol{\beta}_2]}\boldsymbol{\beta}_2,$$

$$\vdots$$

$$\boldsymbol{\beta}_r=\boldsymbol{\alpha}_r-\frac{[\boldsymbol{\beta}_1,\boldsymbol{\alpha}_r]}{[\boldsymbol{\beta}_1,\boldsymbol{\beta}_1]}\boldsymbol{\beta}_1-\frac{[\boldsymbol{\beta}_2,\boldsymbol{\alpha}_r]}{[\boldsymbol{\beta}_2,\boldsymbol{\beta}_2]}\boldsymbol{\beta}_2-\cdots-\frac{[\boldsymbol{\beta}_{r-1},\boldsymbol{\alpha}_r]}{[\boldsymbol{\beta}_{r-1},\boldsymbol{\beta}_{r-1}]}\boldsymbol{\beta}_{r-1}.$$

容易验证$\boldsymbol{\beta}_1,\boldsymbol{\beta}_2,\cdots,\boldsymbol{\beta}_r$两两正交,且$\boldsymbol{\beta}_1,\boldsymbol{\beta}_2,\cdots,\boldsymbol{\beta}_r$与$\boldsymbol{\alpha}_1,\boldsymbol{\alpha}_2,\cdots,\boldsymbol{\alpha}_r$等价.

从线性无关向量组$\boldsymbol{\alpha}_1,\boldsymbol{\alpha}_2,\cdots,\boldsymbol{\alpha}_r$导出正交向量组$\boldsymbol{\beta}_1,\boldsymbol{\beta}_2,\cdots,\boldsymbol{\beta}_r$的过程,称为施密特(Schmidt)正交化过程.

(3)令$\boldsymbol{\xi}_i=\frac{\boldsymbol{\beta}_i}{\|\boldsymbol{\beta}_i\|}(i=1,2,\cdots,r)$,即将$\boldsymbol{\beta}_i$单位化得到$\boldsymbol{\xi}_i$.

于是，$\boldsymbol{\xi}_1,\boldsymbol{\xi}_2,\cdots,\boldsymbol{\xi}_r$ 就是 V 的一组标准正交基.

例 3.23　设 $\boldsymbol{\alpha}_1=\begin{pmatrix}1\\1\\1\end{pmatrix},\boldsymbol{\alpha}_2=\begin{pmatrix}1\\2\\3\end{pmatrix},\boldsymbol{\alpha}_3=\begin{pmatrix}1\\4\\9\end{pmatrix}$ 是 $\mathbf{R}^3$ 的一组基，求一组与 $\boldsymbol{\alpha}_1,\boldsymbol{\alpha}_2,\boldsymbol{\alpha}_3$ 等价的标准正交基.

解　取 $\boldsymbol{\beta}_1=\boldsymbol{\alpha}_1=(1,1,1)^{\mathrm{T}}$，

$$\boldsymbol{\beta}_2=\boldsymbol{\alpha}_2-\frac{[\boldsymbol{\beta}_1,\boldsymbol{\alpha}_2]}{[\boldsymbol{\beta}_1,\boldsymbol{\beta}_1]}\boldsymbol{\beta}_1=(1,2,3)^{\mathrm{T}}-\frac{6}{3}(1,1,1)^{\mathrm{T}}=(-1,0,1)^{\mathrm{T}},$$

$$\boldsymbol{\beta}_3=\boldsymbol{\alpha}_3-\frac{[\boldsymbol{\beta}_1,\boldsymbol{\alpha}_3]}{[\boldsymbol{\beta}_1,\boldsymbol{\beta}_1]}\boldsymbol{\beta}_1-\frac{[\boldsymbol{\beta}_2,\boldsymbol{\alpha}_3]}{[\boldsymbol{\beta}_2,\boldsymbol{\beta}_2]}\boldsymbol{\beta}_2=(1,4,9)^{\mathrm{T}}-\frac{14}{3}(1,1,1)^{\mathrm{T}}-\frac{8}{2}(-1,0,1)^{\mathrm{T}}=\frac{1}{3}(1,-2,1)^{\mathrm{T}}.$$

再将 $\boldsymbol{\beta}_1,\boldsymbol{\beta}_2,\boldsymbol{\beta}_3$ 单位化，得到

$$\boldsymbol{\xi}_1=\frac{\boldsymbol{\beta}_1}{\|\boldsymbol{\beta}_1\|}=\frac{1}{\sqrt{3}}(1,1,1)^{\mathrm{T}},\boldsymbol{\xi}_2=\frac{\boldsymbol{\beta}_2}{\|\boldsymbol{\beta}_2\|}=\frac{1}{\sqrt{2}}(-1,0,1)^{\mathrm{T}},\boldsymbol{\xi}_3=\frac{\boldsymbol{\beta}_3}{\|\boldsymbol{\beta}_3\|}=\frac{1}{\sqrt{6}}(1,-2,1)^{\mathrm{T}},$$

则 $\boldsymbol{\xi}_1,\boldsymbol{\xi}_2,\boldsymbol{\xi}_3$ 即为一组与 $\boldsymbol{\alpha}_1,\boldsymbol{\alpha}_2,\boldsymbol{\alpha}_3$ 等价的标准正交基.

例 3.24　已知 $\boldsymbol{\alpha}_1=(1,1,-1)^{\mathrm{T}}$，求一组非零向量 $\boldsymbol{\alpha}_2,\boldsymbol{\alpha}_3$，使得 $\boldsymbol{\alpha}_1,\boldsymbol{\alpha}_2,\boldsymbol{\alpha}_3$ 两两正交.

解　$\boldsymbol{\alpha}_2,\boldsymbol{\alpha}_3$ 应满足 $\boldsymbol{\alpha}_1^{\mathrm{T}}\boldsymbol{x}=\mathbf{0}$，即

$$x_1+x_2-x_3=0,$$

它的一组基础解系为 $\boldsymbol{\eta}_1=(1,-1,0)^{\mathrm{T}},\boldsymbol{\eta}_2=(0,1,1)^{\mathrm{T}}$.

令 $\boldsymbol{\alpha}_2=\boldsymbol{\eta}_1=(1,-1,0)^{\mathrm{T}},\boldsymbol{\alpha}_3=\boldsymbol{\eta}_2-\dfrac{[\boldsymbol{\alpha}_2,\boldsymbol{\eta}_2]}{[\boldsymbol{\eta}_1,\boldsymbol{\eta}_1]}\boldsymbol{\alpha}_2=(0,1,1)^{\mathrm{T}}-\dfrac{-1}{2}(1,-1,0)^{\mathrm{T}}=\dfrac{1}{2}(1,1,2)^{\mathrm{T}}$，则 $\boldsymbol{\alpha}_1,\boldsymbol{\alpha}_2,\boldsymbol{\alpha}_3$ 两两正交.

3.5.4　正交矩阵

定义 3.20　如果 n 阶矩阵 $\boldsymbol{A}$ 满足

$$\boldsymbol{A}^{\mathrm{T}}\boldsymbol{A}=E(\text{即 }\boldsymbol{A}^{-1}=\boldsymbol{A}^{\mathrm{T}}),$$

那么称 $\boldsymbol{A}$ 为正交矩阵，简称正交阵.

关于正交矩阵，我们有下面的结论.

定理 3.11　设矩阵 $\boldsymbol{A}$ 是 n 阶方阵，则下列结论等价：

(1)矩阵 $\boldsymbol{A}$ 是 n 阶正交阵.

(2)$\boldsymbol{A}$ 的列向量组是 $\mathbf{R}^n$ 的一组标准正交基.

(3)$\boldsymbol{A}$ 的行向量组是 $\mathbf{R}^n$ 的一组标准正交基.

证明　(1)$\Leftrightarrow$(2)：将矩阵 $\boldsymbol{A}$ 按列分块 $\boldsymbol{A}=(\boldsymbol{\alpha}_1,\boldsymbol{\alpha}_2,\cdots,\boldsymbol{\alpha}_n)$，如果 $\boldsymbol{A}$ 是 n 阶正交阵，则公式 $\boldsymbol{A}^{\mathrm{T}}\boldsymbol{A}=\boldsymbol{E}$ 可表示为

$$\boldsymbol{A}^{\mathrm{T}}\boldsymbol{A}=\begin{pmatrix}\boldsymbol{\alpha}_1^{\mathrm{T}}\\\boldsymbol{\alpha}_2^{\mathrm{T}}\\\vdots\\\boldsymbol{\alpha}_n^{\mathrm{T}}\end{pmatrix}(\boldsymbol{\alpha}_1,\boldsymbol{\alpha}_2,\cdots,\boldsymbol{\alpha}_n)=\begin{pmatrix}1&0&\cdots&0\\0&1&\cdots&0\\\vdots&\vdots&&\vdots\\0&0&\cdots&1\end{pmatrix},$$

亦即

$$\boldsymbol{\alpha}_i^{\mathrm{T}}\boldsymbol{\alpha}_j=[\boldsymbol{\alpha}_i,\boldsymbol{\alpha}_j]=\begin{cases}1, & i=j,\\ 0, & i\neq j\end{cases}(i,j=1,2,\cdots,n).$$

这说明 $\boldsymbol{A}$ 的列向量都是 n 维单位向量,且两两正交,从而是 $\mathbf{R}^n$ 的一组标准正交基.

(1)⇔(3):因为 $\boldsymbol{A}^{\mathrm{T}}\boldsymbol{A}=E$ 与 $\boldsymbol{A}\boldsymbol{A}^{\mathrm{T}}=E$ 等价,所以将矩阵 $\boldsymbol{A}$ 按行分块

$$\boldsymbol{A}=(\boldsymbol{\beta}_1^{\mathrm{T}},\boldsymbol{\beta}_2^{\mathrm{T}},\cdots,\boldsymbol{\beta}_n^{\mathrm{T}})^{\mathrm{T}},$$

于是公式 $\boldsymbol{A}\boldsymbol{A}^{\mathrm{T}}=\boldsymbol{E}$ 可表示为

$$\boldsymbol{A}\boldsymbol{A}^{\mathrm{T}}=\begin{pmatrix}\boldsymbol{\beta}_1^{\mathrm{T}}\\ \boldsymbol{\beta}_2^{\mathrm{T}}\\ \vdots\\ \boldsymbol{\beta}_n^{\mathrm{T}}\end{pmatrix}(\boldsymbol{\beta}_1,\boldsymbol{\beta}_2,\cdots,\boldsymbol{\beta}_n)=\begin{pmatrix}1 & 0 & \cdots & 0\\ 0 & 1 & \cdots & 0\\ \vdots & \vdots & \ddots & \vdots\\ 0 & 0 & \cdots & 1\end{pmatrix},$$

所以

$$\boldsymbol{\beta}_i^{\mathrm{T}}\boldsymbol{\beta}_j=[\boldsymbol{\beta}_i,\boldsymbol{\beta}_j]=\begin{cases}1, & i=j,\\ 0, & i\neq j\end{cases}(i,j=1,2,\cdots,n),$$

即 $\boldsymbol{A}$ 的行向量也都是 n 维单位向量,且两两正交,从而是 $\mathbf{R}^n$ 的一组标准正交基.

例 3.25 验证矩阵

$$\boldsymbol{P}=\begin{pmatrix}\frac{1}{2} & -\frac{1}{2} & -\frac{1}{2} & \frac{1}{2}\\ -\frac{1}{2} & -\frac{1}{2} & \frac{1}{2} & \frac{1}{2}\\ -\frac{1}{2} & \frac{1}{2} & -\frac{1}{2} & \frac{1}{2}\\ \frac{1}{2} & \frac{1}{2} & \frac{1}{2} & \frac{1}{2}\end{pmatrix}$$

是正交阵.

证明 容易验证 $\boldsymbol{P}$ 的每个列向量都是单位向量,且两两正交,所以 $\boldsymbol{P}$ 是正交阵.

由正交矩阵的定义容易证明 n 阶正交阵 $\boldsymbol{A}$ 具有如下性质:

(1)若 $\boldsymbol{A}$ 为正交阵,则 $\boldsymbol{A}^{-1}=\boldsymbol{A}^{\mathrm{T}}$ 也是正交阵,且 $|\boldsymbol{A}|=1$ 或 -1.

(2)若 $\boldsymbol{A}$ 和 $\boldsymbol{B}$ 都是正交阵,则 $\boldsymbol{AB}$ 也是正交阵.

定义 3.21 若 $\boldsymbol{P}$ 为正交阵,则线性变换 $\boldsymbol{Y}=\boldsymbol{PX}$ 称为正交变换.

设 $\boldsymbol{Y}=\boldsymbol{PX}$ 为正交变换,则有

$$\|\boldsymbol{Y}\|=\sqrt{\boldsymbol{Y}^{\mathrm{T}}\boldsymbol{Y}}=\sqrt{\boldsymbol{X}^{\mathrm{T}}\boldsymbol{P}^{\mathrm{T}}\boldsymbol{PX}}=\sqrt{\boldsymbol{X}^{\mathrm{T}}\boldsymbol{X}}=\|\boldsymbol{X}\|,$$

因此正交变换保持向量的长度不变,这是正交变换的优良特性.

3.6 运用 MATLAB 求解向量组

MATLAB 是一种能用于数值计算的高级程序设计语言,它可以用于解决许多与向量相关的问题.由向量的定义可知,向量是一种特殊形式的矩阵,因此向量的生成方法可用

矩阵的直接输入法. 另外,矩阵运算对向量同样适用. 本节主要学习运用 MATLAB 解决向量问题.

3.6.1　求向量组的秩

要使用 MATLAB 求解向量组的秩,可以通过以下步骤进行操作:

(1)将向量组表示为矩阵形式,每个向量作为矩阵的一列或一行.

(2)使用 MATLAB 的 rank 函数计算矩阵的秩.

例 3.26　求向量组 $\boldsymbol{\alpha}_1=(1,2,-1)^T$, $\boldsymbol{\alpha}_2=(2,-1,3)^T$, $\boldsymbol{\alpha}_3=(-1,8,-9)^T$ 的秩.

解

```
>> A=[1 2 -1;2 -1 3;-1 8 -9]' %将向量存储在矩阵A的列中，单引号表示矩阵转置

A =

     1     2    -1
     2    -1     8
    -1     3    -9

>> ans=rank(A);          %使用rank函数计算矩阵A的秩
>> disp(ans)             %显示矩阵的秩的值
     2
```

由此可得 $r(\boldsymbol{\alpha}_1,\boldsymbol{\alpha}_2,\boldsymbol{\alpha}_3)=2$.

3.6.2　判断向量组的线性相关性

秩的定义是矩阵中线性无关的列向量的最大数量,因此要判断一个向量组的线性相关性,可以使用 MATLAB 中的函数和操作. 要使用 MATLAB 判断向量组的线性相关性,可以使用以下方法:

(1)将向量组表示为矩阵形式,每个向量作为矩阵的一列或一行.

(2)使用 MATLAB 的 rank 函数计算矩阵的秩.

(3)检查向量组的秩是否小于向量的数量.

如果向量组的秩小于向量的数量,则向量组是线性相关的. 如果向量组的秩等于向量的数量,则向量组是线性无关的.

例 3.27　判断向量组 $\boldsymbol{\alpha}_1=(1,2,-1)^T$, $\boldsymbol{\alpha}_2=(2,-1,3)^T$, $\boldsymbol{\alpha}_3=(-1,8,-9)^T$ 的线性相关性.

解

```
>> A=[1 2 -1;2 -1 3;-1 8 -9]'; %将向量存储在矩阵A的列中，单引号表示矩阵转置
>> ans=rank(A);          %使用rank函数计算矩阵A的秩，并将结果存储在变量ans中
>> disp(ans)             %显示矩阵的秩的值
     2
```

由于 $r(\mathbf{A})=2<3$,因此该向量组线性相关.

3.6.3 求极大线性无关组

要使用 MATLAB 求解向量组的极大线性无关组，可以通过以下步骤进行操作：

(1)将向量组表示为矩阵形式，每个向量作为矩阵的一列或一行.

(2)使用 MATLAB 的 rref 函数对矩阵进行行最简形式化简，并获取简化后的矩阵及其主元列的索引.

(3)从简化后的矩阵中选择主元列对应的向量作为极大线性无关组.

例 3.28 求向量组 $\boldsymbol{\alpha}_1=(1,2,-1)^T,\boldsymbol{\alpha}_2=(2,-1,3)^T,\boldsymbol{\alpha}_3=(-1,8,-9)^T$ 的极大线性无关组.

解

```
>> A=[1 2 -1;2 -1 3;-1 8 -9]';  %将向量组存储在矩阵A的列中，单引号表示矩阵转置
>> [R,pivotCols]=rref(A); %计算矩阵A的行最简形
>> maxIndependentSet=A(:,pivotCols)  %提取向量组一个极大线性无关组

maxIndependentSet =

     1     2
     2    -1
    -1     3
```

由此可知，$\{\boldsymbol{\alpha}_1,\boldsymbol{\alpha}_2\}$是$\{\boldsymbol{\alpha}_1,\boldsymbol{\alpha}_2,\boldsymbol{\alpha}_3\}$的一个极大线性无关组.

3.6.4 将向量组正交规范化

要使用 MATLAB 求解向量组的正交规范化向量组，可以使用 MATLAB 内置的“orth”函数和“qr”函数.“orth”函数默认使用的是基于 SVD(奇异值分解)的方法来进行正交化，而“qr”函数则是使用 QR 分解的方法. 这两种方法都可以用来计算正交基或正交规范化向量组. 它们具体的算法实现略有不同，因而它们给出的结果也略有差异. 如果需要更高精度和稳定性的结果，建议使用“orth”函数. 但是，如果对结果的微小差异没有太大关注，并且性能要求较高，使用“qr”函数也是一个不错的选择.

例 3.29 将向量组 $\boldsymbol{\alpha}_1=(1,1,-1)^T,\boldsymbol{\alpha}_2=(0,4,1)^T,\boldsymbol{\alpha}_3=(-2,1,1)^T$ 正交规范化.

解　法一

```
>> A=[1 1 -1;0 4 1;-2 1 1]';  %将向量存储在矩阵A的列中，单引号表示矩阵转置
>> A1=sym(A);                 %将非符号对象转化为符号对象
>> Q=orth(A1);                %计算正交规范化向量组并赋值给变量Q
>> disp(Q)                    %显示变量Q的值
[  3^(1/2)/3,     -14^(1/2)/14,  -(5*6^(1/2)*7^(1/2))/42]
[  3^(1/2)/3,  (3*14^(1/2))/14,      (6^(1/2)*7^(1/2))/42]
[ -3^(1/2)/3,       14^(1/2)/7,  -(2*6^(1/2)*7^(1/2))/21]
```

在上述示例中，$\boldsymbol{Q}$ 包含正交规范化后的向量组，于是，

$$\boldsymbol{\xi}_1=\begin{pmatrix}\sqrt{3}/3\\ \sqrt{3}/3\\ -\sqrt{3}/3\end{pmatrix},\boldsymbol{\xi}_2=\begin{pmatrix}-\sqrt{14}/14\\ 3\sqrt{14}/14\\ \sqrt{14}/7\end{pmatrix},\boldsymbol{\xi}_3=\begin{pmatrix}-5\sqrt{42}/42\\ \sqrt{42}/42\\ -2\sqrt{42}/21\end{pmatrix}$$ 为所求的正交规范向量组.

可以利用下述命令验证 $\boldsymbol{\xi}_1,\boldsymbol{\xi}_2,\boldsymbol{\xi}_3$ 的正交规范性.

```
>> Q'*Q  %根据正交矩阵的定义，轩置矩阵与矩阵本身乘积是否为单位矩阵

ans =

[ 1, 0, 0]
[ 0, 1, 0]
[ 0, 0, 1]
```

即 $\boldsymbol{Q}$ 是一个正交矩阵，所以 $\boldsymbol{\xi}_1,\boldsymbol{\xi}_2,\boldsymbol{\xi}_3$ 是正交规范化向量组.

法二

```
>> A=[1 1 -1;0 4 1;-2 1 1]';  %将向量存储在矩阵A的列中，单引号表示矩阵转置
>> A1=sym(A);                 %将非符号对象转化为符号对象
>> [P,R]=qr(A1);              %使用qr函数进行正交化处理
>> disp(P),disp(R)            %显示变量P,R的值
[  3^(1/2)/3,     -14^(1/2)/14, -(5*6^(1/2)*7^(1/2))/42]
[  3^(1/2)/3,  (3*14^(1/2))/14,     (6^(1/2)*7^(1/2))/42]
[ -3^(1/2)/3,      14^(1/2)/7, -(2*6^(1/2)*7^(1/2))/21]

[ 3^(1/2),  3^(1/2),        -(2*3^(1/2))/3]
[       0, 14^(1/2),             14^(1/2)/2]
[       0,        0, (6^(1/2)*7^(1/2))/6]
```

即 $\boldsymbol{\xi}_1=\begin{pmatrix}\sqrt{3}/3\\ \sqrt{3}/3\\ -\sqrt{3}/3\end{pmatrix},\boldsymbol{\xi}_2=\begin{pmatrix}-\sqrt{14}/14\\ 3\sqrt{14}/14\\ \sqrt{14}/7\end{pmatrix},\boldsymbol{\xi}_3=\begin{pmatrix}-5\sqrt{42}/42\\ \sqrt{42}/42\\ -2\sqrt{42}/21\end{pmatrix}$ 为所求的正交规范向量组.

习题三

1. 设向量 $\boldsymbol{\alpha}=(2,1,3)^{\mathrm{T}},\boldsymbol{\beta}=(-1,3,6)^{\mathrm{T}},\boldsymbol{\gamma}=(2,-1,4)^{\mathrm{T}}$，求向量 $2\boldsymbol{\alpha}+3\boldsymbol{\beta}-\boldsymbol{\gamma}$.

2. 设向量 $\boldsymbol{\alpha}=(1,0,-2,3)^{\mathrm{T}},\boldsymbol{\beta}=(4,-3,-5,6)^{\mathrm{T}}$，求满足 $2\boldsymbol{\alpha}+\boldsymbol{\beta}+3\boldsymbol{\gamma}=\mathbf{0}$ 的 $\boldsymbol{\gamma}$.

3. 已知 $2\boldsymbol{\alpha}+3\boldsymbol{\beta}=(1,3,2,-1)^{\mathrm{T}},3\boldsymbol{\alpha}+4\boldsymbol{\beta}=(2,1,1,2)^{\mathrm{T}}$，求 $\boldsymbol{\alpha},\boldsymbol{\beta}$.

4. 下列 $\boldsymbol{\beta}$ 能否由 $\boldsymbol{\alpha}_1,\boldsymbol{\alpha}_2,\boldsymbol{\alpha}_3$ 线性表示，若能，请写出其线性表达式.

(1)$\boldsymbol{\beta}=(-1,1,5)^{\mathrm{T}},\boldsymbol{\alpha}_1=(1,2,3)^{\mathrm{T}},\boldsymbol{\alpha}_2=(0,1,4)^{\mathrm{T}},\boldsymbol{\alpha}_3=(2,3,6)^{\mathrm{T}}$；

(2)$\boldsymbol{\beta}=(4,5,5),\boldsymbol{\alpha}_1=(1,2,3),\boldsymbol{\alpha}_2=(-1,1,4),\boldsymbol{\alpha}_3=(3,3,2)$；

(3)$\boldsymbol{\beta}=(2,-1,5,-4)^{\mathrm{T}},\boldsymbol{\alpha}_1=(2,-1,-4,1)^{\mathrm{T}},\boldsymbol{\alpha}_2=(1,2,3,-4)^{\mathrm{T}},\boldsymbol{\alpha}_3=(2,-1,2,5)^{\mathrm{T}}$.

5. 当 k 为何值时，$\boldsymbol{\beta}=(7,-2,4k)^{\mathrm{T}}$ 可由下列向量组唯一线性表示呢？

$$\boldsymbol{\alpha}_1=(1,3,0)^{\mathrm{T}},\boldsymbol{\alpha}_2=(3,7,8)^{\mathrm{T}},\boldsymbol{\alpha}_3=(1,-6,36)^{\mathrm{T}}.$$

6. 判定下列向量组是否线性相关(需说明理由)：

(1)$\boldsymbol{\alpha}_1=(1,2,0)^{\mathrm{T}},\boldsymbol{\alpha}_2=(0,1,3)^{\mathrm{T}},\boldsymbol{\alpha}_3=(1,0,4)^{\mathrm{T}}$；

(2)$\boldsymbol{\alpha}_1=(5,2,8)^{\mathrm{T}},\boldsymbol{\alpha}_2=(2,1,2)^{\mathrm{T}},\boldsymbol{\alpha}_3=(6,2,12)^{\mathrm{T}}$；

(3)$\boldsymbol{\alpha}_1=(1,1,0)^{\mathrm{T}},\boldsymbol{\alpha}_2=(1,2,0)^{\mathrm{T}},\boldsymbol{\alpha}_3=(1,1,4)^{\mathrm{T}},\boldsymbol{\alpha}_4=(1,1,9)^{\mathrm{T}}$；

(4)$\boldsymbol{\alpha}_1=(1,1,0,0,1)^{\mathrm{T}},\boldsymbol{\alpha}_2=(0,2,1,0,2)^{\mathrm{T}},\boldsymbol{\alpha}_3=(0,3,0,1,3)^{\mathrm{T}}$.

7. 当 t 为何值时,向量组 $\boldsymbol{\alpha}_1=(1,2,-1,3)^{\mathrm{T}},\boldsymbol{\alpha}_2=(2,-1,3,5)^{\mathrm{T}},\boldsymbol{\alpha}_3=(-1,t+17,t,-1)^{\mathrm{T}}$ 线性相关、线性无关?

8. 设向量组 $\boldsymbol{\alpha}_1,\boldsymbol{\alpha}_2,\boldsymbol{\alpha}_3$ 线性无关,问以下向量组是否线性无关呢?

(1)$\boldsymbol{\beta}_1=\boldsymbol{\alpha}_1+2\boldsymbol{\alpha}_2+3\boldsymbol{\alpha}_3,\boldsymbol{\beta}_2=3\boldsymbol{\alpha}_1-\boldsymbol{\alpha}_2+4\boldsymbol{\alpha}_3,\boldsymbol{\beta}_3=\boldsymbol{\alpha}_2+\boldsymbol{\alpha}_3$;

(2)$\boldsymbol{\beta}_1=\boldsymbol{\alpha}_1+\boldsymbol{\alpha}_2+\boldsymbol{\alpha}_3,\boldsymbol{\beta}_2=\boldsymbol{\alpha}_1-\boldsymbol{\alpha}_2+\boldsymbol{\alpha}_3,\boldsymbol{\beta}_3=2\boldsymbol{\alpha}_1+2\boldsymbol{\alpha}_2-\boldsymbol{\alpha}_3,\boldsymbol{\beta}_4=\boldsymbol{\alpha}_1+\boldsymbol{\alpha}_2+2\boldsymbol{\alpha}_3$.

9. 设向量组 $\boldsymbol{\alpha}_1,\boldsymbol{\alpha}_2,\cdots,\boldsymbol{\alpha}_{n-1}$ 线性相关,$\boldsymbol{\alpha}_2,\boldsymbol{\alpha}_3,\cdots,\boldsymbol{\alpha}_n$,$n\geqslant 3$ 线性无关. 证明:

(1)$\boldsymbol{\alpha}_1$ 可表示为 $\boldsymbol{\alpha}_2,\boldsymbol{\alpha}_3,\cdots,\boldsymbol{\alpha}_{n-1}$ 的线性组合;

(2)$\boldsymbol{\alpha}_n$ 不能表示为 $\boldsymbol{\alpha}_1,\boldsymbol{\alpha}_2,\cdots,\boldsymbol{\alpha}_{n-1}$ 的线性组合.

10. 若 $\boldsymbol{\alpha}_1,\boldsymbol{\alpha}_2,\cdots,\boldsymbol{\alpha}_r$ 是向量组 $\boldsymbol{\alpha}_1,\boldsymbol{\alpha}_2,\cdots,\boldsymbol{\alpha}_r,\cdots,\boldsymbol{\alpha}_n$ 的极大线性无关组,则下列不正确的是(　　).

A. $\boldsymbol{\alpha}_n$ 可由 $\boldsymbol{\alpha}_1,\boldsymbol{\alpha}_2,\cdots,\boldsymbol{\alpha}_r$ 线性表示　　B. $\boldsymbol{\alpha}_1$ 可由 $\boldsymbol{\alpha}_{r+1},\boldsymbol{\alpha}_{r+2},\cdots,\boldsymbol{\alpha}_n$ 线性表示

C. $\boldsymbol{\alpha}_1$ 可由 $\boldsymbol{\alpha}_1,\boldsymbol{\alpha}_2,\cdots,\boldsymbol{\alpha}_r$ 线性表示　　D. $\boldsymbol{\alpha}_n$ 可由 $\boldsymbol{\alpha}_{r+1},\boldsymbol{\alpha}_{r+2},\cdots,\boldsymbol{\alpha}_n$ 线性表示

11. 设 $\boldsymbol{\alpha}_1=(1,1,2,2,1)^{\mathrm{T}},\boldsymbol{\alpha}_2=(0,2,1,5,-1)^{\mathrm{T}},\boldsymbol{\alpha}_3=(2,0,3,-1,3)^{\mathrm{T}},\boldsymbol{\alpha}_4=(1,1,0,4,-1)^{\mathrm{T}}$,则 $r(\boldsymbol{\alpha}_1,\boldsymbol{\alpha}_2,\boldsymbol{\alpha}_3,\boldsymbol{\alpha}_4)=$________.

12. 已知向量组 $\boldsymbol{\alpha}_1=(1,2,-1,1)^{\mathrm{T}},\boldsymbol{\alpha}_2=(2,0,t,0)^{\mathrm{T}},\boldsymbol{\alpha}_3=(0,-4,5,-2)^{\mathrm{T}}$ 的秩为 2,求 t.

13. 求向量组 $\boldsymbol{\alpha}_1=(2,-1,0,3)^{\mathrm{T}},\boldsymbol{\alpha}_2=(1,2,5,-1)^{\mathrm{T}},\boldsymbol{\alpha}_3=(7,-1,5,8)^{\mathrm{T}}$ 的秩,并说明这个向量组是线性相关还是线性无关?

14. 求出下列向量组的秩和一个极大线性无关组,并将其余向量表示为该极大线性无关组的线性组合.

(1)$\boldsymbol{\alpha}_1=(1,1,4)^{\mathrm{T}},\boldsymbol{\alpha}_2=(1,0,4)^{\mathrm{T}},\boldsymbol{\alpha}_3=(1,2,4)^{\mathrm{T}},\boldsymbol{\alpha}_4=(1,3,4)^{\mathrm{T}}$;

(2)$\boldsymbol{\alpha}_1=(2,4,2)^{\mathrm{T}},\boldsymbol{\alpha}_2=(1,1,0)^{\mathrm{T}},\boldsymbol{\alpha}_3=(2,3,1)^{\mathrm{T}},\boldsymbol{\alpha}_4=(3,5,2)^{\mathrm{T}}$;

(3)$\boldsymbol{\alpha}_1=(1,1,1,1)^{\mathrm{T}},\boldsymbol{\alpha}_2=(1,2,3,4)^{\mathrm{T}},\boldsymbol{\alpha}_3=(1,4,9,16)^{\mathrm{T}},\boldsymbol{\alpha}_4=(1,3,7,13)^{\mathrm{T}},\boldsymbol{\alpha}_5=(1,2,5,10)^{\mathrm{T}}$;

(4)$\boldsymbol{\alpha}_1=(1,1,-2,7)^{\mathrm{T}},\boldsymbol{\alpha}_2=(-1,-2,2,-9)^{\mathrm{T}},\boldsymbol{\alpha}_3=(-1,1,-6,6)^{\mathrm{T}},\boldsymbol{\alpha}_4=(2,4,4,3)^{\mathrm{T}},\boldsymbol{\alpha}_5=(2,1,4,3)^{\mathrm{T}}$.

15. 设向量组 $\boldsymbol{\alpha}_1,\boldsymbol{\alpha}_2,\cdots,\boldsymbol{\alpha}_s$ 的秩为 $r(r<s)$,且 $\boldsymbol{\alpha}_{i_1},\boldsymbol{\alpha}_{i_2},\cdots,\boldsymbol{\alpha}_{i_r}$ 是其中的 r 个向量. 证明:如果 $\boldsymbol{\alpha}_1,\boldsymbol{\alpha}_2,\cdots,\boldsymbol{\alpha}_s$ 中的每一个向量都可由 $\boldsymbol{\alpha}_{i_1},\boldsymbol{\alpha}_{i_2},\cdots,\boldsymbol{\alpha}_{i_r}$ 线性表示,则 $\boldsymbol{\alpha}_{i_1},\boldsymbol{\alpha}_{i_2},\cdots,\boldsymbol{\alpha}_{i_r}$ 必为 $\boldsymbol{\alpha}_1,\boldsymbol{\alpha}_2,\cdots,\boldsymbol{\alpha}_s$ 的一个极大线性无关组.

16. 证明向量组 $\boldsymbol{\alpha}_1=(1,1,2)^{\mathrm{T}},\boldsymbol{\alpha}_2=(3,-1,0)^{\mathrm{T}},\boldsymbol{\alpha}_3=(2,0,-11)^{\mathrm{T}}$ 为 $\mathbf{R}^3$ 的一组基,并求向量 $\boldsymbol{\beta}=(1,-1,7)^{\mathrm{T}}$ 在此基下的坐标.

17. 设向量 $\boldsymbol{\alpha}_1=(1,1,0)^{\mathrm{T}},\boldsymbol{\alpha}_2=(2,0,1)^{\mathrm{T}}$,写出 $\mathbf{R}^3$ 的由 $\boldsymbol{\alpha}_1,\boldsymbol{\alpha}_2$ 生成的子空间.

18. 设向量 $\boldsymbol{\alpha}_1,\boldsymbol{\alpha}_2,\boldsymbol{\alpha}_3$ 为 $\mathbf{R}^3$ 的一组基,且有

$$\boldsymbol{\beta}_1=\boldsymbol{\alpha}_1-\boldsymbol{\alpha}_3,\boldsymbol{\beta}_2=2\boldsymbol{\alpha}_1+3\boldsymbol{\alpha}_2+\boldsymbol{\alpha}_3,\boldsymbol{\beta}_3=-2\boldsymbol{\alpha}_1+3\boldsymbol{\alpha}_2+4\boldsymbol{\alpha}_3.$$

证明:$\boldsymbol{\beta}_1,\boldsymbol{\beta}_2,\boldsymbol{\beta}_3$ 也是 $\mathbf{R}^3$ 的一组基.

19. 设向量 $\boldsymbol{\alpha}_1=(1,1,2)^{\mathrm{T}},\boldsymbol{\alpha}_2=(-4,2,2)^{\mathrm{T}}$,求向量 $\boldsymbol{\alpha}_3$,使得 $\boldsymbol{\alpha}_3$ 与 $\boldsymbol{\alpha}_1,\boldsymbol{\alpha}_2$ 均正交.

20. 试用施密特法把下列向量组正交化:

(1)$\boldsymbol{\alpha}_1=(1,1,2)^{\mathrm{T}},\boldsymbol{\alpha}_2=(1,2,3)^{\mathrm{T}},\boldsymbol{\alpha}_3=(-1,3,5)^{\mathrm{T}}$;

(2)$\boldsymbol{\alpha}_1=(1,0,-1,1)^{\mathrm{T}}$,$\boldsymbol{\alpha}_2=(1,-1,0,1)^{\mathrm{T}}$,$\boldsymbol{\alpha}_3=(-1,1,1,0)^{\mathrm{T}}$.

21. 下列矩阵是不是正交阵？并说明理由.

(1)$\begin{pmatrix} \frac{1}{9} & -\frac{8}{9} & -\frac{4}{9} \\ -\frac{8}{9} & \frac{1}{9} & -\frac{4}{9} \\ -\frac{4}{9} & -\frac{4}{9} & \frac{7}{9} \end{pmatrix}$；　(2)$\begin{pmatrix} \frac{1}{2} & -\frac{1}{2} & \frac{1}{2} & -\frac{1}{2} \\ \frac{1}{2} & -\frac{1}{2} & -\frac{1}{2} & \frac{1}{2} \\ \frac{1}{\sqrt{2}} & \frac{1}{\sqrt{2}} & 0 & 0 \\ 0 & 0 & \frac{1}{\sqrt{2}} & \frac{1}{\sqrt{2}} \end{pmatrix}$.

22. 设向量 $\boldsymbol{\alpha}_1=(1,1,2)^{\mathrm{T}}$,求非零向量 $\boldsymbol{\alpha}_2$,$\boldsymbol{\alpha}_3$,使 $\boldsymbol{\alpha}_1$,$\boldsymbol{\alpha}_2$,$\boldsymbol{\alpha}_3$ 为三维向量空间的一组正交基.

23. 设 $\boldsymbol{A}$,$\boldsymbol{B}$ 均为正交阵,证明 $\boldsymbol{AB}$ 也是正交阵.

24. 已知向量组 $\boldsymbol{\alpha}_1$,$\boldsymbol{\alpha}_2$,$\cdots$,$\boldsymbol{\alpha}_m$ 线性无关,若非零向量 $\boldsymbol{\beta}$ 与 $\boldsymbol{\alpha}_1$,$\boldsymbol{\alpha}_2$,$\cdots$,$\boldsymbol{\alpha}_m$ 都正交,证明 $\boldsymbol{\alpha}_1$,$\boldsymbol{\alpha}_2$,$\cdots$,$\boldsymbol{\alpha}_m$,$\boldsymbol{\beta}$ 线性无关.

第 4 章　线性方程组

线性方程组的求解理论和求解方法，是线性代数的核心内容. 第 1 章介绍的克拉默法则有其局限性，克拉默法则只适用于讨论方程个数与未知量个数相同的线性方程组. 在 2.6 中，我们介绍了用初等行变换求线性方程组的解的方法，并给出了齐次线性方程组有非零解的充分必要条件. 本章将利用在第 3 章中学习的向量理论，建立线性方程组理论：解的存在性和解的结构，以及线性方程组的通解表示法.

4.1　齐次线性方程组

4.1.1　齐次线性方程组的解

在 2.6 中，我们已把含有 m 个方程，n 个未知量的齐次线性方程组

$$\begin{cases} a_{11}x_1+a_{12}x_2+\cdots+a_{1n}x_n=0, \\ a_{21}x_1+a_{22}x_2+\cdots+a_{2n}x_n=0, \\ \qquad\qquad\vdots \\ a_{m1}x_1+a_{m2}x_2+\cdots+a_{mn}x_n=0, \end{cases} \tag{4.1}$$

简写成矩阵形式 $\boldsymbol{Ax}=\boldsymbol{0}$，其中

$$\boldsymbol{A}=\begin{pmatrix} a_{11} & a_{12} & \cdots & a_{1n} \\ a_{21} & a_{22} & \cdots & a_{2n} \\ \vdots & \vdots & & \vdots \\ a_{m1} & a_{m2} & \cdots & a_{mn} \end{pmatrix}, \boldsymbol{x}=\begin{pmatrix} \boldsymbol{x}_1 \\ \boldsymbol{x}_2 \\ \vdots \\ \boldsymbol{x}_n \end{pmatrix}, \boldsymbol{0}=\begin{pmatrix} 0 \\ 0 \\ \vdots \\ 0 \end{pmatrix}.$$

把 $\boldsymbol{Ax}=\boldsymbol{0}$ 中的 $\boldsymbol{A}$ 称为系数矩阵，$\boldsymbol{x}$ 为 n 维自由未知列向量，$\boldsymbol{0}$ 为 m 维零向量.

齐次线性方程组的解是指满足 $\boldsymbol{A\xi}=\boldsymbol{0}$ 的 n 维列向量 $\boldsymbol{\xi}$，它是有 n 个分量的列向量.

n 维零列向量 $\boldsymbol{0}$ 显然是齐次线性方程组的解，称为零解. 齐次线性方程组不是零列向量 $\boldsymbol{0}$ 的解称为非零解，即其中至少有一个分量不为 0.

设由 $\boldsymbol{Ax}=\boldsymbol{0}$ 的解的全体所组成的向量空间

$$V=\{\boldsymbol{\xi} \mid \boldsymbol{A\xi}=\boldsymbol{0}\}.$$

容易证明 V 有以下两条性质.

性质 4.1　若 $\boldsymbol{\xi}_1,\boldsymbol{\xi}_2$ 是齐次线性方程组 $\boldsymbol{Ax}=\boldsymbol{0}$ 的解，则 $\boldsymbol{\xi}_1+\boldsymbol{\xi}_2$ 也是 $\boldsymbol{Ax}=\boldsymbol{0}$ 的解.

证明　因为 $\boldsymbol{\xi}_1,\boldsymbol{\xi}_2$ 是 $\boldsymbol{Ax}=\boldsymbol{0}$ 的解，必有 $\boldsymbol{A\xi}_1=\boldsymbol{0}$ 和 $\boldsymbol{A\xi}_2=\boldsymbol{0}$，所以必有

$$A(\xi_1+\xi_2)=A\xi_1+A\xi_2=0,$$

这说明 $\xi_1+\xi_2$ 是 $Ax=0$ 的解.

性质 4.2　若 ξ 是齐次线性方程组 $Ax=0$ 的解,k 是任意实数,则 $k\xi$ 也是 $Ax=0$ 的解.

证明　因为 ξ 是 $Ax=0$ 的解,必有 $A\xi=0$,所以对于任意实数 k,必有

$$A(k\xi)=kA\xi=k0=0,$$

这说明 $k\xi$ 也是 $Ax=0$ 的解.

这两条性质可合并:对于任意实数 k_1,k_2,当 $A\xi_1=0$ 和 $A\xi_2=0$ 时,必有

$$A(k_1\xi_1+k_2\xi_2)=k_1A\xi_1+k_2A\xi_2=0+0=0.$$

这就是说,$Ax=0$ 的任意一个解与任意一个实数的乘积仍然是它的解;$Ax=0$ 的任意两个解的和与差仍然是它的解,因此 $Ax=0$ 的任意多个解的任意线性组合仍然是它的解.

因为 n 维零列向量一定是 $Ax=0$ 的解,即说明 $Ax=0$ 的解的全体所组成的向量空间

$$V=\{\xi\,|\,A\xi=0\}$$

不是空集.因此,V 是 n 维列向量空间 $\mathbf{R}^n$ 中的一个子空间,称 V 为 $Ax=0$ 的解空间.

对于齐次线性方程组的解,考虑以下两个问题:第一个问题是,满足什么条件时,它有非零解?这个问题 2.6 的定理 2.11 已回答:齐次线性方程组有非零解的充分必要条件是系数矩阵的秩小于它的未知量的个数.当齐次线性方程组有非零解时,由它的性质可知,非零解有无穷多个,那么第二个问题是,当齐次线性方程组有无穷多个解时,它的所有的解能否用一个规范的表达式表示出来呢?为了研究此问题,我们引入以下概念.

定义 4.1　设 $\{\xi_1,\xi_2,\cdots,\xi_s\}$ 为齐次线性方程组 $Ax=0$ 的一个解向量集,如果它满足:

(1)$\xi_1,\xi_2,\cdots,\xi_s$ 是线性无关的向量组;

(2)$Ax=0$ 的任意一个解 ξ 都可以由 $\xi_1,\xi_2,\cdots,\xi_s$ 线性表示,即

$$\xi=k_1\xi_1+k_2\xi_2+\cdots+k_s\xi_s(k_1,k_2,\cdots,k_s\text{ 是常数}),$$

则称 $\{\xi_1,\xi_2,\cdots,\xi_s\}$ 是 $Ax=0$ 的一个基础解系.

由定义可知,$Ax=0$ 的基础解系实际上就是 $Ax=0$ 的解空间 V 中的一组基;反之,$Ax=0$ 的解空间 V 中的任意一组基,一定是 $Ax=0$ 的一个基础解系.当 $Ax=0$ 只有零解时,它没有线性无关的解,因而它没有基础解系.当 $Ax=0$ 有非零解时,它的解空间 V 一定不是零空间,也就是说,V 一定是有无穷多个解向量组成的向量组,因而 V 中一定有无穷多个基(解向量集合 V 的极大线性无关组).因此,只要 $Ax=0$ 有非零解,那么它一定有无穷多个基础解系.

因为 $Ax=0$ 的基础解系都是 $Ax=0$ 的解空间 V 的基,所以它们是等价的线性无关组,因而必有相同个数的向量,这里的个数就是向量空间 V 的维数,即组成 $Ax=0$ 的基础解系中的解向量个数 s,这样我们可给出以下定理.

定理 4.1　设 A 是 $m\times n$ 矩阵,$r(A)=r$,则

(1)$Ax=0$ 的基础解系中的解向量个数为 $n-r$.

(2)$Ax=0$ 的任意 $n-r$ 个线性无关的解向量都是它的一组基础解系.

推论 1　设 A 是 $m\times n$ 矩阵,则

(1)$Ax=0$ 只有零解的充分必要条件是 $r(A)=n$,此时 $Ax=0$ 没有基础解系.

(2)$Ax=0$ 有非零解的充分必要条件是 $r(A)<n$,此时 $Ax=0$ 有无穷多个基础解系.

当 $m<n$ 时，$\boldsymbol{Ax}=\boldsymbol{0}$ 必有非零解，因此必有无穷多个基础解系.

证明 (1)$\boldsymbol{Ax}=\boldsymbol{0}$ 只有零解$\Leftrightarrow V$ 是零向量空间$\Leftrightarrow \dim V=n-r(\boldsymbol{A})=0\Leftrightarrow n=r(\boldsymbol{A})$.

(2)$\boldsymbol{Ax}=\boldsymbol{0}$ 有非零解$\Leftrightarrow V$ 是非零向量空间$\Leftrightarrow \dim V=n-r(\boldsymbol{A})>0\Leftrightarrow n>r(\boldsymbol{A})$.

当 $m<n$ 时，必有 $r(\boldsymbol{A})\leqslant\min\{m,n\}\leqslant m<n$，此时 $\boldsymbol{Ax}=\boldsymbol{0}$ 必有非零解.

推论 2 当 $\boldsymbol{A}$ 是 n 阶方阵时，则

(1)$\boldsymbol{Ax}=\boldsymbol{0}$ 只有零解的充分必要条件是 $|\boldsymbol{A}|\neq 0$.

(2)$\boldsymbol{Ax}=\boldsymbol{0}$ 有非零解的充分必要条件是 $|\boldsymbol{A}|=0$.

证明 因为 $\boldsymbol{A}$ 是 n 阶方阵，所以

$$r(\boldsymbol{A})=n\Leftrightarrow|\boldsymbol{A}|\neq 0;\ r(\boldsymbol{A})<n\Leftrightarrow|\boldsymbol{A}|=0.$$

设$\{\boldsymbol{\xi}_1,\boldsymbol{\xi}_2,\cdots,\boldsymbol{\xi}_s\}$是 $\boldsymbol{Ax}=\boldsymbol{0}$ 的任意一个基础解系，则根据基础解系的定义知道，$\boldsymbol{Ax}=\boldsymbol{0}$ 的一般解为

$$\boldsymbol{\xi}=k_1\boldsymbol{\xi}_1+k_2\boldsymbol{\xi}_2+\cdots+k_{n-r}\boldsymbol{\xi}_{n-r}\ (k_1,k_2,\cdots,k_{n-r}\text{为任意实数}).$$

我们把这个线性表达式称为 $\boldsymbol{Ax}=\boldsymbol{0}$ 的通解.

例 4.1 设 $\boldsymbol{\alpha}_1,\boldsymbol{\alpha}_2,\boldsymbol{\alpha}_3$ 是某个齐次线性方程组 $\boldsymbol{Ax}=\boldsymbol{0}$ 的基础解系，证明：

$$\boldsymbol{\beta}_1=\boldsymbol{\alpha}_1+\boldsymbol{\alpha}_2,\boldsymbol{\beta}_2=\boldsymbol{\alpha}_1+3\boldsymbol{\alpha}_2+2\boldsymbol{\alpha}_3,\boldsymbol{\beta}_3=2\boldsymbol{\alpha}_1+\boldsymbol{\alpha}_2$$

一定是 $\boldsymbol{Ax}=\boldsymbol{0}$ 的基础解系.

解 根据已知条件可得

$$(\boldsymbol{\beta}_1,\boldsymbol{\beta}_2,\boldsymbol{\beta}_3)=(\boldsymbol{\alpha}_1,\boldsymbol{\alpha}_2,\boldsymbol{\alpha}_3)\begin{pmatrix}1&1&2\\1&3&1\\0&2&0\end{pmatrix},$$

其中记 $\boldsymbol{B}=(\boldsymbol{\beta}_1,\boldsymbol{\beta}_2,\boldsymbol{\beta}_3)$，$\boldsymbol{A}=(\boldsymbol{\alpha}_1,\boldsymbol{\alpha}_2,\boldsymbol{\alpha}_3)$，则有 $\boldsymbol{B}=\boldsymbol{AP}$，其中 $\boldsymbol{P}$ 的行列式

$$|\boldsymbol{P}|=\begin{vmatrix}1&1&2\\1&3&1\\0&2&0\end{vmatrix}=2\neq 0,$$

所以 $\boldsymbol{P}$ 是可逆矩阵，即有 $r(\boldsymbol{B})=r(\boldsymbol{A})=3$，这说明 $\boldsymbol{\beta}_1,\boldsymbol{\beta}_2,\boldsymbol{\beta}_3$ 必线性无关. 同时，显然有

$$\boldsymbol{A\beta}_1=\boldsymbol{A}(\boldsymbol{\alpha}_1+\boldsymbol{\alpha}_2)=\boldsymbol{A\alpha}_1+\boldsymbol{A\alpha}_2=\boldsymbol{0}+\boldsymbol{0}=\boldsymbol{0},$$
$$\boldsymbol{A\beta}_2=\boldsymbol{A}(\boldsymbol{\alpha}_1+3\boldsymbol{\alpha}_2+2\boldsymbol{\alpha}_3)=\boldsymbol{A\alpha}_1+3\boldsymbol{A\alpha}_2+2\boldsymbol{A\alpha}_3=\boldsymbol{0},$$
$$\boldsymbol{A\beta}_3=\boldsymbol{A}(2\boldsymbol{\alpha}_1+\boldsymbol{\alpha}_2)=2\boldsymbol{A\alpha}_1+\boldsymbol{A\alpha}_2=\boldsymbol{0}+\boldsymbol{0}=\boldsymbol{0},$$

所以 $\boldsymbol{Ax}=\boldsymbol{0}$ 的 3 个线性无关的解 $\boldsymbol{\beta}_1,\boldsymbol{\beta}_2,\boldsymbol{\beta}_3$ 一定是 $\boldsymbol{Ax}=\boldsymbol{0}$ 的基础解系.

4.1.2 齐次线性方程组通解的求法

求齐次线性方程组 $\boldsymbol{Ax}=\boldsymbol{0}$ 基础解系的一般步骤：

(1)用初等行变换将系数矩阵 $\boldsymbol{A}$ 化为行阶梯形矩阵，行阶梯形矩阵中非零行的行数 r 为系数矩阵 $\boldsymbol{A}$ 的秩.

(2)当 $r(\boldsymbol{A})=r=n$ 时，方程组只有零解. 当 $r(\boldsymbol{A})=r<n$ 时，继续用初等行变换将行阶梯形矩阵化为行最简形矩阵.

(3)将各非零行左边第一个非零元素“1”所对应的 r 个未知量保留在等式左边，其余的 $n-r$个未知量移到等式右边作为自由未知量，写出与原方程组同解的方程组.

(4)对 $n-r$ 个自由未知量分别取值

$$\begin{pmatrix}1\\0\\\vdots\\0\end{pmatrix},\begin{pmatrix}0\\1\\\vdots\\0\end{pmatrix},\cdots,\begin{pmatrix}0\\0\\\vdots\\1\end{pmatrix},$$

由同解方程组求得原方程组的基础解系.

例 4.2　求齐次线性方程组 $\begin{cases}x_1+x_2+2x_3-x_4=0,\\2x_1+x_2+x_3-x_4=0,\\2x_1+2x_2+x_3+2x_4=0\end{cases}$ 的通解.

解　把系数矩阵 $\boldsymbol{A}$ 用初等行变换化成行最简形矩阵：

$$\boldsymbol{A}=\begin{pmatrix}1&1&2&-1\\2&1&1&-1\\2&2&1&2\end{pmatrix}\xrightarrow[\substack{r_1-r_2\\r_1+r_3}]{\substack{r_2-r_3\\r_2\div(-1)\\r_3-2r_1}}\begin{pmatrix}1&0&-1&0\\0&1&0&3\\0&0&-3&4\end{pmatrix}\xrightarrow{r_3\div(-3)}\begin{pmatrix}1&0&-1&0\\0&1&0&3\\0&0&1&-4/3\end{pmatrix}$$

$$\xrightarrow{r_2+r_3}\begin{pmatrix}1&0&0&-4/3\\0&1&0&3\\0&0&1&-4/3\end{pmatrix}.$$

根据这个行最简形矩阵,可写出原方程组的同解方程组

$$\begin{cases}x_1=\dfrac{4}{3}x_4,\\x_2=-3x_4,\\x_3=\dfrac{4}{3}x_4.\end{cases}$$

取 x_4 作为自由未知量,令 $x_4=1$ 代入同解方程组可得 $x_1=4/3,x_2=-3,x_3=4/3$,于是得到原方程组的一组基础解系 $\boldsymbol{\xi}=(4/3,-3,4/3,1)^{\mathrm{T}}$,因此所求的通解为 $k\boldsymbol{\xi}=k(4/3,-3,4/3,1)^{\mathrm{T}}$,其中 k 为任意实数.

例 4.3　求齐次线性方程组 $\begin{cases}2x_1+x_2-2x_3+3x_4=0,\\3x_1+2x_2-x_3+2x_4=0,\\x_1+x_2+x_3-x_4=0\end{cases}$ 的通解.

解　先调整方程的次序使得系数矩阵的左上角的元素为 1,然后再用初等行变换化成行最简形矩阵：

$$\boldsymbol{A}=\begin{pmatrix}1&1&1&-1\\2&1&-2&3\\3&2&-1&2\end{pmatrix}\xrightarrow[r_3-3r_1]{r_2-2r_1}\begin{pmatrix}1&1&1&-1\\0&-1&-4&5\\0&-1&-4&5\end{pmatrix}\xrightarrow[\substack{r_2\div(-1)\\r_1+r_2}]{r_3-r_2}\begin{pmatrix}1&0&-3&4\\0&1&4&-5\\0&0&0&0\end{pmatrix}.$$

根据这个行最简形矩阵,可写出原方程组的同解方程组

$$\begin{cases}x_1=3x_3-4x_4,\\x_2=-4x_3+5x_4.\end{cases}$$

取 x_3,x_4 作为两个自由未知量,令 $x_3=1,x_4=0$ 代入同解方程组可得 $x_1=3,x_2=-4$;令 $x_3=0,x_4=1$ 代入同解方程组可得 $x_1=-4,x_2=5$,于是得到一组基础解系

$$\boldsymbol{\xi}_1=\begin{pmatrix}3\\-4\\1\\0\end{pmatrix},\boldsymbol{\xi}_2=\begin{pmatrix}-4\\5\\0\\1\end{pmatrix}.$$

因此,所求的通解为 $\boldsymbol{\xi}=k_1\boldsymbol{\xi}_1+k_2\boldsymbol{\xi}_2$,其中 k_1,k_2 为任意实数.

例 4.4 设 n 元齐次线性方程组 $\boldsymbol{Ax}=\boldsymbol{0}$ 与 $\boldsymbol{Bx}=\boldsymbol{0}$ 同解,证明:$r(\boldsymbol{A})=r(\boldsymbol{B})$.

证明 由于 $\boldsymbol{Ax}=\boldsymbol{0}$ 与 $\boldsymbol{Bx}=\boldsymbol{0}$ 有相同的解集,设此解集的基础解系的解向量个数为 s,由定理 4.1 可得,$s=n-r(\boldsymbol{A})$,$s=n-r(\boldsymbol{B})$,因此 $r(\boldsymbol{A})=r(\boldsymbol{B})$.

本例的结论表明,当矩阵 $\boldsymbol{A}$ 与 $\boldsymbol{B}$ 的列数相等时,要证明 $r(\boldsymbol{A})=r(\boldsymbol{B})$,只需证明齐次线性方程组 $\boldsymbol{Ax}=\boldsymbol{0}$ 与 $\boldsymbol{Bx}=\boldsymbol{0}$ 同解.

例 4.5 设 $\boldsymbol{A}$ 是 $m\times n$ 实矩阵,证明:$r(\boldsymbol{A}^{\mathrm{T}}\boldsymbol{A})=r(\boldsymbol{A})=r(\boldsymbol{A}\boldsymbol{A}^{\mathrm{T}})$.

证明 若能证明齐次线性方程组 $\boldsymbol{Ax}=\boldsymbol{0}$ 与 $\boldsymbol{A}^{\mathrm{T}}\boldsymbol{Ax}=\boldsymbol{0}$ 同解,则必有 $r(\boldsymbol{A}^{\mathrm{T}}\boldsymbol{A})=r(\boldsymbol{A})$.

若 $\boldsymbol{x}$ 满足 $\boldsymbol{Ax}=\boldsymbol{0}$,则有 $\boldsymbol{A}^{\mathrm{T}}(\boldsymbol{Ax})=\boldsymbol{0}$,即 $(\boldsymbol{A}^{\mathrm{T}}\boldsymbol{A})\boldsymbol{x}=\boldsymbol{0}$.

若 $\boldsymbol{x}$ 满足 $(\boldsymbol{A}^{\mathrm{T}}\boldsymbol{A})\boldsymbol{x}=\boldsymbol{0}$,则必有 $\boldsymbol{x}^{\mathrm{T}}(\boldsymbol{A}^{\mathrm{T}}\boldsymbol{A})\boldsymbol{x}=\boldsymbol{0}$,即 $(\boldsymbol{Ax})^{\mathrm{T}}(\boldsymbol{Ax})=0$(这是一个数 0,不是零向量).令

$$\boldsymbol{\eta}=\boldsymbol{Ax}=(a_1,a_2,\cdots,a_n)^{\mathrm{T}},$$

则必有 $\boldsymbol{\eta}^{\mathrm{T}}\boldsymbol{\eta}=(\boldsymbol{Ax})^{\mathrm{T}}(\boldsymbol{Ax})=\boldsymbol{x}^{\mathrm{T}}\boldsymbol{A}^{\mathrm{T}}\boldsymbol{Ax}=0$,即有

$$\boldsymbol{\eta}^{\mathrm{T}}\boldsymbol{\eta}=(a_1,a_2,\cdots,a_n)(a_1,a_2,\cdots,a_n)^{\mathrm{T}}=a_1^2+a_2^2+\cdots+a_n^2=0.$$

由于 $\boldsymbol{\eta}$ 是实向量,每个分量 a_i 都是实数,因此必有 $a_1=a_2=\cdots=a_n=0$,即 $\boldsymbol{\eta}=\boldsymbol{Ax}=\boldsymbol{0}$.这说明 $\boldsymbol{x}$ 也是 $\boldsymbol{Ax}=\boldsymbol{0}$ 的解,于是方程组 $\boldsymbol{Ax}=\boldsymbol{0}$ 与 $\boldsymbol{A}^{\mathrm{T}}\boldsymbol{Ax}=\boldsymbol{0}$ 同解,从而就有 $r(\boldsymbol{A}^{\mathrm{T}}\boldsymbol{A})=r(\boldsymbol{A})$.

又因为互为转置的两个矩阵必有相同的秩,所以有 $r(\boldsymbol{A}\boldsymbol{A}^{\mathrm{T}})=r(\boldsymbol{A}^{\mathrm{T}})=r(\boldsymbol{A})$.

例 4.6 设矩阵 $\boldsymbol{A}=(a_{ij})_{m\times n}$ 和 $\boldsymbol{B}=(b_{ij})_{n\times s}$ 满足 $\boldsymbol{AB}=\boldsymbol{0}$,证明:$r(\boldsymbol{A})+r(\boldsymbol{B})\leqslant n$.

证明 将矩阵 $\boldsymbol{B}$ 按列分为 s 块:$\boldsymbol{B}=(\boldsymbol{\beta}_1,\boldsymbol{\beta}_2,\cdots,\boldsymbol{\beta}_s)$.由 $\boldsymbol{AB}=\boldsymbol{0}$,得

$$\boldsymbol{AB}=\boldsymbol{A}(\boldsymbol{\beta}_1,\boldsymbol{\beta}_2,\cdots,\boldsymbol{\beta}_s)=(\boldsymbol{A\beta}_1,\boldsymbol{A\beta}_2,\cdots,\boldsymbol{A\beta}_s)=(\boldsymbol{0},\boldsymbol{0},\cdots,\boldsymbol{0}),$$

从而 $\boldsymbol{A\beta}_j=\boldsymbol{0}(j=1,2,\cdots,s)$,表明矩阵 $\boldsymbol{B}$ 的 s 个列向量都是齐次线性方程组 $\boldsymbol{Ax}=\boldsymbol{0}$ 的解.

当 $r(\boldsymbol{A})=n$ 时,齐次线性方程组 $\boldsymbol{Ax}=\boldsymbol{0}$ 只有零解,于是必有 $\boldsymbol{\beta}_1=\boldsymbol{\beta}_2=\cdots=\boldsymbol{\beta}_s=\boldsymbol{0}$,即 $\boldsymbol{B}=\boldsymbol{0}$,从而 $r(\boldsymbol{B})=0$,因此 $r(\boldsymbol{A})+r(\boldsymbol{B})=r(\boldsymbol{A})+0=n$.

当 $r(\boldsymbol{A})=r<n$ 时,$\boldsymbol{Ax}=\boldsymbol{0}$ 存在基础解系,且基础解系由 $n-r$ 个解向量组成,即方程组的解向量组的秩为 $n-r$,由于向量组 $\boldsymbol{\beta}_1,\boldsymbol{\beta}_2,\cdots,\boldsymbol{\beta}_s$ 是 $\boldsymbol{Ax}=\boldsymbol{0}$ 的 s 个解向量,它的秩不会超过 $n-r$,即 $r(\boldsymbol{\beta}_1,\boldsymbol{\beta}_2,\cdots,\boldsymbol{\beta}_s)\leqslant n-r$,可得 $r(\boldsymbol{B})\leqslant n-r=n-r(\boldsymbol{A})$,从而有 $r(\boldsymbol{A})+r(\boldsymbol{B})\leqslant n$.

4.2 非齐次线性方程组

4.2.1 非齐次线性方程组有解条件

在 2.6 中,已把含有 m 个方程,n 个未知量的非齐次线性方程组

$$\begin{cases} a_{11}\boldsymbol{x}_1+a_{12}\boldsymbol{x}_2+\cdots+a_{1n}\boldsymbol{x}_n=b_1, \\ a_{21}\boldsymbol{x}_1+a_{22}\boldsymbol{x}_2+\cdots+a_{2n}\boldsymbol{x}_n=b_2, \\ \qquad\vdots \\ a_{m1}\boldsymbol{x}_1+a_{m2}\boldsymbol{x}_2+\cdots+a_{mn}\boldsymbol{x}_n=b_m. \end{cases} \tag{4.2}$$

简写成矩阵形式 $\boldsymbol{Ax}=\boldsymbol{b}$,其中

$$\boldsymbol{A}=\begin{pmatrix} a_{11} & a_{12} & \cdots & a_{1n} \\ a_{21} & a_{22} & \cdots & a_{2n} \\ \vdots & \vdots & & \vdots \\ a_{m1} & a_{m2} & \cdots & a_{mn} \end{pmatrix},\boldsymbol{x}=\begin{pmatrix} \boldsymbol{x}_1 \\ \boldsymbol{x}_2 \\ \vdots \\ \boldsymbol{x}_n \end{pmatrix},\boldsymbol{b}=\begin{pmatrix} b_1 \\ b_2 \\ \vdots \\ b_m \end{pmatrix},$$

并把 $\boldsymbol{Ax}=\boldsymbol{b}$ 中的 $\boldsymbol{A}$ 称为系数矩阵,$\boldsymbol{x}$ 为 n 维未知列向量,$\boldsymbol{b}$ 为 m 维常数列向量,分块矩阵 $\overline{\boldsymbol{A}}=(\boldsymbol{A},\boldsymbol{b})$ 称为 $\boldsymbol{Ax}=\boldsymbol{b}$ 的增广矩阵,它是 $m\times(n+1)$ 矩阵.

满足 $\boldsymbol{A\eta}=\boldsymbol{b}$ 的 n 维列向量 $\boldsymbol{\eta}$ 称为 $\boldsymbol{Ax}=\boldsymbol{b}$ 的解向量,可简称为它的解.

先探讨非齐次线性方程组 $\boldsymbol{Ax}=\boldsymbol{b}$ 何时有解,把系数矩阵 $\boldsymbol{A}$ 写成列向量表示法:

$$\boldsymbol{A}=(\boldsymbol{\beta}_1,\boldsymbol{\beta}_2,\cdots,\boldsymbol{\beta}_n),$$

其中

$$\boldsymbol{\beta}_j=(a_{1j},a_{2j},\cdots,a_{mj})^{\mathrm{T}}(j=1,2,\cdots,n).$$

于是,非齐次线性方程组 $\boldsymbol{Ax}=\boldsymbol{b}$ 可写成列向量的线性组合形式:

$$x_1\boldsymbol{\beta}_1+x_2\boldsymbol{\beta}_2+\cdots+x_n\boldsymbol{\beta}_n=\boldsymbol{b}. \tag{4.3}$$

$$x_1\begin{pmatrix} a_{11} \\ a_{21} \\ \vdots \\ a_{m1} \end{pmatrix}+x_2\begin{pmatrix} a_{12} \\ a_{22} \\ \vdots \\ a_{m2} \end{pmatrix}+\cdots+x_n\begin{pmatrix} a_{1n} \\ a_{2n} \\ \vdots \\ a_{mn} \end{pmatrix}=\begin{pmatrix} b_1 \\ b_2 \\ \vdots \\ b_m \end{pmatrix}.$$

这说明 $\boldsymbol{Ax}=\boldsymbol{b}$ 有解与 $\boldsymbol{b}$ 是 $\boldsymbol{A}$ 的列向量组 $\boldsymbol{\beta}_1,\boldsymbol{\beta}_2,\cdots,\boldsymbol{\beta}_n$ 的线性组合是等价的.

据此可以得到非齐次线性方程组有解的判定定理.

定理 4.2 $\boldsymbol{Ax}=\boldsymbol{b}$ 有解的充分必要条件是 $r(\boldsymbol{A},\boldsymbol{b})=r(\boldsymbol{A})$.

证明 如果 $\boldsymbol{Ax}=\boldsymbol{b}$ 有解,即存在常数 $k_1,k_2,\cdots,k_n$,使(4.3)式成立:

$$\boldsymbol{b}=k_1\boldsymbol{\beta}_1+k_2\boldsymbol{\beta}_2+\cdots+k_n\boldsymbol{\beta}_n.$$

这说明 $\boldsymbol{b}$ 是 $\boldsymbol{A}$ 的列向量 $\boldsymbol{\beta}_1,\boldsymbol{\beta}_2,\cdots,\boldsymbol{\beta}_n$ 的线性组合,即 $\boldsymbol{\beta}_1,\boldsymbol{\beta}_2,\cdots,\boldsymbol{\beta}_n,\boldsymbol{b}$ 与 $\boldsymbol{\beta}_1,\boldsymbol{\beta}_2,\cdots,\boldsymbol{\beta}_n$ 两向量组等价,而等价向量组必有相同的秩,所以

$$r(\boldsymbol{A},\boldsymbol{b})=r(\boldsymbol{\beta}_1,\boldsymbol{\beta}_2,\cdots,\boldsymbol{\beta}_n,\boldsymbol{b})=r(\boldsymbol{\beta}_1,\boldsymbol{\beta}_2,\cdots,\boldsymbol{\beta}_n)=r(\boldsymbol{A}).$$

反之,当 $r(\boldsymbol{A},\boldsymbol{b})=r(\boldsymbol{A})$ 时,即有 $r(\boldsymbol{\beta}_1,\boldsymbol{\beta}_2,\cdots,\boldsymbol{\beta}_n,\boldsymbol{b})=r(\boldsymbol{\beta}_1,\boldsymbol{\beta}_2,\cdots,\boldsymbol{\beta}_n)$,所以 $\boldsymbol{b}$ 一定是 $\boldsymbol{A}$ 的列向量组 $\boldsymbol{\beta}_1,\boldsymbol{\beta}_2,\cdots,\boldsymbol{\beta}_n$ 的线性组合,这说明 $\boldsymbol{Ax}=\boldsymbol{b}$ 有解.

注意 $(\boldsymbol{A},\boldsymbol{b})$ 是在 $\boldsymbol{A}$ 的右边增加一个列向量 $\boldsymbol{b}$ 构成的,所以 $\boldsymbol{Ax}=\boldsymbol{b}$ 的解只有以下情况:

当 $r(\boldsymbol{A},\boldsymbol{b})=r(\boldsymbol{A})$ 时,$\boldsymbol{Ax}=\boldsymbol{b}$ 必有解;当 $r(\boldsymbol{A},\boldsymbol{b})=r(\boldsymbol{A})+1$ 时,$\boldsymbol{Ax}=\boldsymbol{b}$ 必无解.

4.2.2 非齐次线性方程组的解的结构

对于任意一个非齐次线性方程组 $\boldsymbol{Ax}=\boldsymbol{b}$,一定对应一个齐次线性方程组 $\boldsymbol{Ax}=\boldsymbol{0}$,称 $\boldsymbol{Ax}=\boldsymbol{0}$ 为 $\boldsymbol{Ax}=\boldsymbol{b}$ 的导出组(又称为相伴方程组).

性质 4.3 如果 $\boldsymbol{\eta}_1,\boldsymbol{\eta}_2$ 是非齐次线性方程组 $\boldsymbol{Ax}=\boldsymbol{b}$ 的解，则 $\boldsymbol{\xi}=\boldsymbol{\eta}_1-\boldsymbol{\eta}_2$ 是它的导出组 $\boldsymbol{Ax}=\boldsymbol{0}$ 的解.

证明 因为 $\boldsymbol{\eta}_1,\boldsymbol{\eta}_2$ 是 $\boldsymbol{Ax}=\boldsymbol{b}$ 的解，必有 $\boldsymbol{A\eta}_1=\boldsymbol{b}$ 和 $\boldsymbol{A\eta}_2=\boldsymbol{b}$，所以必有

$$\boldsymbol{A\xi}=\boldsymbol{A}(\boldsymbol{\eta}_1-\boldsymbol{\eta}_2)=\boldsymbol{A\eta}_1-\boldsymbol{A\eta}_2=\boldsymbol{b}-\boldsymbol{b}=\boldsymbol{0}.$$

这说明 $\boldsymbol{\xi}=\boldsymbol{\eta}_1-\boldsymbol{\eta}_2$ 是它的导出组 $\boldsymbol{Ax}=\boldsymbol{0}$ 的解.

性质 4.4 如果 $\boldsymbol{\eta}$ 是非齐次线性方程组 $\boldsymbol{Ax}=\boldsymbol{b}$ 的解，ξ 是它的导出组 $\boldsymbol{Ax}=\boldsymbol{0}$ 的解，则 $\boldsymbol{\xi}+\boldsymbol{\eta}$ 必是 $\boldsymbol{Ax}=\boldsymbol{b}$ 的解.

证明 因为 $\boldsymbol{\eta}$ 是 $\boldsymbol{Ax}=\boldsymbol{b}$ 的解，ξ 是 $\boldsymbol{Ax}=\boldsymbol{0}$ 的解，必有 $\boldsymbol{A\eta}=\boldsymbol{b}$，$\boldsymbol{A\xi}=\boldsymbol{0}$，所以必有

$$\boldsymbol{A}(\xi+\boldsymbol{\eta})=\boldsymbol{A}\xi+\boldsymbol{A\eta}=\boldsymbol{0}+\boldsymbol{b}=\boldsymbol{b}.$$

这说明 $\boldsymbol{\xi}+\boldsymbol{\eta}$ 是 $\boldsymbol{Ax}=\boldsymbol{b}$ 的解.

由性质 4.3 与 4.4 知，非齐次线性方程组的任意两个解的差必是其导出组的解. 非齐次线性方程组的任意一个解与导出组的任意一个解的和仍是非齐次线性方程组的解.

任取 $\boldsymbol{Ax}=\boldsymbol{b}$ 的两个解 $\boldsymbol{\eta}$ 和 $\boldsymbol{\eta}^*$，令 $\boldsymbol{\xi}=\boldsymbol{\eta}-\boldsymbol{\eta}^*$，由 $\boldsymbol{A\eta}=\boldsymbol{b}$，$\boldsymbol{A\eta}^*=\boldsymbol{b}$ 知道必有

$$\boldsymbol{A\xi}=\boldsymbol{A}(\boldsymbol{\eta}-\boldsymbol{\eta}^*)=\boldsymbol{b}-\boldsymbol{b}=\boldsymbol{0}.$$

这说明 $\boldsymbol{\xi}=\boldsymbol{\eta}-\boldsymbol{\eta}^*$ 必是导出组的解. 于是由 $\boldsymbol{\xi}=\boldsymbol{\eta}-\boldsymbol{\eta}^*$ 得 $\boldsymbol{\eta}=\boldsymbol{\xi}+\boldsymbol{\eta}^*$，说明 $\boldsymbol{Ax}=\boldsymbol{b}$ 的任意一个解 $\boldsymbol{\eta}$ 一定可以写成 $\boldsymbol{Ax}=\boldsymbol{b}$ 的任意一个特解 $\boldsymbol{\eta}^*$ 和其导出组 $\boldsymbol{Ax}=\boldsymbol{0}$ 的某个解 $\boldsymbol{\xi}$ 的和，而导出组 $\boldsymbol{Ax}=\boldsymbol{0}$ 的这个解 $\boldsymbol{\xi}$ 又可表示成 $\boldsymbol{Ax}=\boldsymbol{0}$ 的任意一个基础解系的线性组合. 于是可以得到非齐次线性方程组 $\boldsymbol{Ax}=\boldsymbol{b}$ 的解结构定理.

定理 4.3 设 $\boldsymbol{A}$ 是 $m\times n$ 矩阵，且 $r(\boldsymbol{A},\boldsymbol{b})=r(\boldsymbol{A})=r$，$r<n$，则 $\boldsymbol{Ax}=\boldsymbol{b}$ 的一般解为

$$\boldsymbol{\eta}=\boldsymbol{\eta}^*+k_1\boldsymbol{\xi}_1+k_2\boldsymbol{\xi}_2+\cdots+k_{n-r}\boldsymbol{\xi}_{n-r},\tag{4.4}$$

其中，$\boldsymbol{\eta}^*$ 为 $\boldsymbol{Ax}=\boldsymbol{b}$ 的任意一个解，$\{\boldsymbol{\xi}_1,\boldsymbol{\xi}_2,\cdots,\boldsymbol{\xi}_{n-r}\}$ 为导出组 $\boldsymbol{Ax}=\boldsymbol{0}$ 的任意一个基础解系.

(4.4)式称为非齐次线性方程组 $\boldsymbol{Ax}=\boldsymbol{b}$ 的通解，其中 $\boldsymbol{\eta}^*$ 为 $\boldsymbol{Ax}=\boldsymbol{b}$ 的一个特解.

定理 4.4 设 $\boldsymbol{A}$ 是 $m\times n$ 矩阵，且 $r(\boldsymbol{A},\boldsymbol{b})=r(\boldsymbol{A})=r$，则有以下结论：

当 $r=n$ 时，$\boldsymbol{Ax}=\boldsymbol{b}$ 有唯一解；当 $r<n$ 时，$\boldsymbol{Ax}=\boldsymbol{b}$ 有无穷多个解.

证明 因为 $r(\boldsymbol{A},\boldsymbol{b})=r(\boldsymbol{A})$，所以 $\boldsymbol{Ax}=\boldsymbol{b}$ 必有解.

当 $r=n$ 时，其导出组 $\boldsymbol{Ax}=\boldsymbol{0}$ 只有零解. 如果 $\boldsymbol{A\eta}_1=\boldsymbol{b}$，$\boldsymbol{A\eta}_2=\boldsymbol{b}$，则 $\boldsymbol{A}(\boldsymbol{\eta}_1-\boldsymbol{\eta}_2)=\boldsymbol{0}$. 这说明 $\boldsymbol{\xi}=\boldsymbol{\eta}_1-\boldsymbol{\eta}_2$ 为导出组 $\boldsymbol{Ax}=\boldsymbol{0}$ 的解，必有 $\boldsymbol{\xi}=\boldsymbol{0}$，从而 $\boldsymbol{\eta}_1=\boldsymbol{\eta}_2$，这就证明了，当 $r=n$ 时，$\boldsymbol{Ax}=\boldsymbol{b}$ 有唯一解.

当 $r<n$ 时，$\boldsymbol{Ax}=\boldsymbol{0}$ 有基础解系，此时，由通解表达式(4.4)得，$\boldsymbol{Ax}=\boldsymbol{b}$ 有无穷多个解.

注意 当 $r(\boldsymbol{A})=n$ 时，$\boldsymbol{Ax}=\boldsymbol{b}$ 或者无解，或者有唯一解；当 $r(\boldsymbol{A})<n$ 时，$\boldsymbol{Ax}=\boldsymbol{b}$ 或者无解，或者有无穷多个解.

定理 4.5 设 $\boldsymbol{A}$ 是 n 阶方阵，则有以下结论：

(1)当 $|\boldsymbol{A}|\neq 0$ 时，$\boldsymbol{Ax}=\boldsymbol{b}$ 必有唯一解 $\boldsymbol{x}=\boldsymbol{A}^{-1}\boldsymbol{b}$.

(2)当 $|\boldsymbol{A}|=0$ 时，如果 $r(\boldsymbol{A},\boldsymbol{b})=r(\boldsymbol{A})$，则 $\boldsymbol{Ax}=\boldsymbol{b}$ 有无穷多个解；如果 $r(\boldsymbol{A},\boldsymbol{b})=r(\boldsymbol{A})+1$，则 $\boldsymbol{Ax}=\boldsymbol{b}$ 无解.

证明 当 $|\boldsymbol{A}|\neq 0$ 时，$\boldsymbol{A}$ 为可逆矩阵，$\boldsymbol{Ax}=\boldsymbol{b}$ 必有唯一解 $\boldsymbol{x}=\boldsymbol{A}^{-1}\boldsymbol{b}$.

当 $|\boldsymbol{A}|=0$ 时，必有 $r(\boldsymbol{A})<n$，$\boldsymbol{Ax}=\boldsymbol{0}$ 有无穷多个解.

如果 $r(\boldsymbol{A},\boldsymbol{b})=r(\boldsymbol{A})$，则 $\boldsymbol{Ax}=\boldsymbol{b}$ 有无穷多个解；

如果 $r(\boldsymbol{A},\boldsymbol{b})=r(\boldsymbol{A})+1$，则 $\boldsymbol{Ax}=\boldsymbol{b}$ 无解.

4.2.3　非齐次线性方程组通解的求法

非齐次线性方程组 $\boldsymbol{Ax}=\boldsymbol{b}$ 的求解方法一般使用齐次方程组的通解和特解相结合来得到. 其步骤如下：

(1)解齐次线性方程组. 将非齐次线性方程组中的常数项全部置为 0，然后求解对应的齐次线性方程组(它的导出组 $\boldsymbol{Ax}=\boldsymbol{0}$). 这将给出齐次方程组的通解，也就是其自由变量的表达式.

(2)寻找一个特解. 对于非齐次方程组 $\boldsymbol{Ax}=\boldsymbol{b}$，需要找到一个特殊的解，使得将其代入非齐次线性方程组后等号两边成立. 特解可以通过猜测、试探或其他特定方法获得.

(3)计算非齐次线性方程组的通解. 将齐次线性方程组 $\boldsymbol{Ax}=\boldsymbol{0}$ 的通解和特解相加，得到非齐次线性方程组 $\boldsymbol{Ax}=\boldsymbol{b}$ 的通解. 这个通解包含了齐次线性方程组 $\boldsymbol{Ax}=\boldsymbol{0}$ 的所有解以及一个特解.

例 4.7　求非齐次线性方程组的通解：

$$\begin{cases}\boldsymbol{x}_1+5\boldsymbol{x}_2-\boldsymbol{x}_3-\boldsymbol{x}_4=-1,\\ \boldsymbol{x}_1-2\boldsymbol{x}_2+\boldsymbol{x}_3+3\boldsymbol{x}_4=3,\\ 3\boldsymbol{x}_1+8\boldsymbol{x}_2-\boldsymbol{x}_3+\boldsymbol{x}_4=1,\\ \boldsymbol{x}_1-9\boldsymbol{x}_2+3\boldsymbol{x}_3+7\boldsymbol{x}_4=7.\end{cases}$$

解　$$(\boldsymbol{A},\boldsymbol{b})=\begin{pmatrix}1&5&-1&-1&-1\\1&-2&1&3&3\\3&8&-1&1&1\\1&-9&3&7&7\end{pmatrix}\xrightarrow[\substack{r_3-2r_1\\r_4-r_1}]{r_2-r_1}\begin{pmatrix}1&5&-1&-1&-1\\0&-7&2&4&4\\0&-7&2&4&4\\0&-14&4&8&8\end{pmatrix}$$

$$\xrightarrow[r_4-2r_2]{r_3-r_2}\begin{pmatrix}1&5&-1&-1&-1\\0&-7&2&4&4\\0&0&0&0&0\\0&0&0&0&0\end{pmatrix}\xrightarrow[r_1-5r_2]{r_2\div(-7)}\begin{pmatrix}1&0&3/7&13/7&13/7\\0&1&-2/7&-4/7&-4/7\\0&0&0&0&0\\0&0&0&0&0\end{pmatrix}.$$

$r(\bar{\boldsymbol{A}})=r(\boldsymbol{A},\boldsymbol{b})=r(\boldsymbol{A})=2$，$n=4$，所以导出组的基础解系含 $4-2=2$ 个解向量.

导出组的同解方程组为$\begin{cases}x_1=-\dfrac{3}{7}x_3-\dfrac{13}{7}x_4,\\ x_2=\dfrac{2}{7}x_3+\dfrac{4}{7}x_4.\end{cases}$基础解系为 $\boldsymbol{\xi}_1=\begin{pmatrix}-3\\2\\7\\0\end{pmatrix}$，$\boldsymbol{\xi}_2=\begin{pmatrix}-13\\4\\0\\7\end{pmatrix}$.

非齐次同解方程组为$\begin{cases}x_1=-\dfrac{3}{7}x_3-\dfrac{13}{7}x_4+\dfrac{13}{7},\\ x_2=\dfrac{2}{7}x_3+\dfrac{4}{7}x_4-\dfrac{4}{7}.\end{cases}$特解为 $\boldsymbol{\eta}^*=\begin{pmatrix}13/7\\-4/7\\0\\0\end{pmatrix}$.

所以方程组的通解为 $\boldsymbol{\eta}=\boldsymbol{\eta}^*+k_1\boldsymbol{\xi}_1+k_2\boldsymbol{\xi}_2$($k_1,k_2$ 为任意常数).

例 4.8 已知非齐次线性方程组$\begin{cases}x_1+5x_2-x_3-x_4=-1,\\x_1+7x_2+x_3+3x_4=3,\\3x_1+17x_2-x_3+x_4=p,\\x_1+3x_2-3x_3-5x_4=-5,\end{cases}$讨论参数 p 取何值时，方程组有解、无解？当它有解时，求出它的通解.

解 先把增广矩阵进行行变换化简：

$$(\boldsymbol{A},\boldsymbol{b})=\begin{pmatrix}1&5&-1&-1&-1\\1&7&1&3&3\\3&17&-1&1&p\\1&3&-3&-5&-5\end{pmatrix}\xrightarrow[r_4-r_1]{\substack{r_2-r_1\\r_3-3r_1}}\begin{pmatrix}1&5&-1&-1&-1\\0&2&2&4&4\\0&2&2&4&p+3\\0&-2&-2&-4&-4\end{pmatrix}$$

$$\xrightarrow[\substack{r_3-r_2\\r_2\div 2}]{r_4+r_2}\begin{pmatrix}1&5&-1&-1&-1\\0&1&1&2&2\\0&0&0&0&p-1\\0&0&0&0&0\end{pmatrix}.$$

(1) 当 $p\neq 1$ 时，$r(\boldsymbol{A})=2\neq r(\bar{\boldsymbol{A}})=r(\boldsymbol{A},\boldsymbol{b})=3$，方程组无解.

(2) 当 $p=1$ 时，$r(\boldsymbol{A})=r(\bar{\boldsymbol{A}})=r(\boldsymbol{A},\boldsymbol{b})=2$，方程组有解，继续将矩阵化简为行最简形矩阵，得

$$\begin{pmatrix}1&5&-1&-1&-1\\0&1&1&2&2\\0&0&0&0&p-1\\0&0&0&0&0\end{pmatrix}\xrightarrow{r_1-5r_2}\begin{pmatrix}1&0&-6&-11&-11\\0&1&1&2&2\\0&0&0&0&0\\0&0&0&0&0\end{pmatrix},$$

得到同解的方程组$\begin{cases}x_1-6x_3-11x_4=-11,\\x_2+x_3+2x_4=2.\end{cases}$求得一个特解 $\boldsymbol{\eta}^*=(-11,2,0,0)^{\mathrm{T}}$.

原方程组的导出组的同解方程组为$\begin{cases}x_1-6x_3-11x_4=0,\\x_2+x_3+2x_4=0.\end{cases}$分别令$\begin{pmatrix}x_3\\x_4\end{pmatrix}=\begin{pmatrix}1\\0\end{pmatrix}$和$\begin{pmatrix}0\\1\end{pmatrix}$，可求得基础解系 $\boldsymbol{\xi}_1=(6,-1,1,0)^{\mathrm{T}}$，$\boldsymbol{\xi}_2=(11,-2,0,1)^{\mathrm{T}}$.

于是可求出通解 $\boldsymbol{\eta}=\boldsymbol{\eta}^*+k_1\boldsymbol{\xi}_1+k_2\boldsymbol{\xi}_2=(-11,2,0,0)^{\mathrm{T}}+k_1(6,-1,1,0)^{\mathrm{T}}+k_2(11,-2,0,1)^{\mathrm{T}}$（$k_1,k_2$ 为任意常数）.

例 4.9 设非齐次线性方程组

$$\begin{cases}x_1+3x_2+x_3=0,\\3x_1+2x_2+3x_3=-1,\\-x_1+4x_2+mx_3=k\end{cases}$$

有无穷多解，求 m,k 的值，并求出方程组的通解.

解 先把增广矩阵 $\bar{\boldsymbol{A}}=(\boldsymbol{A},\boldsymbol{b})$进行行变换化简：

$$(\boldsymbol{A},\boldsymbol{b})=\begin{pmatrix}1&3&1&0\\3&2&3&-1\\-1&4&m&k\end{pmatrix}\xrightarrow[r_3+r_1]{r_2-3r_1}\begin{pmatrix}1&3&1&0\\0&-7&0&-1\\0&7&m+1&k\end{pmatrix}$$

$$\xrightarrow{r_3+r_2}\begin{pmatrix}1 & 3 & 1 & 0\\ 0 & -7 & 0 & -1\\ 0 & 0 & m+1 & k-1\end{pmatrix}.$$

由于方程组有无穷多解，因此 $r(\boldsymbol{A})=r(\bar{\boldsymbol{A}})\leqslant 2$，由此得 $m=-1,k=1$.

此时可进一步化简增广矩阵为行最简形矩阵：

$$\begin{pmatrix}1 & 3 & 1 & 0\\ 0 & -7 & 0 & -1\\ 0 & 0 & m+1 & k-1\end{pmatrix}\xrightarrow[r_1-3r_2]{r_2\div(-7)}\begin{pmatrix}1 & 0 & 1 & -3/7\\ 0 & 1 & 0 & 1/7\\ 0 & 0 & 0 & 0\end{pmatrix}.$$

于是得到同解方程组 $\begin{cases}x_1+x_3=-3/7,\\ x_2=1/7,\end{cases}$ 求得一个特解 $\boldsymbol{\eta}^*=\left(-\dfrac{3}{7},\dfrac{1}{7},0\right)^{\mathrm{T}}$.

其导出组的同解方程组为 $\begin{cases}x_1+x_3=0,\\ x_2=0,\end{cases}$ 取 x_3 作为自由未知量，令 $x_3=1$，可求得基础解系 $\boldsymbol{\xi}_1=(-1,0,1)^{\mathrm{T}}$.

于是可求出通解 $\boldsymbol{\eta}=\boldsymbol{\eta}^*+k\boldsymbol{\xi}=\left(-\dfrac{3}{7},\dfrac{1}{7},0\right)^{\mathrm{T}}+k(-1,0,1)^{\mathrm{T}}$（$k$ 为任意常数）.

4.3　线性方程组的应用

线性方程组是线性代数的重要内容，与向量组、矩阵方程有密切的关系. 线性方程组在许多领域中都有广泛的应用，可以用于建模和解决电路分析、力学问题、热传导等工程和物理学现象；可以用于经济学中的供求关系、生产函数、投资组合等方面的模型建立和求解；可以用于金融学中的资产组合优化、风险管理、期权定价等问题的建模和计算；在线性规划、网络流问题、最小二乘法等运筹学和优化问题中起着重要的作用.

4.3.1　向量组与线性方程组

对于非齐次线性方程组 $\boldsymbol{Ax}=\boldsymbol{b}$，记系数矩阵 $\boldsymbol{A}=(\boldsymbol{\alpha}_1,\boldsymbol{\alpha}_2,\cdots,\boldsymbol{\alpha}_n)$，即

$$\boldsymbol{\alpha}_1=\begin{pmatrix}a_{11}\\ a_{21}\\ \vdots\\ a_{m1}\end{pmatrix},\boldsymbol{\alpha}_2=\begin{pmatrix}a_{12}\\ a_{22}\\ \vdots\\ a_{m2}\end{pmatrix},\cdots,\boldsymbol{\alpha}_n=\begin{pmatrix}a_{1n}\\ a_{2n}\\ \vdots\\ a_{mn}\end{pmatrix},$$

则其导出组 $\boldsymbol{Ax}=\boldsymbol{0}$ 可化为

$$x_1\boldsymbol{\alpha}_1+x_2\boldsymbol{\alpha}_2+\cdots+x_n\boldsymbol{\alpha}_n=\boldsymbol{0},\tag{4.5}$$

(4.5)式称为齐次线性方程组 $\boldsymbol{Ax}=\boldsymbol{0}$ 的向量形式.

非齐次线性方程组 $\boldsymbol{Ax}=\boldsymbol{b}$ 可化为

$$x_1\boldsymbol{\alpha}_1+x_2\boldsymbol{\alpha}_2+\cdots+x_n\boldsymbol{\alpha}_n=\boldsymbol{b},\tag{4.6}$$

(4.6)式称为非齐次线性方程组 $\boldsymbol{Ax}=\boldsymbol{b}$ 的向量形式.

定理 4.6　齐次线性方程组 $\boldsymbol{Ax}=\boldsymbol{0}$ 有唯一零解的充分必要条件是系数矩阵 $\boldsymbol{A}$ 的列向量

组线性无关.

证明 必要性:若已知齐次线性方程组有唯一零解,即当且仅当 $x_1=x_2=\cdots=x_n=0$ 时,

$$x_1\boldsymbol{\alpha}_1+x_2\boldsymbol{\alpha}_2+\cdots+x_n\boldsymbol{\alpha}_n=\mathbf{0}$$

成立,根据定义 3.4 知矩阵 $\boldsymbol{A}$ 的列向量组线性无关.

充分性:若矩阵 $\boldsymbol{A}$ 的列向量组线性无关,由线性无关定义可得,当 $x_1=x_2=\cdots=x_n=0$ 时,$x_1\boldsymbol{\alpha}_1+x_2\boldsymbol{\alpha}_2+\cdots+x_n\boldsymbol{\alpha}_n=\mathbf{0}$,即 $\boldsymbol{Ax}=\mathbf{0}$ 只有唯一零解.

推论 齐次线性方程组 $\boldsymbol{Ax}=\mathbf{0}$ 有非零解的充分必要条件是矩阵 $\boldsymbol{A}$ 的列向量组线性相关.

定理 4.7 非齐次线性方程组 $\boldsymbol{Ax}=\boldsymbol{b}$ 有解的充分必要条件是向量 $\boldsymbol{b}$ 可由系数矩阵 $\boldsymbol{A}$ 的列向量组线性表示.

证明 必要性:已知向量 $\boldsymbol{b}$ 可由系数矩阵 $\boldsymbol{A}$ 的列向量组线性表示,则存在 $x_1,x_2,\cdots,x_n$ 满足 $\boldsymbol{b}=x_1\boldsymbol{\alpha}_1+x_2\boldsymbol{\alpha}_2+\cdots+x_n\boldsymbol{\alpha}_n$,从而向量 $\boldsymbol{b}$ 可由系数矩阵 $\boldsymbol{A}$ 的列向量组线性表示.

充分性:若向量 $\boldsymbol{b}$ 可由系数矩阵 $\boldsymbol{A}$ 的列向量组线性表示,则存在 $x_1,x_2,\cdots,x_n$ 满足

$$\boldsymbol{b}=x_1\boldsymbol{\alpha}_1+x_2\boldsymbol{\alpha}_2+\cdots+x_n\boldsymbol{\alpha}_n,\text{即有}(\boldsymbol{\alpha}_1,\boldsymbol{\alpha}_2,\cdots,\boldsymbol{\alpha}_n)(x_1,x_2,\cdots,x_n)^{\mathrm{T}}=\boldsymbol{b}.$$

记 $\boldsymbol{A}=(\boldsymbol{\alpha}_1,\boldsymbol{\alpha}_2,\cdots,\boldsymbol{\alpha}_n)$,$\boldsymbol{x}=(x_1,x_2,\cdots,x_n)^{\mathrm{T}}$,则上式变为 $\boldsymbol{Ax}=\boldsymbol{b}$,由 $x_1,x_2,\cdots,x_n$ 的存在性知非齐次线性方程组 $\boldsymbol{Ax}=\boldsymbol{b}$ 有解.

推论 已知 m 维向量 $\boldsymbol{b}$ 及 m 维向量组 $\boldsymbol{\alpha}_1,\boldsymbol{\alpha}_2,\cdots,\boldsymbol{\alpha}_n$,记 $\boldsymbol{A}=(\boldsymbol{\alpha}_1,\boldsymbol{\alpha}_2,\cdots,\boldsymbol{\alpha}_n)$,$\bar{\boldsymbol{A}}=(\boldsymbol{\alpha}_1,\boldsymbol{\alpha}_2,\cdots,\boldsymbol{\alpha}_n,\boldsymbol{b})$.

(1)若 $r(\boldsymbol{A})\neq r(\bar{\boldsymbol{A}})$,则向量 $\boldsymbol{b}$ 不能由向量组 $\boldsymbol{\alpha}_1,\boldsymbol{\alpha}_2,\cdots,\boldsymbol{\alpha}_n$ 线性表示.

(2)若 $r(\boldsymbol{A})=r(\bar{\boldsymbol{A}})=n$,则向量 $\boldsymbol{b}$ 可由向量组 $\boldsymbol{\alpha}_1,\boldsymbol{\alpha}_2,\cdots,\boldsymbol{\alpha}_n$ 唯一线性表示.

(3)若 $r(\boldsymbol{A})=r(\bar{\boldsymbol{A}})<n$,则向量 $\boldsymbol{b}$ 可由向量组 $\boldsymbol{\alpha}_1,\boldsymbol{\alpha}_2,\cdots,\boldsymbol{\alpha}_n$ 线性表示,但表示式不唯一.

例 4.10 已知 $\boldsymbol{\alpha}_1=(1,4,0,2)^{\mathrm{T}}$,$\boldsymbol{\alpha}_2=(2,7,1,3)^{\mathrm{T}}$,$\boldsymbol{\alpha}_3=(0,1,-1,a)^{\mathrm{T}}$,$\boldsymbol{\beta}=(3,10,b,4)^{\mathrm{T}}$.

(1)a,b 取何值时,$\boldsymbol{\beta}$ 不能由 $\boldsymbol{\alpha}_1,\boldsymbol{\alpha}_2,\boldsymbol{\alpha}_3$ 线性表示?

(2)a,b 取何值时,$\boldsymbol{\beta}$ 可由 $\boldsymbol{\alpha}_1,\boldsymbol{\alpha}_2,\boldsymbol{\alpha}_3$ 线性表示?并写出此表示式.

解 设 $\boldsymbol{\beta}=k_1\boldsymbol{\alpha}_1+k_2\boldsymbol{\alpha}_2+k_3\boldsymbol{\alpha}_3$,则

$$\begin{cases}k_1+2k_2+0k_3=3,\\4k_1+7k_2+k_3=10,\\0k_1+k_2-k_3=b,\\2k_1+3k_2+ak_3=4.\end{cases}$$

解关于 k_1,k_2,k_3 非齐次线性方程组,将其增广矩阵化简为行阶梯形矩阵,得

$$\begin{pmatrix}1&2&0&3\\4&7&1&10\\0&1&-1&b\\2&3&a&4\end{pmatrix}\xrightarrow[r_4-2r_1]{r_2-4r_1}\begin{pmatrix}1&2&0&3\\0&-1&1&-2\\0&1&-1&b\\0&-1&a&-2\end{pmatrix}\xrightarrow[r_4-r_2]{r_3+r_2}\begin{pmatrix}1&2&0&3\\0&-1&1&-2\\0&0&0&b-2\\0&0&a-1&0\end{pmatrix}.$$

(1)当 $b\neq2$ 时,$r(\boldsymbol{A})\neq r(\bar{\boldsymbol{A}})$,方程组无解,$\boldsymbol{\beta}$ 不能由 $\boldsymbol{\alpha}_1,\boldsymbol{\alpha}_2,\boldsymbol{\alpha}_3$ 线性表示.

(2)当 $b=2$ 时,$r(\boldsymbol{A})=r(\bar{\boldsymbol{A}})$,方程组有解,$\boldsymbol{\beta}$ 可由 $\boldsymbol{\alpha}_1,\boldsymbol{\alpha}_2,\boldsymbol{\alpha}_3$ 线性表示.

①当 $a=1$ 时,对行阶梯形矩阵进一步化简为行最简形矩阵,得

$$\begin{pmatrix}1&2&0&3\\0&-1&1&-2\\0&0&0&b-2\\0&0&a-1&0\end{pmatrix}\xrightarrow{r_2\div(-1)}\begin{pmatrix}1&2&0&3\\0&1&-1&2\\0&0&0&0\\0&0&0&0\end{pmatrix}\xrightarrow{r_1-2r_2}\begin{pmatrix}1&0&2&-1\\0&1&-1&2\\0&0&0&0\\0&0&0&0\end{pmatrix}.$$

取 k_3 为自由未知量,得 $k_1=-2k_3-1,k_2=k_3+2$,从而得

$$\boldsymbol{\beta}=(-2k-1)\boldsymbol{\alpha}_1+(k+2)\boldsymbol{\alpha}_2+k\boldsymbol{\alpha}_3(k\text{ 为任意常数}).$$

②当 $a\neq1$ 时,对行阶梯形矩阵进一步化简为行最简形矩阵,得

$$\begin{pmatrix}1&2&0&3\\0&1&-1&2\\0&0&a-1&0\\0&0&0&0\end{pmatrix}\xrightarrow[r_1-2r_2]{r_2+\left(\frac{1}{a-1}\right)r_3}\begin{pmatrix}1&0&0&-1\\0&1&0&2\\0&0&a-1&0\\0&0&0&0\end{pmatrix},$$

解得 $k_1=-1,k_2=2,k_3=0$,所以 $\boldsymbol{\beta}=-\boldsymbol{\alpha}_1+2\boldsymbol{\alpha}_2$,$\boldsymbol{\beta}$ 由 $\boldsymbol{\alpha}_1,\boldsymbol{\alpha}_2,\boldsymbol{\alpha}_3$ 唯一线性表示.

例 4.11 设四元非齐次线性方程组 $\boldsymbol{Ax}=\boldsymbol{b}$ 的系数矩阵 $\boldsymbol{A}$ 的秩为 3,$\boldsymbol{\eta}_1,\boldsymbol{\eta}_2,\boldsymbol{\eta}_3$ 是它的 3 个特解,且 $\boldsymbol{\eta}_1=(3,4,5,6)^{\mathrm{T}}$,$\boldsymbol{\eta}_2+\boldsymbol{\eta}_3=(5,6,7,8)^{\mathrm{T}}$,求 $\boldsymbol{Ax}=\boldsymbol{b}$ 的通解.

解 由于系数矩阵 $\boldsymbol{A}$ 的秩为 3,故四元非齐次线性方程组 $\boldsymbol{Ax}=\boldsymbol{b}$ 的导出组 $\boldsymbol{Ax}=\boldsymbol{0}$ 的基础解系中解向量的个数为 $n-r(\boldsymbol{A})=4-3=1$. 根据非齐次线性方程组的性质知,$(\boldsymbol{\eta}_1-\boldsymbol{\eta}_2)+(\boldsymbol{\eta}_1-\boldsymbol{\eta}_3)=2\boldsymbol{\eta}_1-(\boldsymbol{\eta}_2+\boldsymbol{\eta}_3)=2(3,4,5,6)^{\mathrm{T}}-(5,6,7,8)^{\mathrm{T}}=(1,2,3,4)^{\mathrm{T}}$ 是 $\boldsymbol{Ax}=\boldsymbol{0}$ 的一组解,所以 $\boldsymbol{Ax}=\boldsymbol{b}$ 的通解为 $\boldsymbol{\eta}=\boldsymbol{\eta}^*+k\boldsymbol{\xi}=(3,4,5,6)^{\mathrm{T}}+k(1,2,3,4)^{\mathrm{T}}$($k$ 为任意常数).

例 4.12 已知 $\boldsymbol{\eta}_1=(1,2,3)^{\mathrm{T}}$,$\boldsymbol{\eta}_2=(3,0,1)^{\mathrm{T}}$ 是线性方程组 $\begin{cases}x_1-x_2+2x_3=5,\\2x_1+3x_2-x_3=5,\\ax_1+bx_2+cx_3=d\end{cases}$ 的两个解,求此方程组的通解.

解 由题意得线性方程组的系数矩阵 $\boldsymbol{A}=\begin{pmatrix}1&-1&2\\2&3&-1\\a&b&c\end{pmatrix}$,$\boldsymbol{\eta}_1,\boldsymbol{\eta}_2$ 为 $\boldsymbol{Ax}=\boldsymbol{b}$ 的两个不同解,则方程组有解且不唯一,所以有 $r(\boldsymbol{A})=r(\bar{\boldsymbol{A}})<3$.

又因为系数矩阵 $\boldsymbol{A}$ 的二阶子式 $\begin{vmatrix}1&-1\\2&3\end{vmatrix}=5\neq0$,可知 $r(\boldsymbol{A})\geqslant2$,又由于 $r(\boldsymbol{A})<3$,故 $r(\boldsymbol{A})=2$,这样 $\boldsymbol{Ax}=\boldsymbol{0}$ 的基础解系中解向量的个数为 $3-r(\boldsymbol{A})=3-2=1$. 根据非齐次线性方程组的性质知,$\boldsymbol{\xi}=\boldsymbol{\eta}_1-\boldsymbol{\eta}_2=(1,2,3)^{\mathrm{T}}-(3,0,1)^{\mathrm{T}}=(-2,2,2)^{\mathrm{T}}\neq\boldsymbol{0}$ 为 $\boldsymbol{Ax}=\boldsymbol{0}$ 的基础解系,所以非齐次线性方程组的通解为 $\boldsymbol{\eta}=\boldsymbol{\eta}^*+k\boldsymbol{\xi}=(1,2,3)^{\mathrm{T}}+k(-2,2,2)^{\mathrm{T}}$($k$ 为任意常数).

4.3.2 矩阵方程与线性方程组

1. $AB=0$ 与齐次线性方程组

定理 4.8 设 $\boldsymbol{A}$ 为 $m\times n$ 矩阵,$\boldsymbol{B}$ 为 $n\times s$ 矩阵,若 $\boldsymbol{AB}=\boldsymbol{0}$,则 $\boldsymbol{B}$ 的列向量均为齐次线性方程组 $\boldsymbol{Ax}=\boldsymbol{0}$ 的解向量.

证明 记 $\boldsymbol{B}=(\boldsymbol{\alpha}_1,\boldsymbol{\alpha}_2,\cdots,\boldsymbol{\alpha}_s)$,则 $\boldsymbol{AB}=\boldsymbol{A}(\boldsymbol{\alpha}_1,\boldsymbol{\alpha}_2,\cdots,\boldsymbol{\alpha}_s)=(\boldsymbol{A\alpha}_1,\boldsymbol{A\alpha}_2,\cdots,\boldsymbol{A\alpha}_s)$,又因为 $\boldsymbol{AB}=\boldsymbol{0}$,所以$(\boldsymbol{A\alpha}_1,\boldsymbol{A\alpha}_2,\cdots,\boldsymbol{A\alpha}_s)=(\boldsymbol{0},\boldsymbol{0},\cdots,\boldsymbol{0})$.

根据矩阵相等的定义得 $\boldsymbol{A\alpha}_i=\mathbf{0}(i=1,2,\cdots,s)$，这说明矩阵 $\boldsymbol{B}$ 的列向量 $\boldsymbol{\alpha}_1,\boldsymbol{\alpha}_2,\cdots,\boldsymbol{\alpha}_s$ 均为方程组 $\boldsymbol{Ax}=\mathbf{0}$ 的解向量.

推论 设 $\boldsymbol{A}$ 为 $m\times n$ 矩阵，$\boldsymbol{B}$ 为 $n\times s$ 矩阵，若 $\boldsymbol{AB}=\mathbf{0}$，且 $\boldsymbol{B}\neq\mathbf{0}$，则齐次线性方程组 $\boldsymbol{Ax}=\mathbf{0}$ 有非零解.

例 4.13 设齐次线性方程组 $\begin{cases}\lambda x_1+x_2+\lambda^2x_3=0,\\ x_1+\lambda x_2+x_3=0,\\ x_1+x_2+\lambda x_3=0\end{cases}$ 的系数矩阵为 $\boldsymbol{A}$，若存在三阶矩阵 $\boldsymbol{B}\neq\mathbf{0}$，使 $\boldsymbol{AB}=\mathbf{0}$，求 λ 的值.

解 存在三阶矩阵 $\boldsymbol{B}\neq\mathbf{0}$，使 $\boldsymbol{AB}=\mathbf{0}$，说明齐次线性方程组有非零解. 对于 3×3 矩阵 $\boldsymbol{A}$，要使齐次线性方程组有非零解，其等价条件是系数矩阵 $\boldsymbol{A}$ 对应的行列式 $|\boldsymbol{A}|=0$，即

$$|\boldsymbol{A}|=\begin{vmatrix}\lambda&1&\lambda^2\\1&\lambda&1\\1&1&\lambda\end{vmatrix}=-\begin{vmatrix}1&1&\lambda\\1&\lambda&1\\\lambda&1&\lambda^2\end{vmatrix}=-\begin{vmatrix}1&1&\lambda\\0&\lambda-1&1-\lambda\\0&1-\lambda&0\end{vmatrix}=(1-\lambda)^2=0,$$

所以 $\lambda=1$.

2. 解矩阵方程组

设有矩阵方程组 $\boldsymbol{AX}=\boldsymbol{B}$，若 $\boldsymbol{A}$ 可逆，可将方程两边同时左乘 $\boldsymbol{A}^{-1}$，可解得 $\boldsymbol{X}=\boldsymbol{A}^{-1}\boldsymbol{B}$. 利用初等变换的性质，如果对分块矩阵 $(\boldsymbol{A},\boldsymbol{B})$ 进行初等行变换，只要把左边 $\boldsymbol{A}$ 化为单位矩阵 $\boldsymbol{E}$，右边矩阵 $\boldsymbol{B}$ 就要化为 $\boldsymbol{A}^{-1}\boldsymbol{B}$，即 $\boldsymbol{X}=\boldsymbol{A}^{-1}\boldsymbol{B}$，此时 $\boldsymbol{X}$ 是唯一的.

若矩阵 $\boldsymbol{A}$ 不是方阵或不可逆时，可令 $\boldsymbol{X}=(\boldsymbol{X}_1,\boldsymbol{X}_2,\cdots,\boldsymbol{X}_s)$，$\boldsymbol{B}=(\boldsymbol{\alpha}_1,\boldsymbol{\alpha}_2,\cdots,\boldsymbol{\alpha}_s)$，这里 $\boldsymbol{X}_1,\boldsymbol{X}_2,\cdots,\boldsymbol{X}_s,\boldsymbol{\alpha}_1,\boldsymbol{\alpha}_2,\cdots,\boldsymbol{\alpha}_s$ 为列向量，由已知化为 s 个方程组 $\boldsymbol{AX}_i=\boldsymbol{\alpha}_i(i=1,2,\cdots,s)$，分别解出 $\boldsymbol{X}_1,\boldsymbol{X}_2,\cdots,\boldsymbol{X}_s$，此时 $\boldsymbol{X}$ 不唯一.

例 4.14 解矩阵方程组 $\boldsymbol{AX}=\boldsymbol{A}+2\boldsymbol{X}$，其中 $\boldsymbol{A}=\begin{pmatrix}0&3&3\\1&1&0\\-1&2&3\end{pmatrix}$.

解 由 $\boldsymbol{AX}=\boldsymbol{A}+2\boldsymbol{X}$ 得 $(\boldsymbol{A}-2\boldsymbol{E})\boldsymbol{X}=\boldsymbol{A}$.

因 $\boldsymbol{A}-2\boldsymbol{E}=\begin{pmatrix}0&3&3\\1&1&0\\-1&2&3\end{pmatrix}-\begin{pmatrix}2&0&0\\0&2&0\\0&0&2\end{pmatrix}=\begin{pmatrix}-2&3&3\\1&-1&0\\-1&2&1\end{pmatrix}$，它的行列式 $|\boldsymbol{A}-2\boldsymbol{E}|=2\neq0$，故它是可逆矩阵，用它的逆矩阵左乘上式两边得

$$\boldsymbol{X}=(\boldsymbol{A}-2\boldsymbol{E})^{-1}\boldsymbol{A}=\frac{1}{2}\begin{pmatrix}-1&3&3\\-1&1&3\\1&1&-1\end{pmatrix}\begin{pmatrix}0&3&3\\1&1&0\\-1&2&3\end{pmatrix}=\begin{pmatrix}0&3&3\\-1&2&3\\1&1&0\end{pmatrix}.$$

4.3.3 同解与公共解

1. 同解

线性方程组有下列 3 种变换，称为线性方程组的初等变换.

(1)换法变换：交换两个方程的位置.

(2)倍法变换:某个方程的两端同乘以一个非零常数.

(3)消法变换:把一个方程的若干倍加到另一个方程上去.

在线性方程组的 3 种初等变换之下,线性方程组的同解性不变,从而对线性方程组的同解性有以下结论:

(1)齐次线性方程组 $\boldsymbol{Ax}=\boldsymbol{0}$ 和 $\boldsymbol{Bx}=\boldsymbol{0}$ 同解的充分必要条件是 $r(\boldsymbol{A})=r\begin{pmatrix}\boldsymbol{A}\\ \boldsymbol{B}\end{pmatrix}=r(\boldsymbol{B})$.

(2)非齐次线性方程组 $\boldsymbol{Ax}=\boldsymbol{b}_1$ 和 $\boldsymbol{Bx}=\boldsymbol{b}_2$ 有解,则它们同解的充分必要条件是 $r(\boldsymbol{A})=r\begin{pmatrix}\boldsymbol{A} & \boldsymbol{b}_1\\ \boldsymbol{B} & \boldsymbol{b}_2\end{pmatrix}=r(\boldsymbol{B})$.

(3)常见的同解方程组如下:

①若 $\boldsymbol{P}$ 为 n 阶可逆矩阵,则 $\boldsymbol{Ax}=\boldsymbol{0}$ 和 $\boldsymbol{PAx}=\boldsymbol{0}$ 同解,$\boldsymbol{Ax}=\boldsymbol{b}$ 和 $\boldsymbol{PAx}=\boldsymbol{b}$ 同解,且 $r(\boldsymbol{A})=r(\boldsymbol{PA})$.

②若 $\boldsymbol{A}$ 为 $m\times n$ 型实矩阵,则 $\boldsymbol{Ax}=\boldsymbol{0}$ 和 $\boldsymbol{A}^{\mathrm{T}}\boldsymbol{Ax}=\boldsymbol{0}$ 同解,且 $r(\boldsymbol{A})=r(\boldsymbol{A}^{\mathrm{T}}\boldsymbol{A})$.

③若 $\boldsymbol{A}$ 为 n 阶实对称矩阵,则 $\boldsymbol{Ax}=\boldsymbol{0}$ 和 $\boldsymbol{A}^2\boldsymbol{x}=\boldsymbol{0}$ 同解,且 $r(\boldsymbol{A})=r(\boldsymbol{A}^2)$.

④若 $\boldsymbol{A}$ 为 n 阶方阵,则 $\boldsymbol{A}^n\boldsymbol{x}=\boldsymbol{0}$ 和 $\boldsymbol{A}^{n+1}\boldsymbol{x}=\boldsymbol{0}$ 同解,且 $r(\boldsymbol{A}^n)=r(\boldsymbol{A}^{n+1})$.

例 4.15　设方程组(1)$\begin{cases}lx_1+2x_2-x_3+x_4=-2,\\ 3x_1+3x_2+mx_3+2x_4=-11,\\ 2x_1+2x_2+2x_3+nx_4=-4\end{cases}$与方程组(2)$\begin{cases}x_1+3x_3=-2,\\ x_2-2x_3=5,\\ x_4=-10\end{cases}$是同解方程组,求方程组(1)中的 3 个参数 l,m,n 的值,并对方程组进行求解.

解　在方程组(2)中令 $x_3=1$,容易得到方程组的一个特解 $\boldsymbol{\eta}^*=(-5,7,1,-10)^{\mathrm{T}}$.由于方程组(1)与方程组(2)同解,所以 $\boldsymbol{\eta}^*$ 也满足方程组(1),把 $\boldsymbol{\eta}^*$ 代入方程组(1)得

$$\begin{cases}-5l+14-1-10=-2,\\ -15+21+m-20=-11,\\ -10+14+2-10n=-4,\end{cases}\quad \text{解得}\begin{cases}l=1,\\ m=3,\\ n=1.\end{cases}$$

将方程组(1)(2)合并为一个方程组,对其增广矩阵进行初等行变换得

$$\begin{pmatrix}1&0&3&0&-2\\0&1&-2&0&5\\0&0&0&1&-10\\1&2&-1&1&-2\\3&3&3&2&-11\\2&2&2&1&-4\end{pmatrix}\xrightarrow[\substack{r_5-3r_1\\ r_6-2r_1}]{r_4-r_1}\begin{pmatrix}1&0&3&0&-2\\0&1&-2&0&5\\0&0&0&1&-10\\0&2&-4&1&0\\0&3&-6&2&-5\\0&2&-4&1&0\end{pmatrix}$$

$$\xrightarrow[r_5-3r_2]{\substack{r_6-r_4\\ r_4-2r_2}}\begin{pmatrix}1&0&3&0&-2\\0&1&-2&0&5\\0&0&0&1&-10\\0&0&0&1&-10\\0&0&0&2&-20\\0&0&0&0&0\end{pmatrix}\xrightarrow[r_5-2r_3]{r_4-r_3}\begin{pmatrix}1&0&3&0&-2\\0&1&-2&0&5\\0&0&0&1&-10\\0&0&0&0&0\\0&0&0&0&0\\0&0&0&0&0\end{pmatrix}.$$

对应导出组的同解方程组为$\begin{cases}x_1=-3x_3,\\x_2=2x_3,\\x_4=0.\end{cases}$ 其基础解系为 $\boldsymbol{\xi}=(-3,2,1,0)^{\mathrm{T}}$.

所以两方程组同解，其通解为 $\boldsymbol{\eta}=\boldsymbol{\eta}^*+k\boldsymbol{\xi}=(-5,7,1,-10)^{\mathrm{T}}+k(-3,2,1,0)^{\mathrm{T}}$（$k$ 为任意常数）.

2. 公共解

公共解的求解方法一般包括两种类型：

(1)由两个方程组合并为一个新的方程组求公共解.若已知两个方程组(1)(2)的一般表达式，只需将这两个方程组(1)(2)合并为一个新的方程组(3)，此新方程组(3)的通解即为原两个方程组的公共解.

(2)由同解表达式相等求公共解.若已知方程组(1)的基础解系及方程组(2)的一般表达式，则只需把方程组(1)的通解代入方程组(2)即可求得两个方程组的公共解.

例 4.16 设线性方程组(1)$\begin{cases}x_1+x_4=0,\\x_2+x_3=0\end{cases}$与方程组(2)$\begin{cases}x_1+2x_3=0,\\2x_2+x_4=0,\end{cases}$求方程组(1)(2)的公共解.

解 联立两方程组得

$$\begin{cases}x_1+x_4=0,\\x_2+x_3=0,\\x_1+2x_3=0,\\2x_2+x_4=0.\end{cases}$$

对联立的新方程组系数矩阵进行初等行变换化为行最简形矩阵：

$$\boldsymbol{A}=\begin{pmatrix}1&0&0&1\\0&1&1&0\\1&0&2&0\\0&2&0&1\end{pmatrix}\xrightarrow{r_3-r_1}\begin{pmatrix}1&0&0&1\\0&1&1&0\\0&0&2&-1\\0&2&0&1\end{pmatrix}\xrightarrow{r_4-2r_2}\begin{pmatrix}1&0&0&1\\0&1&1&0\\0&0&2&-1\\0&0&-2&1\end{pmatrix}\xrightarrow[r_4+r_3]{r_1-r_3}\begin{pmatrix}1&0&2&0\\0&1&1&0\\0&0&2&-1\\0&0&0&0\end{pmatrix}.$$

其对应的同解方程组为$\begin{cases}x_1=-2x_3,\\x_2=-x_3,\\x_4=2x_3.\end{cases}$ 取 x_3 作为自由未知量，令 $x_3=1$，可得一组基础解系

$$\boldsymbol{\xi}=k(-2,-1,1,2)^{\mathrm{T}}\ (k\text{ 为任意常数}).$$

此基础解系为方程组(1)(2)的公共解.

4.4 运用 MATLAB 求解线性方程组

在自然科学和工程技术领域中，很多问题的解决可归结为解线性方程组.例如，电路中的电流和电压的关系可以通过线性方程组来表示.根据欧姆定律和基尔霍夫电流定律，可以建立电流的线性方程组，通过求解该方程组可以确定电路中各个元件的电流值.在结构力学中，可

以使用有限元法将结构抽象为节点和连杆，结构的平衡条件可以用线性方程组来表示，通过求解该方程组，可以得到结构中各个节点的位移和受力情况. 在数字信号处理中，线性方程组被广泛应用于滤波、频谱分析等问题中. 通过使用离散傅里叶变换(discrete Fourier transform，DFT)将信号转化为频域表示，可以得到一个线性方程组，通过求解该方程组可以还原信号的频谱. 这些只是自然科学和工程技术领域中应用线性方程组解决问题的一些示例. 线性方程组的应用范围非常广泛，涵盖了许多不同的学科和领域. 本节主要学习如何运用 MATLAB 来求解线性方程组.

4.4.1 求解齐次线性方程组

要使用 MATLAB 求解齐次线性方程组，可以使用 MATLAB 中的线性代数函数和运算符. 求解齐次线性方程组的基本步骤如下：

(1)构造系数矩阵 $\boldsymbol{A}$. 将齐次线性方程组转化为矩阵形式 $\boldsymbol{Ax}=\boldsymbol{0}$，其中 $\boldsymbol{A}$ 是系数矩阵，$\boldsymbol{x}$ 是未知变量向量，$\boldsymbol{0}$ 是零向量.

(2)使用 MATLAB 中的“null”函数或者“svd”函数求解方程组：在 MATLAB 命令窗口中输入 N=null(A)或者[U, S, V]=svd(A)，即可得到齐次线性方程组的基础解系. 使用 null 函数返回齐次线性方程组的零空间(核)，也就是方程组的解空间的一组基矢量；使用 svd 函数进行奇异值分解，通过提取奇异值分解的 $\boldsymbol{V}$ 矩阵的最后几列来获得齐次线性方程组的基础解系.

这只是一个简单的求解齐次线性方程组的过程. MATLAB 还提供了其他的线性代数函数和工具，用于处理更复杂的齐次线性方程组和相关问题.

例 4.17 求齐次线性方程组 $\begin{cases} x_1-8x_2+10x_3+2x_4=0, \\ 2x_1+4x_2+5x_3-x_4=0, \\ 3x_1+8x_2+6x_3-2x_4=0 \end{cases}$ 的基础解系与通解.

解

```
>> A=[1 -8 10 2;2 4 5 -1;3 8 6 -2];  %构造并输入系数矩阵A
>> B=sym(A);                        %将非符号对象转化为符号对象
>> C=null(B);                       %求齐次线性方程组的基础解系，并赋值给变量C
>> disp(C)                          %显示齐次线性方程组的基础解系
[  -4,    0]
[ 3/4,  1/4]
[   1,    0]
[   0,    1]
```

于是，方程组的基础解系为 $\boldsymbol{\xi}_1=(-4,3/4,1,0)^{\mathrm{T}}$，$\boldsymbol{\xi}_2=(0,1/4,0,1)^{\mathrm{T}}$，故方程组通解为 $\boldsymbol{\xi}=k_1\boldsymbol{\xi}_1+k_2\boldsymbol{\xi}_2$($k_1$，$k_2$ 为任意常数).

备注：当输入矩阵 $\boldsymbol{A}$ 是数值矩阵时，使用 null(A)会返回矩阵 $\boldsymbol{A}$ 的零空间(核)，也就是齐次线性方程组 $\boldsymbol{Ax}=\boldsymbol{0}$ 的解空间的一组规范正交的基础解系. 该函数基于数值计算方法进行计算. 当输入矩阵 $\boldsymbol{A}$ 是符号矩阵时，使用 null(sym(A))会返回矩阵 $\boldsymbol{A}$ 的零空间(核)的一组符号表达式. 在这种情况下，解是以符号形式给出的，而不是数值形式. 该函数基于符号计算方法进行计算. 使用符号矩阵和符号计算功能可以更灵活地处理代数表达式，并对矩阵的特定属性进行分析. 当需要推导、求解符号方程组或进行符号操作时，使用 null(sym(A))等符号计算函数可以提供更详细和精确的结果. 总之，null(A)适用于数值矩阵，返回数值形式的基础解系；null(sym(A))适用于符号矩阵，返回符号表达式形式的基础解系.

4.4.2 求解非齐次线性方程组

要使用 MATLAB 求解非齐次线性方程组,可以使用 MATLAB 中的线性代数函数和运算符.求解非齐次线性方程组的基本步骤如下:

(1)构造系数矩阵 $\boldsymbol{A}$ 和常数向量 $\boldsymbol{b}$.将非齐次线性方程组转化为矩阵形式 $\boldsymbol{Ax}=\boldsymbol{b}$,其中 $\boldsymbol{A}$ 是系数矩阵,$\boldsymbol{x}$ 是未知变量向量,$\boldsymbol{b}$ 是常数向量.

(2)判断系数矩阵与增广矩阵的秩.利用"rank"函数计算系数矩阵 $\boldsymbol{A}$ 和增广矩阵 $(\boldsymbol{A}\ \boldsymbol{b})$ 的秩.

①若系数矩阵 $\boldsymbol{A}$ 的秩不等于增广矩阵 $(\boldsymbol{A}\ \boldsymbol{b})$ 的秩,即 $r(\boldsymbol{A})\neq r(\boldsymbol{A}\ \boldsymbol{b})$,则方程组无解.

②若 $r(\boldsymbol{A})=r(\boldsymbol{A}\ \boldsymbol{b})=n$,则可利用求逆矩阵函数"inv"或反斜杠运算符"\",即 x=inv(A) * b 或x=A\b 求出方程组的唯一解.

③若 $r(\boldsymbol{A})=r(\boldsymbol{A}\ \boldsymbol{b})\neq n$,则方程组有无穷多解,用函数"rref"求出增广矩阵的行最简形矩阵,再确定导出组的基础解系和一个特解,最后求出方程组的通解.

例 4.18 已知非齐次线性方程组 $\begin{cases}x_1+2x_2-x_3=0,\\3x_1-2x_2+x_3=4,\\x_1-x_2-x_3=6,\end{cases}$ 先判断方程组是否有唯一解,然后再解方程组.

解

```
>> A=[1 2 -1;3 -2 1;1 -1 -1];  %构造系数矩阵A
>> b=[0;4;6];          %输入常数向量b
>> B=[A b];            %构造增广矩阵B
>> r=[rank(A) rank(B)];  %求出系数矩阵与增广矩阵的秩
>> disp(r)         %显示系数矩阵与增广矩阵的秩
     3     3
```

即 $r(\boldsymbol{A})=r(\boldsymbol{A}\ \boldsymbol{b})=3$,从而方程组有唯一解.

```
>> X=A\b;  %根据非齐次线性方程组的系数矩阵和常数向量求方程组的解
>> disp(x) %显示方程组的解
     1
    -2
    -3
```

```
>> X=inv(A)*b;  %根据非齐次线性方程组的系数矩阵和常数向量求方程组的解
>> disp(x) %显示方程组的解
     1
    -2
    -3
```

于是,此非齐次线性方程组的解为 $\boldsymbol{\eta}=(1,-2,-3)^{\mathrm{T}}$.

例 4.19 求解非齐次线性方程组 $\begin{cases}x_1-2x_2+4x_3=-5,\\2x_1+3x_2+x_3=4,\\3x_1+8x_2-2x_3=13.\end{cases}$

解

```
>> A=[1 -2 4;2 3 1;3 8 -2]; %构造系数矩阵A
>> b=[-5;4;13];   %输入常数向量b
>> B=[A b];    %构造增广矩阵B
>> r=[rank(A) rank(B)];  %求出系数矩阵与增广矩阵的秩
>> disp(r)         %显示系数矩阵与增广矩阵的秩
     2     2
```

即 $r(\boldsymbol{A})=r(\boldsymbol{A}\ \boldsymbol{b})=2<n=3$，从而方程组有无穷多解. 对增广矩阵进行初等行变换求通解.

```
>> ans=rref(B);  %对增广矩阵行初等行变换，化为行最简形矩阵
>> disp(ans)      %显示行最简形矩阵
     1     0     2    -1
     0     1    -1     2
     0     0     0     0
```

由行最简型矩阵可得原方程组的同解方程组 $\begin{cases}x_1=-2x_3-1,\\x_2=x_3+2.\end{cases}$ 于是它的导出组 $\begin{cases}x_1=-2x_3,\\x_2=x_3\end{cases}$ 的基础解系 $\boldsymbol{\xi}=(-2,1,1)^{\mathrm{T}}$，它的一个特解 $\boldsymbol{\eta}^*=(-1,2,0)^{\mathrm{T}}$，所以非齐次线性方程组的通解为 $\boldsymbol{\eta}=\boldsymbol{\eta}^*+k\boldsymbol{\xi}=(-1,2,0)^{\mathrm{T}}+k(-2,1,1)^{\mathrm{T}}$（$k$ 为任意常数）.

习题四

1. 设 $\boldsymbol{\alpha}_1,\boldsymbol{\alpha}_2,\boldsymbol{\alpha}_3$ 是 $\boldsymbol{Ax}=\boldsymbol{0}$ 的基础解系，问下列向量组是不是它的基础解系？

(1) $\boldsymbol{\alpha}_1,\boldsymbol{\alpha}_1-\boldsymbol{\alpha}_2,\boldsymbol{\alpha}_1-\boldsymbol{\alpha}_2-\boldsymbol{\alpha}_3$；　　(2) $\boldsymbol{\alpha}_1-\boldsymbol{\alpha}_2,\boldsymbol{\alpha}_2-\boldsymbol{\alpha}_3,\boldsymbol{\alpha}_3-\boldsymbol{\alpha}_1$.

2. 解以下齐次线性方程组，若有非零解，则求出它们的通解.

(1) $\begin{cases}x_1+2x_2-x_3=0,\\2x_1+3x_2+x_3=0,\\4x_1+7x_2-x_3=0;\end{cases}$　　(2) $\begin{cases}2x_1+2x_2+3x_3=0,\\2x_1+5x_2+3x_3=0,\\x_1+8x_3=0;\end{cases}$

(3) $\begin{cases}2x_1+3x_2+x_3-x_4=0,\\3x_1+4x_2+2x_3-2x_4=0,\\x_1+x_2+x_3-x_4=0;\end{cases}$　　(4) $\begin{cases}x_1+6x_2-x_3-4x_4=0,\\-2x_1-12x_2+5x_3+17x_4=0,\\3x_1+18x_2-x_3-6x_4=0.\end{cases}$

3. 给定齐次线性方程组

$$\begin{cases}x_1+x_2+x_3+x_4=0,\\x_1+\lambda x_2+x_3-x_4=0,\\x_1+x_2+\lambda x_3-x_4=0.\end{cases}$$

(1) 当 λ 满足什么条件时，方程组的基础解系中只含有一个解向量？

(2) 当 $\lambda=1$ 时，求方程组的通解.

4. 求一个齐次线性方程组，使向量组 $\boldsymbol{\xi}_1=(1,1,1,3)^{\mathrm{T}},\boldsymbol{\xi}_2=(2,3,4,5)^{\mathrm{T}}$ 成为它的一个

基础解系.

5. 下列非齐次线性方程组是否有解？若有解，求出其全部解.

(1)$\begin{cases} x_1+2x_2-x_3=1, \\ 2x_1+3x_2+x_3=0, \\ 4x_1+7x_2-x_3=2; \end{cases}$　(2)$\begin{cases} x_1-2x_2+2x_3+5x_4=-3, \\ -x_1+2x_2-x_3-x_4=1, \\ 2x_1-4x_2+2x_3+2x_4=2; \end{cases}$

(3)$\begin{cases} x_1-x_2-x_3+x_4=0, \\ x_1-x_2+x_3-3x_4=1, \\ x_1-x_2-2x_3+3x_4=-0.5; \end{cases}$　(4)$\begin{cases} x_1-2x_2+2x_3+5x_4=-3, \\ -x_1+2x_2-x_3-x_4=1, \\ 2x_1-4x_2+2x_3+2x_4=-2, \\ 3x_1-6x_2+6x_3+15x_4=-9. \end{cases}$

6. 已知非齐次线性方程组$\begin{cases} x_1+x_2-2x_3+3x_4=0, \\ 2x_1+x_2-6x_3+4x_4=-1, \\ 3x_1+2x_2+px_3+7x_4=-1, \\ x_1-x_2-6x_3-x_4=t, \end{cases}$讨论参数 p,t 取何值时，方程组有解、无解？当它有解时，求出它的通解.

7. 已知向量 $\boldsymbol{\beta}=(1,1,b+3,5)^{\mathrm{T}}$ 和向量组

$$\boldsymbol{\alpha}_1=(1,0,2,3)^{\mathrm{T}},\boldsymbol{\alpha}_2=(1,1,3,5)^{\mathrm{T}},\boldsymbol{\alpha}_3=(1,-1,a+2,1)^{\mathrm{T}},\boldsymbol{\alpha}_4=(1,2,4,a+8)^{\mathrm{T}}.$$

(1)a,b 取何值时，$\boldsymbol{\beta}$ 不能由 $\boldsymbol{\alpha}_1,\boldsymbol{\alpha}_2,\boldsymbol{\alpha}_3,\boldsymbol{\alpha}_4$ 线性表示？

(2)a,b 取何值时，$\boldsymbol{\beta}$ 可由 $\boldsymbol{\alpha}_1,\boldsymbol{\alpha}_2,\boldsymbol{\alpha}_3,\boldsymbol{\alpha}_4$ 唯一线性表示？并写出此表示式.

8. 设 n 阶矩阵 $\boldsymbol{A}$ 的各行元素之和均为 0，且 $\boldsymbol{A}$ 的秩为 $n-1$，求线性方程组 $\boldsymbol{Ax}=\boldsymbol{0}$ 的通解.

9. 设矩阵 $\boldsymbol{A}=\begin{pmatrix} 1 & 2 & -2 \\ 4 & \lambda & 3 \\ 3 & -1 & 1 \end{pmatrix}$，$\boldsymbol{B}$ 为三阶非零矩阵，且 $\boldsymbol{AB}=\boldsymbol{0}$，求 λ 的值.

10. 已知三阶非零矩阵 $\boldsymbol{B}$ 的每一列向量均是以下方程组的解：

$$\begin{cases} x_1+2x_2-2x_3=0, \\ 2x_1-x_2+\lambda x_3=0, \\ 3x_1+x_2-x_3=0. \end{cases}$$

(1)求 λ 的值；

(2)证明 $|\boldsymbol{B}|=0$.

11. 已知矩阵 $\boldsymbol{A}=\begin{pmatrix} 1 & 0 & 1 \\ 0 & 2 & 0 \\ 1 & 0 & 1 \end{pmatrix}$，解矩阵方程 $\boldsymbol{AX}+\boldsymbol{E}=\boldsymbol{A}^2+\boldsymbol{X}$.

12. 已知线性方程组

(1)$\begin{cases} x_1+x_2-2x_4=-6, \\ 4x_1-x_2-x_3-x_4=1, \\ 3x_1-x_2-x_3=3 \end{cases}$ 和(2)$\begin{cases} x_1+mx_2-x_3-x_4=-5, \\ nx_2-x_3-2x_4=-11, \\ x_3-2x_4=-t+1. \end{cases}$

问：当 m,n,t 为何值时，方程组(1)(2)同解？

13. 设线性方程组(1)$\begin{cases} x_1+x_2+x_3=0, \\ x_1+2x_2+ax_3=0, \\ x_1+4x_2+a^2x_3=0 \end{cases}$与方程组(2)$x_1+2x_2+x_3=a-1$有公共解，求$a$的值及所有公共解.

14. 已知齐次线性方程组(1)$\begin{cases} x_1+x_2-x_3=0, \\ x_2+x_3-x_4=0, \end{cases}$另一齐次线性方程组(2)的通解为$k_1(0,1,0,1)^{\mathrm{T}}+k_2(-1,0,1,1)^{\mathrm{T}}$，求方程组(1)(2)的公共解？

15. 设四元齐次线性方程组(1)为$\begin{cases} 2x_1+3x_2-x_3=0, \\ x_1+2x_2+x_3-x_4=0, \end{cases}$且已知另一四元齐次线性方程组(2)的一个基础解系为$\boldsymbol{\xi}_1=(2,-1,a+2,1)^{\mathrm{T}}$，$\boldsymbol{\xi}_2=(-1,2,4,a+8)^{\mathrm{T}}$.

(1)求方程组(1)的一组基础解系？

(2)当a为何值时，方程组(1)(2)有非零公共解？

第 5 章　特征值与特征向量

矩阵特征值、特征向量和矩阵相似对角化在物理学、数学、工程学、计算机科学等领域都有着广泛的应用，如振动问题、稳定性问题、信号处理问题和电路网络分析问题等都可归结为某些矩阵的特征值和特征向量问题. 本章主要讨论方阵的特征值与特征向量、相似矩阵等问题，重点讨论方阵的可相似对角化和实对称矩阵的正交相似对角化.

5.1　方阵的特征值与特征向量

在实际问题中，常常会遇到这样的问题：对于一个给定的 n 阶方阵 $\boldsymbol{A}$，是否存在一个非零向量，使得 $\boldsymbol{A\eta}$ 与 $\boldsymbol{\eta}$ 平行，即存在某个常数 λ，使得 $\boldsymbol{A\eta}=\lambda\boldsymbol{\eta}$ 成立. 在数学上，这就是矩阵的特征值与特征向量问题，它们不仅在专业数学和应用数学中有重要应用，而且在工程设计和数量经济分析等多个领域也有广泛的应用.

5.1.1　特征值与特征向量的定义

定义 5.1　设 $\boldsymbol{A}$ 是 n 阶方阵，如果存在数 λ 和 n 维非零列向量 $\boldsymbol{\eta}$，使关系式

$$\boldsymbol{A\eta}=\lambda\boldsymbol{\eta} \tag{5.1}$$

成立，那么称 λ 为方阵 $\boldsymbol{A}$ 的特征值，非零列向量 $\boldsymbol{\eta}$ 称为 $\boldsymbol{A}$ 的对应于特征值 λ 的特征向量.

如果非零列向量 $\boldsymbol{\eta}$ 是属于 λ 的特征向量，由于

$$\boldsymbol{A}(k\boldsymbol{\eta})=k(\boldsymbol{A\eta})=k\lambda\boldsymbol{\eta}=\lambda(k\boldsymbol{\eta}),$$

则 $k\boldsymbol{\eta}$ 也属于 λ 的特征向量 $(k\neq 0)$，因而方阵 $\boldsymbol{A}$ 的特征值对应无穷多个特征向量.

假设 $\boldsymbol{\eta}_1$ 和 $\boldsymbol{\eta}_2$ 是方阵 $\boldsymbol{A}$ 的属于 λ 的特征向量，由

$$\boldsymbol{A}(\boldsymbol{\eta}_1+\boldsymbol{\eta}_2)=\boldsymbol{A\eta}_1+\boldsymbol{A\eta}_2=\lambda\boldsymbol{\eta}_1+\lambda\boldsymbol{\eta}_2=\lambda(\boldsymbol{\eta}_1+\boldsymbol{\eta}_2),$$

则当 $\boldsymbol{\eta}_1+\boldsymbol{\eta}_2\neq\boldsymbol{0}$ 时，$\boldsymbol{\eta}_1+\boldsymbol{\eta}_2$ 也是属于 λ 的特征向量.

综上所述，可知属于同一特征值的特征向量的任意非零线性组合也是属于此特征值的特征向量.

注意　(1)特征值问题只是对方阵而言的.

(2)特征向量必须是非零向量.

下面讨论特征值与特征向量的求法.

(5.1)式通过移项整理可得

$$(\boldsymbol{A}-\lambda\boldsymbol{E})\boldsymbol{\eta}=\boldsymbol{0}\text{ 或 }(\lambda\boldsymbol{E}-\boldsymbol{A})\boldsymbol{\eta}=\boldsymbol{0}. \tag{5.2}$$

这是含 n 个未知量 n 个方程的齐次线性方程组，它有非零解的充分必要条件是系数行列式为 0，即

$$|\boldsymbol{A}-\lambda\boldsymbol{E}|=0. \tag{5.3}$$

即

$$\begin{vmatrix} a_{11}-\lambda & a_{12} & \cdots & a_{1n} \\ a_{21} & a_{22}-\lambda & \cdots & a_{2n} \\ \vdots & \vdots & & \vdots \\ a_{n1} & a_{n2} & \cdots & a_{nn}-\lambda \end{vmatrix}=0.$$

上式是以 λ 为未知量的一元 n 次方程，称为方阵 $\boldsymbol{A}$ 的特征方程. 其左端 $|\boldsymbol{A}-\lambda\boldsymbol{E}|$ 是 λ 的 n 次多项式，称为方阵 $\boldsymbol{A}$ 的特征多项式，记为 $f(\lambda)$. 显然，$\boldsymbol{A}$ 的特征值就是特征方程的根，在复数范围内，n 阶方阵有 n 个特征值（重根按重数计算）. 例如，对角矩阵、三角矩阵的特征值就是对角线元素.

对所求得的每个特征值 λ_i，则由方程

$$(\boldsymbol{A}-\lambda_i\boldsymbol{E})\boldsymbol{\eta}=\boldsymbol{0}$$

可求得其全部非零解，这些非零解便是方阵 $\boldsymbol{A}$ 的对应于 λ_i 的全部特征向量.

例 5.1　求矩阵 $\boldsymbol{A}=\begin{pmatrix} 2 & 1 \\ 3 & 4 \end{pmatrix}$ 的特征值和特征向量.

解　$\boldsymbol{A}$ 的特征多项式为

$$|\boldsymbol{A}-\lambda\boldsymbol{E}|=\begin{vmatrix} 2-\lambda & 1 \\ 3 & 4-\lambda \end{vmatrix}=(2-\lambda)(4-\lambda)-3=\lambda^2-6\lambda+5=(\lambda-1)(\lambda-5),$$

所以方阵 $\boldsymbol{A}$ 的特征值为 $\lambda_1=1,\lambda_2=5$.

当 $\lambda_1=1$ 时，解方程组 $(\boldsymbol{A}-\boldsymbol{E})\boldsymbol{\eta}=\boldsymbol{0}$，由

$$\boldsymbol{A}-\boldsymbol{E}=\begin{pmatrix} 1 & 1 \\ 3 & 3 \end{pmatrix}\xrightarrow{r_2-3r_1}\begin{pmatrix} 1 & 1 \\ 0 & 0 \end{pmatrix},$$

得该方程组的基础解系

$$\boldsymbol{\eta}_1=\begin{pmatrix} 1 \\ -1 \end{pmatrix},$$

所以对应于 $\lambda_1=1$ 的全部特征向量为 $k_1\boldsymbol{\eta}_1(k_1\neq 0)$.

当 $\lambda_2=5$ 时，解方程组 $(\boldsymbol{A}-5\boldsymbol{E})\boldsymbol{\eta}=\boldsymbol{0}$，由

$$\boldsymbol{A}-5\boldsymbol{E}=\begin{pmatrix} -3 & 1 \\ 3 & -1 \end{pmatrix}\xrightarrow[r_1\div(-1)]{r_2+r_1}\begin{pmatrix} 3 & -1 \\ 0 & 0 \end{pmatrix},$$

得该方程组的基础解系

$$\boldsymbol{\eta}_2=\begin{pmatrix} 1 \\ 3 \end{pmatrix},$$

所以对应于 $\lambda_2=5$ 的全部特征向量为 $k_2\boldsymbol{\eta}_2(k_2\neq 0)$.

例 5.2　求矩阵 $\boldsymbol{A}=\begin{pmatrix} 4 & 6 & 0 \\ -3 & -5 & 0 \\ -3 & -6 & 1 \end{pmatrix}$ 的特征值和对应的特征向量.

解 A 的特征多项式为

$$|A-\lambda E|=\begin{vmatrix}4-\lambda & 6 & 0\\ -3 & -5-\lambda & 0\\ -3 & -6 & 1-\lambda\end{vmatrix}=-(\lambda-1)^2(\lambda+2),$$

所以方阵 A 的特征值为 $\lambda_1=-2,\lambda_2=\lambda_3=1$.

当 $\lambda_1=-2$ 时,解方程组 $(A+2E)\eta=0$,由

$$A+2E=\begin{pmatrix}6 & 6 & 0\\ -3 & -3 & 0\\ -3 & -6 & 3\end{pmatrix}\longrightarrow\begin{pmatrix}1 & 0 & 1\\ 0 & 1 & -1\\ 0 & 0 & 0\end{pmatrix},$$

得该方程组的基础解系

$$\eta_1=\begin{pmatrix}-1\\ 1\\ 1\end{pmatrix},$$

所以对应于 $\lambda_1=-2$ 的全部特征向量为 $k_1\eta_1(k_1\neq 0)$.

当 $\lambda_2=\lambda_3=1$ 时,解方程组 $(A-E)\eta=0$,由

$$A-E=\begin{pmatrix}3 & 6 & 0\\ -3 & -6 & 0\\ -3 & -6 & 0\end{pmatrix}\longrightarrow\begin{pmatrix}1 & 2 & 0\\ 0 & 0 & 0\\ 0 & 0 & 0\end{pmatrix},$$

得该方程组的基础解系

$$\eta_2=\begin{pmatrix}-2\\ 1\\ 0\end{pmatrix},\eta_3=\begin{pmatrix}0\\ 0\\ 1\end{pmatrix}.$$

所以对应于 $\lambda_2=\lambda_3=1$ 的全部特征向量为 $k_2\eta_2+k_3\eta_3$(k_2,k_3 不同时为 0).

例 5.3 求矩阵 $A=\begin{pmatrix}-1 & 1 & 0\\ -4 & 3 & 0\\ 1 & 0 & 2\end{pmatrix}$ 的特征值和对应的特征向量.

解 A 的特征多项式为

$$|A-\lambda E|=\begin{vmatrix}-1-\lambda & 1 & 0\\ -4 & 3-\lambda & 0\\ 1 & 0 & 2-\lambda\end{vmatrix}=-(\lambda-1)^2(\lambda-2),$$

所以方阵 A 的特征值为 $\lambda_1=2,\lambda_2=\lambda_3=1$.

当 $\lambda_1=2$ 时,解方程组 $(A-2E)\eta=0$,由

$$A-2E=\begin{pmatrix}-3 & 1 & 0\\ -4 & 1 & 0\\ 1 & 0 & 0\end{pmatrix}\longrightarrow\begin{pmatrix}1 & 0 & 0\\ 0 & 1 & 0\\ 0 & 0 & 0\end{pmatrix},$$

得该方程组的基础解系

$$\eta_1=\begin{pmatrix}0\\ 0\\ 1\end{pmatrix},$$

所以对应于 $\lambda_1=2$ 的全部特征向量为 $k_1\boldsymbol{\eta}_1(k_1\neq 0)$.

当 $\lambda_2=\lambda_3=1$ 时，解方程组 $(\boldsymbol{A}-\boldsymbol{E})\boldsymbol{\eta}=\boldsymbol{0}$，由

$$\boldsymbol{A}-\boldsymbol{E}=\begin{pmatrix}-2&1&0\\-4&2&0\\1&0&1\end{pmatrix}\longrightarrow\begin{pmatrix}1&0&1\\0&1&2\\0&0&0\end{pmatrix},$$

得该方程组的基础解系

$$\boldsymbol{\eta}_2=\begin{pmatrix}-1\\-2\\1\end{pmatrix},$$

所以对应于 $\lambda_2=\lambda_3=1$ 的全部特征向量为 $k_2\boldsymbol{\eta}_2(k_2\neq 0)$.

由例 5.2、例 5.3 两个例子可知，例 5.2 的特征值 1 与例 5.3 的特征值 1 都是相应特征方程的二重根，但例 5.2 中的特征值 1 有两组线性无关的特征向量，而例 5.3 的特征值 1 只有一组线性无关的特征向量. 一般地，n 阶矩阵 $\boldsymbol{A}$ 必有 n 个特征值(重根按重数计算)，单根的特征值必有一组线性无关的特征向量；但对于 r 重根的特征值，其对应的线性无关的特征向量的组数，有可能是 r 组，也有可能少于 r 组，需由矩阵 $\boldsymbol{A}$ 的结构确定.

5.1.2　特征值与特征向量的性质

性质 5.1　设 n 阶矩阵 $\boldsymbol{A}=(a_{ij})_{n\times n}$ 的 n 个特征值为 $\lambda_1,\lambda_2,\cdots,\lambda_n$，则

(1) $\lambda_1+\lambda_2+\cdots+\lambda_n=a_{11}+a_{22}+\cdots+a_{nn}$，即 $\sum\limits_{i=1}^{n}\lambda_i=\sum\limits_{i=1}^{n}a_{ii}=\mathrm{tr}\boldsymbol{A}$；

(2) $\lambda_1\lambda_2\cdots\lambda_n=|\boldsymbol{A}|$.

其中，$\mathrm{tr}\boldsymbol{A}$ 称为方阵 $\boldsymbol{A}$ 的迹，为 $\boldsymbol{A}$ 的主对角线元素之和.

证明　$\boldsymbol{A}$ 的特征多项式

$$|\boldsymbol{A}-\lambda\boldsymbol{E}|=\begin{vmatrix}a_{11}-\lambda&a_{12}&\cdots&a_{1n}\\a_{21}&a_{22}-\lambda&\cdots&a_{2n}\\\vdots&\vdots&&\vdots\\a_{n1}&a_{n2}&\cdots&a_{nn}-\lambda\end{vmatrix},$$

考虑特征方程 $f(\lambda)=|\boldsymbol{A}-\lambda\boldsymbol{E}|=0$，而 $f(\lambda)=\lambda^n-(a_{11}+a_{22}+\cdots+a_{nn})\lambda^{n-1}+\cdots+(-1)^n|\boldsymbol{A}|$，由根与系数关系即得.

性质 5.2　设 $\boldsymbol{A}=(a_{ij})_{n\times n}$ 是可逆矩阵，则

(1) $\boldsymbol{A}$ 的特征值都不为 0.

(2) 若 λ 是 $\boldsymbol{A}$ 的特征值，则 λ^{-1} 是 $\boldsymbol{A}^{-1}$ 的特征值.

证明　(1) 设 $\boldsymbol{A}$ 的全部特征值为 $\lambda_1,\lambda_2,\cdots,\lambda_n$，由性质 5.1 知，$\lambda_1\lambda_2\cdots\lambda_n=|\boldsymbol{A}|$，因为 $\boldsymbol{A}$ 是可逆矩阵，所以 $|\boldsymbol{A}|\neq 0$，故 $\lambda_1,\lambda_2,\cdots,\lambda_n$ 都不为 0.

(2) 设 $\boldsymbol{\eta}$ 是可逆矩阵 $\boldsymbol{A}$ 的属于 λ 的特征向量，则 $\boldsymbol{A\eta}=\lambda\boldsymbol{\eta}$，由(1)得 $\lambda\neq 0$，于是

$$\frac{1}{\lambda}\boldsymbol{A\eta}=\boldsymbol{\eta},$$

用 $\boldsymbol{A}^{-1}$ 同时左乘上式的两边得

$$\boldsymbol{A}^{-1}\boldsymbol{\eta}=\frac{1}{\lambda}\boldsymbol{\eta},$$

由 $\boldsymbol{\eta}\neq\mathbf{0}$ 知,λ^{-1}是 $\boldsymbol{A}^{-1}$的特征值.

性质 5.3 若 λ 是方阵 $\boldsymbol{A}$ 的特征值,$\boldsymbol{\eta}$ 是属于 λ 的特征向量,则

(1)$\mu\lambda$ 是 $\mu\boldsymbol{A}$ 的特征值,$\boldsymbol{\eta}$ 是属于 $\mu\lambda$ 的特征向量(μ 是常数).

(2)λ^m 是 $\boldsymbol{A}^m$ 的特征值,$\boldsymbol{\eta}$ 是属于 λ^m 的特征向量(m 是自然数).

(3)设 $\varphi(\boldsymbol{x})=a_m\boldsymbol{x}^m+a_{m-1}\boldsymbol{x}^{m-1}+\cdots+a_1\boldsymbol{x}+a_0$ 是关于 $\boldsymbol{x}$ 的多项式,此时

$\varphi(\boldsymbol{A})=a_m\boldsymbol{A}^m+a_{m-1}\boldsymbol{A}^{m-1}+\cdots+a_1\boldsymbol{A}+a_0\boldsymbol{E}$ 和 $\varphi(\lambda)=a_m\lambda^m+a_{m-1}\lambda^{m-1}+\cdots+a_1\lambda+a_0$,则 $\varphi(\lambda)$是多项式矩阵 $\varphi(\boldsymbol{A})$的特征值.

(4)当$|\boldsymbol{A}|\neq0$ 时,则 $\lambda^{-1}|\boldsymbol{A}|$是伴随矩阵 $\boldsymbol{A}^*$ 的特征值,$\boldsymbol{\eta}$ 为对应的特征向量.

证明 由 $\boldsymbol{A}\boldsymbol{\eta}=\lambda\boldsymbol{\eta}$,可得

(1)$(\mu\boldsymbol{A})\boldsymbol{\eta}=\mu(\boldsymbol{A}\boldsymbol{\eta})=\mu(\lambda\boldsymbol{\eta})=(\mu\lambda)\boldsymbol{\eta}$.

(2)$\boldsymbol{A}^2\boldsymbol{\eta}=\boldsymbol{A}(\boldsymbol{A}\boldsymbol{\eta})=\boldsymbol{A}(\lambda\boldsymbol{\eta})=\lambda(\boldsymbol{A}\boldsymbol{\eta})=\lambda(\lambda\boldsymbol{\eta})=\lambda^2\boldsymbol{\eta}$,由归纳法可得

$$\boldsymbol{A}^m\boldsymbol{\eta}=\lambda^m\boldsymbol{\eta},m\in\mathbf{N}.$$

(3)由(1)(2)可知

$$\begin{aligned}\varphi(\boldsymbol{A})\boldsymbol{\eta}&=(a_m\boldsymbol{A}^m+a_{m-1}\boldsymbol{A}^{m-1}+\cdots+a_1\boldsymbol{A}+a_0\boldsymbol{E})\boldsymbol{\eta}=a_m\boldsymbol{A}^m\boldsymbol{\eta}+\cdots+a_1\boldsymbol{A}\boldsymbol{\eta}+a_0\boldsymbol{E}\boldsymbol{\eta}\\&=a_m\lambda^m\boldsymbol{\eta}+\cdots+a_1\lambda\boldsymbol{\eta}+a_0\boldsymbol{\eta}=(a_m\lambda^m+\cdots+a_1\lambda+a_0)\boldsymbol{\eta}=\varphi(\lambda)\boldsymbol{\eta},\end{aligned}$$

所以 $\varphi(\lambda)$是 $\varphi(\boldsymbol{A})$的特征值.

(4)当$|\boldsymbol{A}|\neq0$ 时,则 $\lambda\neq0$,又由性质 5.2 可得

$$\boldsymbol{A}^*\boldsymbol{\eta}=(|\boldsymbol{A}|\boldsymbol{A}^{-1})\boldsymbol{\eta}=|\boldsymbol{A}|(\boldsymbol{A}^{-1}\boldsymbol{\eta})=|\boldsymbol{A}|(\lambda^{-1}\boldsymbol{\eta})=(\lambda^{-1}|\boldsymbol{A}|)\boldsymbol{\eta}.$$

性质 5.4 矩阵 $\boldsymbol{A}$ 和 $\boldsymbol{A}^{\mathrm{T}}$ 有相同的特征值.

证明 因为$|\boldsymbol{A}^{\mathrm{T}}-\lambda\boldsymbol{E}|=|(\boldsymbol{A}^{\mathrm{T}}-\lambda\boldsymbol{E})^{\mathrm{T}}|=|\boldsymbol{A}-\lambda\boldsymbol{E}|$,所以矩阵 $\boldsymbol{A}$ 和 $\boldsymbol{A}^{\mathrm{T}}$ 有相同的特征多项式,即它们有相同的特征值.

性质 5.5 如果 $\boldsymbol{\eta}_1$ 与 $\boldsymbol{\eta}_2$ 是方阵 $\boldsymbol{A}$ 的同一个特征值 λ 所对应的特征向量,则 $k_1\boldsymbol{\eta}_1+k_2\boldsymbol{\eta}_2$($k_1,k_2$ 不同时为 0)也是特征值 λ 所对应的特征向量.

证明 由 $\boldsymbol{A}\boldsymbol{\eta}_1=\lambda\boldsymbol{\eta}_1,\boldsymbol{A}\boldsymbol{\eta}_2=\lambda\boldsymbol{\eta}_2$ 得

$\boldsymbol{A}(k_1\boldsymbol{\eta}_1+k_2\boldsymbol{\eta}_2)=\boldsymbol{A}(k_1\boldsymbol{\eta}_1)+\boldsymbol{A}(k_2\boldsymbol{\eta}_2)=k_1(\boldsymbol{A}\boldsymbol{\eta}_1)+k_2(\boldsymbol{A}\boldsymbol{\eta}_2)=k_1\lambda\boldsymbol{\eta}_1+k_2\lambda\boldsymbol{\eta}_2=\lambda(k_1\boldsymbol{\eta}_1+k_2\boldsymbol{\eta}_2)$,所以 $k_1\boldsymbol{\eta}_1+k_2\boldsymbol{\eta}_2$($k_1,k_2$ 不同时为 0)也是特征值 λ 所对应的特征向量.

性质 5.6 设 $\lambda_1,\lambda_2,\cdots,\lambda_m$ 是方阵 $\boldsymbol{A}$ 的 m 个特征值,$\boldsymbol{\eta}_1,\boldsymbol{\eta}_2,\cdots,\boldsymbol{\eta}_m$ 是依次与之对应的特征向量,如果 $\lambda_1,\lambda_2,\cdots,\lambda_m$ 互不相等,则 $\boldsymbol{\eta}_1,\boldsymbol{\eta}_2,\cdots,\boldsymbol{\eta}_m$ 线性无关.

证明 用数学归纳法.当 $m=1$ 时,性质显然成立;

假设当 $m=k$ 时结论成立,即向量组 $\boldsymbol{\eta}_1,\boldsymbol{\eta}_2,\cdots,\boldsymbol{\eta}_k$ 线性无关.下面证明向量组 $\boldsymbol{\eta}_1,\boldsymbol{\eta}_2,\cdots,\boldsymbol{\eta}_k,\boldsymbol{\eta}_{k+1}$线性无关.令

$$x_1\boldsymbol{\eta}_1+x_2\boldsymbol{\eta}_2+\cdots+x_k\boldsymbol{\eta}_k+x_{k+1}\boldsymbol{\eta}_{k+1}=\mathbf{0},\tag{5.4}$$

用矩阵 $\boldsymbol{A}$ 左乘上式得

$$x_1\boldsymbol{A}\boldsymbol{\eta}_1+x_2\boldsymbol{A}\boldsymbol{\eta}_2+\cdots+x_k\boldsymbol{A}\boldsymbol{\eta}_k+x_{k+1}\boldsymbol{A}\boldsymbol{\eta}_{k+1}=\mathbf{0},$$

即

$$x_1\lambda_1\boldsymbol{\eta}_1+x_2\lambda_2\boldsymbol{\eta}_2+\cdots+x_k\lambda_k\boldsymbol{\eta}_k+x_{k+1}\lambda_{k+1}\boldsymbol{\eta}_{k+1}=\mathbf{0}.\tag{5.5}$$

用(5.5)式减去(5.4)式的 λ_{k+1} 倍,得

$$x_1(\lambda_1-\lambda_{k+1})\boldsymbol{\eta}_1+x_2(\lambda_2-\lambda_{k+1})\boldsymbol{\eta}_2+\cdots+x_k(\lambda_k-\lambda_{k+1})\boldsymbol{\eta}_k=\mathbf{0}.$$

由于 $\boldsymbol{\eta}_1,\boldsymbol{\eta}_2,\cdots,\boldsymbol{\eta}_m$ 线性无关,故 $x_i(\lambda_i-\lambda_{k+1})=0(i=1,2,\cdots,k)$. 而 $\lambda_1,\lambda_2,\cdots,\lambda_m$ 互不相等,所以 $x_i=0(i=1,2,\cdots,k)$. 代入(5.4)式得 $x_{k+1}\boldsymbol{\eta}_{k+1}=\mathbf{0}$. 又由于 $\boldsymbol{\eta}_{k+1}\neq\mathbf{0}$,则 $x_{k+1}=0$. 因此,向量组 $\boldsymbol{\eta}_1,\boldsymbol{\eta}_2,\cdots,\boldsymbol{\eta}_k,\boldsymbol{\eta}_{k+1}$ 线性无关.

例 5.4 已知 3 阶矩阵 $\boldsymbol{A}$ 的特征值为 $-1,1,3$,求 $|\boldsymbol{A}^*-2\boldsymbol{A}+3\boldsymbol{E}|$.

解 因 $\boldsymbol{A}$ 的特征值全不为 0,即可知 $\boldsymbol{A}$ 可逆,且 $|\boldsymbol{A}|=\lambda_1\lambda_2\lambda_3=-1\times1\times3=-3$,故 $\boldsymbol{A}^*=|\boldsymbol{A}|\boldsymbol{A}^{-1}=-3\boldsymbol{A}^{-1}$,所以

$$\boldsymbol{A}^*-2\boldsymbol{A}+3\boldsymbol{E}=-3\boldsymbol{A}^{-1}-2\boldsymbol{A}+3\boldsymbol{E}.$$

把上式记作 $\varphi(\boldsymbol{A})=-3\boldsymbol{A}^{-1}-2\boldsymbol{A}+3\boldsymbol{E}$,有 $\varphi(\lambda)=-3\lambda^{-1}-2\lambda+3$. 这里 $\varphi(\boldsymbol{A})$ 虽不是矩阵多项式,但也具有矩阵多项式的特性,从而可知 $\varphi(\boldsymbol{A})$ 的特征值为 $\varphi(-1)=8,\varphi(1)=-2,\varphi(3)=-4$,因此

$$|\boldsymbol{A}^*-2\boldsymbol{A}+3\boldsymbol{E}|=\varphi(-1)\times\varphi(1)\times\varphi(3)=8\times(-2)\times(-4)=64.$$

例 5.5 设 $\boldsymbol{\eta}_1$ 是方阵 $\boldsymbol{A}$ 的属于特征值 λ_1 的特征向量,$\boldsymbol{\eta}_2$ 是方阵 $\boldsymbol{A}$ 的属于特征值 λ_2 的特征向量,如果 $\lambda_1\neq\lambda_2$,则 $\boldsymbol{\eta}_1+\boldsymbol{\eta}_2$ 不是 $\boldsymbol{A}$ 的特征向量.

证明 用反证法. 假设 $\boldsymbol{\eta}_1+\boldsymbol{\eta}_2$ 是 $\boldsymbol{A}$ 的属于 λ 的特征向量,则

$\boldsymbol{A}(\boldsymbol{\eta}_1+\boldsymbol{\eta}_2)=\lambda(\boldsymbol{\eta}_1+\boldsymbol{\eta}_2)=\lambda\boldsymbol{\eta}_1+\lambda\boldsymbol{\eta}_2$,而 $\boldsymbol{A}(\boldsymbol{\eta}_1+\boldsymbol{\eta}_2)=\boldsymbol{A}\boldsymbol{\eta}_1+\boldsymbol{A}\boldsymbol{\eta}_2=\lambda_1\boldsymbol{\eta}_1+\lambda_2\boldsymbol{\eta}_2$,所以

$$(\lambda-\lambda_1)\boldsymbol{\eta}_1+(\lambda-\lambda_2)\boldsymbol{\eta}_2=\mathbf{0}.$$

因为 $\boldsymbol{\eta}_1,\boldsymbol{\eta}_2$ 是属于不同特征值的特征向量,所以 $\boldsymbol{\eta}_1,\boldsymbol{\eta}_2$ 线性无关,则

$$\lambda-\lambda_1=0,\lambda-\lambda_2=0,$$

即 $\lambda=\lambda_1=\lambda_2$,这与题设 $\lambda_1\neq\lambda_2$ 矛盾,因此 $\boldsymbol{\eta}_1+\boldsymbol{\eta}_2$ 不是 $\boldsymbol{A}$ 的特征向量.

5.2 相似矩阵

矩阵的相似是同阶方阵之间的一种重要关系,矩阵的相似关系实质上是矩阵的一种分解. 本节先介绍相似矩阵的概念和性质,然后给出矩阵与对角阵相似的充分必要条件,最后给出方阵对角化的具体例子及其应用.

5.2.1 相似矩阵的定义及性质

定义 5.2 设 $\boldsymbol{A},\boldsymbol{B}$ 都是 n 阶矩阵,若有可逆矩阵 $\boldsymbol{P}$,使

$$\boldsymbol{P}^{-1}\boldsymbol{A}\boldsymbol{P}=\boldsymbol{B},$$

则称 $\boldsymbol{B}$ 是 $\boldsymbol{A}$ 的相似矩阵,或者说矩阵 $\boldsymbol{A}$ 与 $\boldsymbol{B}$ 相似,记作 $\boldsymbol{A}\sim\boldsymbol{B}$. 对 $\boldsymbol{A}$ 进行运算 $\boldsymbol{P}^{-1}\boldsymbol{A}\boldsymbol{P}$ 称为对 $\boldsymbol{A}$ 进行相似变换,可逆矩阵 $\boldsymbol{P}$ 称为把 $\boldsymbol{A}$ 变成 $\boldsymbol{B}$ 的相似变换矩阵.

矩阵的相似关系是一种等价关系,即有

(1)自反性:对任意 n 阶方阵 $\boldsymbol{A}$,$\boldsymbol{A}$ 与 $\boldsymbol{A}$ 相似,因为 $\boldsymbol{E}^{-1}\boldsymbol{A}\boldsymbol{E}=\boldsymbol{A}$.

(2)对称性:若 $\boldsymbol{A}$ 与 $\boldsymbol{B}$ 相似,则 $\boldsymbol{B}$ 与 $\boldsymbol{A}$ 也相似.

因为 $\boldsymbol{P}^{-1}\boldsymbol{A}\boldsymbol{P}=\boldsymbol{B}$,则有 $(\boldsymbol{P}^{-1})^{-1}\boldsymbol{B}\boldsymbol{P}^{-1}=\boldsymbol{A}$.

(3)传递性:若 $\boldsymbol{A}$ 与 $\boldsymbol{B}$ 相似,$\boldsymbol{B}$ 与 $\boldsymbol{C}$ 相似,则 $\boldsymbol{A}$ 与 $\boldsymbol{C}$ 相似.

因为 $\boldsymbol{P}^{-1}\boldsymbol{AP}=\boldsymbol{B},\boldsymbol{Q}^{-1}\boldsymbol{BQ}=\boldsymbol{C}$,则有

$$\boldsymbol{C}=\boldsymbol{Q}^{-1}\boldsymbol{BQ}=\boldsymbol{Q}^{-1}(\boldsymbol{P}^{-1}\boldsymbol{AP})\boldsymbol{Q}=(\boldsymbol{Q}^{-1}\boldsymbol{P}^{-1})\boldsymbol{A}(\boldsymbol{PQ})=(\boldsymbol{PQ})^{-1}\boldsymbol{A}(\boldsymbol{PQ}).$$

相似矩阵具有如下性质.

性质 5.7 若 $\boldsymbol{A}\sim\boldsymbol{B}$,则 $R(\boldsymbol{A})=R(\boldsymbol{B})$ 且 $|\boldsymbol{A}|=|\boldsymbol{B}|$.

证明 若 $\boldsymbol{A}$ 与 $\boldsymbol{B}$ 相似,则存在可逆矩阵 $\boldsymbol{P}$,使 $\boldsymbol{P}^{-1}\boldsymbol{AP}=\boldsymbol{B}$,则 $\boldsymbol{A}$ 与 $\boldsymbol{B}$ 等价,因而它们的秩相同,且有

$$|\boldsymbol{B}|=|\boldsymbol{P}^{-1}\boldsymbol{AP}|=|\boldsymbol{P}^{-1}||\boldsymbol{A}||\boldsymbol{P}|=|\boldsymbol{A}|.$$

性质 5.8 若 $\boldsymbol{A}\sim\boldsymbol{B}$,且 $\boldsymbol{A}$ 可逆,则 $\boldsymbol{B}$ 也是可逆的,且 $\boldsymbol{A}^{-1}\sim\boldsymbol{B}^{-1}$.

证明 若 $\boldsymbol{A}$ 与 $\boldsymbol{B}$ 相似,则存在可逆矩阵 $\boldsymbol{P}$,使 $\boldsymbol{P}^{-1}\boldsymbol{AP}=\boldsymbol{B}$. 又因为矩阵 $\boldsymbol{A}$ 可逆,所以矩阵 $\boldsymbol{B}$ 也是可逆的,于是

$$\boldsymbol{B}^{-1}=(\boldsymbol{P}^{-1}\boldsymbol{AP})^{-1}=\boldsymbol{P}^{-1}\boldsymbol{A}^{-1}\boldsymbol{P},$$

所以 $\boldsymbol{A}^{-1}\sim\boldsymbol{B}^{-1}$.

性质 5.9 若 $\boldsymbol{A}\sim\boldsymbol{B}$,则 $\boldsymbol{A}^{\mathrm{T}}\sim\boldsymbol{B}^{\mathrm{T}}$.

证明 若 $\boldsymbol{A}$ 与 $\boldsymbol{B}$ 相似,则存在可逆矩阵 $\boldsymbol{P}$,使 $\boldsymbol{P}^{-1}\boldsymbol{AP}=\boldsymbol{B}$. 于是

$$\boldsymbol{B}^{\mathrm{T}}=(\boldsymbol{P}^{-1}\boldsymbol{AP})^{\mathrm{T}}=\boldsymbol{P}^{\mathrm{T}}\boldsymbol{A}^{\mathrm{T}}(\boldsymbol{P}^{-1})^{\mathrm{T}}=\boldsymbol{P}^{\mathrm{T}}\boldsymbol{A}^{\mathrm{T}}(\boldsymbol{P}^{\mathrm{T}})^{-1}=\boldsymbol{Q}^{-1}\boldsymbol{A}^{\mathrm{T}}\boldsymbol{Q},\text{其中 }\boldsymbol{Q}=(\boldsymbol{P}^{\mathrm{T}})^{-1},$$

所以 $\boldsymbol{A}^{\mathrm{T}}\sim\boldsymbol{B}^{\mathrm{T}}$.

性质 5.10 若 $\boldsymbol{A}\sim\boldsymbol{B}$,则 $\boldsymbol{A}^k\sim\boldsymbol{B}^k$,其中 k 为正整数.

证明 若 $\boldsymbol{A}$ 与 $\boldsymbol{B}$ 相似,则存在可逆矩阵 $\boldsymbol{P}$,使 $\boldsymbol{P}^{-1}\boldsymbol{AP}=\boldsymbol{B}$. 于是

$$\boldsymbol{B}^k=(\boldsymbol{P}^{-1}\boldsymbol{AP})^k=(\boldsymbol{P}^{-1}\boldsymbol{AP})(\boldsymbol{P}^{-1}\boldsymbol{AP})\cdots(\boldsymbol{P}^{-1}\boldsymbol{AP})=\boldsymbol{P}^{-1}\boldsymbol{A}^k\boldsymbol{P},$$

所以 $\boldsymbol{A}^k\sim\boldsymbol{B}^k$.

性质 5.11 若 $\boldsymbol{A}\sim\boldsymbol{B}$,设 $\varphi(x)$ 是一个多项式,则 $\varphi(\boldsymbol{A})\sim\varphi(\boldsymbol{B})$.

证明 若 $\boldsymbol{A}$ 与 $\boldsymbol{B}$ 相似,即存在可逆矩阵 $\boldsymbol{P}$,使 $\boldsymbol{P}^{-1}\boldsymbol{AP}=\boldsymbol{B}$. 于是矩阵 $\boldsymbol{B}$ 的多项式

$$\begin{aligned}\varphi(\boldsymbol{B})&=a_m\boldsymbol{B}^m+\cdots+a_1\boldsymbol{B}+a_0\boldsymbol{E}=a_m(\boldsymbol{P}^{-1}\boldsymbol{AP})^m+\cdots+a_1(\boldsymbol{P}^{-1}\boldsymbol{AP})+a_0\boldsymbol{E}\\&=a_m(\boldsymbol{P}^{-1}\boldsymbol{A}^m\boldsymbol{P})+\cdots+a_1(\boldsymbol{P}^{-1}\boldsymbol{AP})+a_0\boldsymbol{E}=\boldsymbol{P}^{-1}(a_m\boldsymbol{A}^m)\boldsymbol{P}+\cdots+\boldsymbol{P}^{-1}(a_1\boldsymbol{A})\boldsymbol{P}+\\&\quad\boldsymbol{P}^{-1}(a_0\boldsymbol{E})\boldsymbol{P}=\boldsymbol{P}^{-1}(a_m\boldsymbol{A}^m+\cdots+a_1\boldsymbol{A}+a_0\boldsymbol{E})\boldsymbol{P}=\boldsymbol{P}^{-1}\varphi(\boldsymbol{A})\boldsymbol{P},\end{aligned}$$

所以 $\varphi(\boldsymbol{A})\sim\varphi(\boldsymbol{B})$.

定理 5.1 若 n 阶方阵 $\boldsymbol{A}$ 与 $\boldsymbol{B}$ 相似,则方阵 $\boldsymbol{A}$ 与 $\boldsymbol{B}$ 的特征多项式相同.

证明 若 $\boldsymbol{A}$ 与 $\boldsymbol{B}$ 相似,则存在可逆矩阵 $\boldsymbol{P}$,使 $\boldsymbol{P}^{-1}\boldsymbol{AP}=\boldsymbol{B}$. 于是

$$|\boldsymbol{B}-\lambda\boldsymbol{E}|=|\boldsymbol{P}^{-1}\boldsymbol{AP}-\boldsymbol{P}^{-1}(\lambda\boldsymbol{E})\boldsymbol{P}|=|\boldsymbol{P}^{-1}(\boldsymbol{A}-\lambda\boldsymbol{E})\boldsymbol{P}|=|\boldsymbol{P}^{-1}||\boldsymbol{A}-\lambda\boldsymbol{E}||\boldsymbol{P}|=|\boldsymbol{A}-\lambda\boldsymbol{E}|.$$

注意 定理的逆命题并不成立,即特征多项式相同的矩阵不一定相似,如

$$\boldsymbol{A}=\begin{pmatrix}1&1\\0&1\end{pmatrix},\boldsymbol{E}=\begin{pmatrix}1&0\\0&1\end{pmatrix},$$

$\boldsymbol{A}$ 与 $\boldsymbol{E}$ 的特征多项式相同,但 $\boldsymbol{A}$ 与 $\boldsymbol{E}$ 不相似,因为单位矩阵只能与自身相似.

推论 1 若 n 阶方阵 $\boldsymbol{A}$ 与 $\boldsymbol{B}$ 相似,则 $\boldsymbol{A}$ 与 $\boldsymbol{B}$ 的特征值相同,从而 $\boldsymbol{A}$ 与 $\boldsymbol{B}$ 的行列式相等.

推论 2 若 n 阶方阵 $\boldsymbol{A}$ 与对角阵

$$\boldsymbol{\Lambda}=\begin{pmatrix}\lambda_1 & & & \\ & \lambda_2 & & \\ & & \ddots & \\ & & & \lambda_n\end{pmatrix}$$

相似，则 $\lambda_1,\lambda_2,\cdots,\lambda_n$ 是方阵 $\boldsymbol{A}$ 的全部 n 个特征值.

特别地，若有可逆矩阵 $\boldsymbol{P}$，使 $\boldsymbol{P}^{-1}\boldsymbol{AP}=\boldsymbol{\Lambda}$ 为对角阵，则

$$\boldsymbol{A}^k=\boldsymbol{P\Lambda}^k\boldsymbol{P}^{-1},\varphi(\boldsymbol{A})=\boldsymbol{P}\varphi(\boldsymbol{\Lambda})\boldsymbol{P}^{-1}.$$

而对于对角阵 $\boldsymbol{\Lambda}=\mathrm{diag}(\lambda_1,\lambda_2,\cdots,\lambda_n)$，有

$$\boldsymbol{\Lambda}^k=\begin{pmatrix}\lambda_1^k & & & \\ & \lambda_2^k & & \\ & & \ddots & \\ & & & \lambda_n^k\end{pmatrix},\varphi(\boldsymbol{\Lambda})=\begin{pmatrix}\varphi(\lambda_1) & & & \\ & \varphi(\lambda_2) & & \\ & & \ddots & \\ & & & \varphi(\lambda_n)\end{pmatrix},$$

由此可方便地计算 $\boldsymbol{A}$ 的高次幂 $\boldsymbol{A}^k$ 及 $\boldsymbol{A}$ 的多项式 $\varphi(\boldsymbol{A})$.

5.2.2 方阵的相似对角化

定义 5.3 若方阵 $\boldsymbol{A}$ 能与一个对角阵 $\boldsymbol{\Lambda}$ 相似，则称 $\boldsymbol{A}$ 可相似对角化，简称 $\boldsymbol{A}$ 可对角化.

定理 5.2 n 阶方阵 $\boldsymbol{A}$ 可相似对角化的充分必要条件是 $\boldsymbol{A}$ 有 n 个线性无关的特征向量.

证明 先证必要性：设与 $\boldsymbol{A}$ 相似的对角阵为

$$\boldsymbol{\Lambda}=\begin{pmatrix}\lambda_1 & & & \\ & \lambda_2 & & \\ & & \ddots & \\ & & & \lambda_n\end{pmatrix},$$

则存在一个可逆矩阵 $\boldsymbol{P}$，使 $\boldsymbol{P}^{-1}\boldsymbol{AP}=\boldsymbol{\Lambda}$，等式两边分别左乘 $\boldsymbol{P}$，于是有 $\boldsymbol{AP}=\boldsymbol{P\Lambda}$，将矩阵 $\boldsymbol{P}$ 按列分块，记 $\boldsymbol{P}=(\boldsymbol{\eta}_1,\boldsymbol{\eta}_2,\cdots,\boldsymbol{\eta}_n)$，则上式成为

$$\boldsymbol{A}(\boldsymbol{\eta}_1,\boldsymbol{\eta}_2,\cdots,\boldsymbol{\eta}_n)=(\boldsymbol{\eta}_1,\boldsymbol{\eta}_2,\cdots,\boldsymbol{\eta}_n)\begin{pmatrix}\lambda_1 & & & \\ & \lambda_2 & & \\ & & \ddots & \\ & & & \lambda_n\end{pmatrix}=(\lambda_1\boldsymbol{\eta}_1,\lambda_2\boldsymbol{\eta}_2,\cdots,\lambda_n\boldsymbol{\eta}_n),$$

于是，

$$\boldsymbol{A\eta}_1=\lambda_1\boldsymbol{\eta}_1,\boldsymbol{A\eta}_2=\lambda_2\boldsymbol{\eta}_2,\cdots,\boldsymbol{A\eta}_n=\lambda_n\boldsymbol{\eta}_n,$$

则 $\lambda_1,\lambda_2,\cdots,\lambda_n$ 为方阵 $\boldsymbol{A}$ 的特征值，$\boldsymbol{\eta}_1,\boldsymbol{\eta}_2,\cdots,\boldsymbol{\eta}_n$ 为 $\boldsymbol{A}$ 的分别属于特征值 $\lambda_1,\lambda_2,\cdots,\lambda_n$ 的特征向量，由 $\boldsymbol{P}$ 的可逆性知，$\boldsymbol{\eta}_1,\boldsymbol{\eta}_2,\cdots,\boldsymbol{\eta}_n$ 线性无关.

充分性：若 $\boldsymbol{A}$ 有 n 个线性无关的特征向量 $\boldsymbol{\eta}_1,\boldsymbol{\eta}_2,\cdots,\boldsymbol{\eta}_n$，假设它们对应的特征值分别为 $\lambda_1,\lambda_2,\cdots,\lambda_n$ 的特征向量，即

$$\boldsymbol{A\eta}_i=\lambda_i\boldsymbol{\eta}_i(i=1,2,\cdots,n),$$

令 $\boldsymbol{P}=(\boldsymbol{\eta}_1,\boldsymbol{\eta}_2,\cdots,\boldsymbol{\eta}_n)$，由 $\boldsymbol{\eta}_1,\boldsymbol{\eta}_2,\cdots,\boldsymbol{\eta}_n$ 线性无关，可知 $\boldsymbol{P}$ 为可逆矩阵，从而

$$\boldsymbol{AP}=\boldsymbol{A}(\boldsymbol{\eta}_1,\boldsymbol{\eta}_2,\cdots,\boldsymbol{\eta}_n)=(\boldsymbol{A\eta}_1,\boldsymbol{A\eta}_2,\cdots,\boldsymbol{A\eta}_n)=(\lambda_1\boldsymbol{\eta}_1,\lambda_2\boldsymbol{\eta}_2,\cdots,\lambda_n\boldsymbol{\eta}_n)$$

$$=(\boldsymbol{\eta}_1,\boldsymbol{\eta}_2,\cdots,\boldsymbol{\eta}_n)\begin{pmatrix}\lambda_1 & & & \\ & \lambda_2 & & \\ & & \ddots & \\ & & & \lambda_n\end{pmatrix}=\boldsymbol{P\Lambda}.$$

因此，

$$\boldsymbol{P}^{-1}\boldsymbol{AP}=\boldsymbol{\Lambda}.$$

推论 1 如果 n 阶方阵 $\boldsymbol{A}$ 的 n 个特征值互不相等，则 $\boldsymbol{A}$ 与对角阵相似，即 $\boldsymbol{A}$ 可对角化.

当矩阵 $\boldsymbol{A}$ 的特征方程有重根时，就不一定有 n 个线性无关的特征向量，从而不一定可对角化. 例如在 5.1 中，例 5.3 中矩阵 $\boldsymbol{A}$ 的特征方程有二重特征值 $\lambda_2=\lambda_3=1$，但找不到 3 个线性无关的特征向量，因此例 5.3 中矩阵 $\boldsymbol{A}$ 不可对角化；而在例 5.2 中矩阵 $\boldsymbol{A}$ 的特征方程也有二重特征值 $\lambda_2=\lambda_3=1$，却可找到 3 个线性无关的特征向量，因此例 5.2 中矩阵 $\boldsymbol{A}$ 可对角化.

推论 2 n 阶方阵 $\boldsymbol{A}$ 可对角化的充分必要条件是对应于 $\boldsymbol{A}$ 的每个特征值的线性无关的特征向量的个数恰好等于该特征值的重数. 即设 λ_i 是方阵 $\boldsymbol{A}$ 的 k_i 重根的特征值时，$\boldsymbol{A}$ 可对角化当且仅当

$$R(\boldsymbol{A}-\lambda_i\boldsymbol{E})=n-k_i\,(i=1,2,\cdots,n).$$

此外，由定理 5.2 的证明可知，$\boldsymbol{A}$ 的 n 个线性无关的特征向量 $\boldsymbol{\eta}_1,\boldsymbol{\eta}_2,\cdots,\boldsymbol{\eta}_n$ 所构成的矩阵 $\boldsymbol{P}=(\boldsymbol{\eta}_1,\boldsymbol{\eta}_2,\cdots,\boldsymbol{\eta}_n)$，恰好就是方阵 $\boldsymbol{A}$ 到对角阵 $\boldsymbol{\Lambda}$ 的相似变换矩阵.

例 5.6 已知方阵

$$\boldsymbol{A}=\begin{pmatrix}1 & 4 & -2\\ 0 & -1 & 0\\ 1 & 2 & -2\end{pmatrix}.$$

(1)求可逆矩阵 $\boldsymbol{P}$，使 $\boldsymbol{P}^{-1}\boldsymbol{AP}=\boldsymbol{\Lambda}$ 为对角阵；(2)计算 $\boldsymbol{A}^{2023}$.

解 (1)方阵 $\boldsymbol{A}$ 的特征多项式为

$$|\boldsymbol{A}-\lambda\boldsymbol{E}|=\begin{vmatrix}1-\lambda & 4 & -2\\ 0 & -1-\lambda & 0\\ 1 & 2 & -2-\lambda\end{vmatrix}=-\lambda(\lambda+1)^2,$$

所以 $\boldsymbol{A}$ 的特征值为 $\lambda_1=\lambda_2=-1,\lambda_3=0$.

当 $\lambda_1=\lambda_2=-1$ 时，解方程组 $(\boldsymbol{A}+\boldsymbol{E})\boldsymbol{\eta}=\boldsymbol{0}$，由

$$\boldsymbol{A}+\boldsymbol{E}=\begin{pmatrix}2 & 4 & -2\\ 0 & 0 & 0\\ 1 & 2 & -1\end{pmatrix}\xrightarrow[r_3-r_1]{r_1\div 2}\begin{pmatrix}1 & 2 & -1\\ 0 & 0 & 0\\ 0 & 0 & 0\end{pmatrix},$$

得基础解系

$$\boldsymbol{\eta}_1=\begin{pmatrix}-2\\ 1\\ 0\end{pmatrix},\boldsymbol{\eta}_2=\begin{pmatrix}1\\ 0\\ 1\end{pmatrix}.$$

当 $\lambda_3=0$ 时，解方程组 $\boldsymbol{A\eta}=\boldsymbol{0}$，由

$$A=\begin{pmatrix}1&4&-2\\0&-1&0\\1&2&-2\end{pmatrix}\xrightarrow[\substack{r_3-r_1\\ r_3-2r_2}]{\substack{r_2\div(-1)\\ r_1-4r_2}}\begin{pmatrix}1&0&-2\\0&1&0\\0&0&0\end{pmatrix},$$

得基础解系

$$\boldsymbol{\eta}_3=\begin{pmatrix}2\\0\\1\end{pmatrix}.$$

令 $\boldsymbol{P}=(\boldsymbol{\eta}_1,\boldsymbol{\eta}_2,\boldsymbol{\eta}_3)=\begin{pmatrix}-2&1&2\\1&0&0\\0&1&1\end{pmatrix}$，则 $\boldsymbol{P}^{-1}\boldsymbol{AP}=\boldsymbol{\Lambda}=\begin{pmatrix}-1&0&0\\0&-1&0\\0&0&0\end{pmatrix}$.

(2)由(1)中的解题可知 $\boldsymbol{A}=\boldsymbol{P\Lambda P}^{-1}$，从而

$$\boldsymbol{A}^{2023}=(\boldsymbol{P\Lambda P}^{-1})^{2023}=\boldsymbol{P\Lambda}^{2023}\boldsymbol{P}^{-1}=\begin{pmatrix}-2&1&2\\1&0&0\\0&1&1\end{pmatrix}\begin{pmatrix}-1&0&0\\0&-1&0\\0&0&0\end{pmatrix}\begin{pmatrix}0&1&0\\-1&-2&2\\1&2&-1\end{pmatrix}$$

$$=\begin{pmatrix}1&4&-2\\0&-1&0\\1&2&-2\end{pmatrix}.$$

例 5.7　设方阵 $\boldsymbol{A}$ 与 $\boldsymbol{\Lambda}$ 相似，其中

$$\boldsymbol{A}=\begin{pmatrix}1&-2&-4\\-2&x&-2\\-4&-2&1\end{pmatrix},\boldsymbol{\Lambda}=\begin{pmatrix}5&0&0\\0&y&0\\0&0&-4\end{pmatrix},$$

求 x 与 y 的值.

解　$\boldsymbol{A}$ 的特征多项式为

$$|\boldsymbol{A}-\lambda\boldsymbol{E}|=\begin{vmatrix}1-\lambda&-2&-4\\-2&x-\lambda&-2\\-4&-2&1-\lambda\end{vmatrix}=(5-\lambda)[\lambda^2-(x-3)\lambda-3x-8],$$

而对角阵 $\boldsymbol{\Lambda}$ 的特征值为 $5,-4,y$，由于 $\boldsymbol{A}$ 与 $\boldsymbol{\Lambda}$ 相似，因此 $5,-4,y$ 必定为 $\boldsymbol{A}$ 的特征值，将 $\lambda=-4$ 代入 $\boldsymbol{A}$ 的特征方程得 $x=4$，则 $\boldsymbol{A}$ 的特征多项式为

$$(5-\lambda)(\lambda^2-\lambda-20)=(5-\lambda)(\lambda-5)(\lambda+4),$$

$\boldsymbol{A}$ 的 3 个特征值分别为 $-4,5,5$，所以 $y=5$.

例 5.8　已知 $\boldsymbol{\xi}=\begin{pmatrix}-1\\1\\1\end{pmatrix}$ 是矩阵 $\boldsymbol{A}=\begin{pmatrix}4&6&0\\-3&5a&0\\b&-6&1\end{pmatrix}$ 的一个特征向量.

(1)试确定参数 a,b 及 $\boldsymbol{\xi}$ 所对应的特征值；(2)矩阵 $\boldsymbol{A}$ 能否对角化？

解　(1)由 $\boldsymbol{A\xi}=\lambda\boldsymbol{\xi}$，即

$$(\boldsymbol{A}-\lambda\boldsymbol{E})\boldsymbol{\xi}=\begin{pmatrix}4-\lambda&6&0\\-3&5a-\lambda&0\\b&-6&1-\lambda\end{pmatrix}\begin{pmatrix}-1\\1\\1\end{pmatrix}=\begin{pmatrix}0\\0\\0\end{pmatrix},$$

解方程得 $\lambda=-2,a=-1,b=-3,\lambda=-2$ 为 $\boldsymbol{\xi}$ 所对应的特征值.

(2)由(1)得 $\boldsymbol{A}=\begin{pmatrix}4&6&0\\-3&-5&0\\-3&-6&1\end{pmatrix}$,则

$$|\boldsymbol{A}-\lambda\boldsymbol{E}|=\begin{vmatrix}4-\lambda&6&0\\-3&-5-\lambda&0\\-3&-6&1-\lambda\end{vmatrix}=(1-\lambda)(\lambda-1)(\lambda+2),$$

因此 $\boldsymbol{A}$ 的特征值为 $\lambda_1=-2,\lambda_2=\lambda_3=1$.

解方程组 $(\boldsymbol{A}-\boldsymbol{E})\boldsymbol{\eta}=\boldsymbol{0}$,由

$$\boldsymbol{A}-\boldsymbol{E}=\begin{pmatrix}3&6&0\\-3&-6&0\\-3&-6&0\end{pmatrix}\xrightarrow[\substack{r_3-r_1\\ r_1\div 3}]{r_2-r_1}\begin{pmatrix}1&2&0\\0&0&0\\0&0&0\end{pmatrix},$$

得基础解系

$$\boldsymbol{\xi}_2=\begin{pmatrix}-2\\1\\0\end{pmatrix},\boldsymbol{\xi}_3=\begin{pmatrix}0\\0\\1\end{pmatrix},$$

从而得矩阵 $\boldsymbol{A}$ 有 3 个线性无关的特征向量,故 $\boldsymbol{A}$ 可相似于对角阵,能对角化.

5.3 实对称矩阵及其对角化

要判断一个 n 阶方阵 $\boldsymbol{A}$ 是否可对角化,关键在于判断该矩阵是否有 n 个线性无关的特征向量.但该问题比较复杂,对此不进行一般性的讨论.本节仅讨论实对称矩阵的对角化问题,这是因为实对称矩阵具有一般矩阵所没有的特殊性质.

5.3.1 实对称矩阵的特征值和特征向量

性质 5.12 实对称矩阵的特征值一定为实数.

证明 设复数矩阵 $\boldsymbol{X}=(x_{ij})$,复数 x_{ij} 的共轭复数为 $\bar{x}_{ij}$,记 $\bar{\boldsymbol{X}}=(\bar{x}_{ij})$,则矩阵 $\bar{\boldsymbol{X}}$ 称为矩阵 $\boldsymbol{X}$ 的共轭矩阵.

设复数 λ 为对称矩阵 $\boldsymbol{A}$ 的特征值,复向量 $\boldsymbol{\xi}=(x_1,x_2,\cdots,x_n)^{\mathrm{T}}$ 为对应的特征向量,即 $\boldsymbol{A\xi}=\lambda\boldsymbol{\xi}$.用 $\bar{\lambda}$ 表示 λ 的共轭复数,$\bar{\boldsymbol{\xi}}=(\bar{x}_1,\bar{x}_2,\cdots,\bar{x}_n)^{\mathrm{T}}$ 表示 $\boldsymbol{\xi}$ 的共轭复向量,而 $\boldsymbol{A}$ 为实对称矩阵,有 $\bar{\boldsymbol{A}}=\boldsymbol{A}$ 及 $\boldsymbol{A}^{\mathrm{T}}=\boldsymbol{A}$,于是

$$\bar{\boldsymbol{\xi}}^{\mathrm{T}}\boldsymbol{A\xi}=\bar{\boldsymbol{\xi}}^{\mathrm{T}}(\boldsymbol{A\xi})=\bar{\boldsymbol{\xi}}^{\mathrm{T}}(\lambda\boldsymbol{\xi})=\lambda\,\bar{\boldsymbol{\xi}}^{\mathrm{T}}\boldsymbol{\xi},$$

且

$$\bar{\boldsymbol{\xi}}^{\mathrm{T}}\boldsymbol{A\xi}=(\bar{\boldsymbol{\xi}}^{\mathrm{T}}\boldsymbol{A}^{\mathrm{T}})\boldsymbol{\xi}=(\boldsymbol{A}\bar{\boldsymbol{\xi}})^{\mathrm{T}}\boldsymbol{\xi}=(\bar{\boldsymbol{A}}\bar{\boldsymbol{\xi}})^{\mathrm{T}}\boldsymbol{\xi}=(\overline{\boldsymbol{A\xi}})^{\mathrm{T}}\boldsymbol{\xi}=(\overline{\lambda\boldsymbol{\xi}})^{\mathrm{T}}\boldsymbol{\xi}=\bar{\lambda}\,\bar{\boldsymbol{\xi}}^{\mathrm{T}}\boldsymbol{\xi},$$

两式相减,得

$$(\bar{\lambda}-\lambda)\bar{\boldsymbol{\xi}}^{\mathrm{T}}\boldsymbol{\xi}=\boldsymbol{0}.$$

由 $\boldsymbol{\xi}\neq\mathbf{0}$ 可知 $\bar{\boldsymbol{\xi}}^{\mathrm{T}}\boldsymbol{\xi}=\sum_{i=1}^{n}\bar{x}_i\cdot x_i>0$，所以 $(\bar{\lambda}-\lambda)=0$，即 $\bar{\lambda}=\lambda$，这说明 λ 为实数.

显然，当特征值 λ_i 为实数时，齐次线性方程组 $(\boldsymbol{A}-\lambda_i\boldsymbol{E})\boldsymbol{\xi}=\mathbf{0}$ 是实系数方程组，由 $|\boldsymbol{A}-\lambda_i\boldsymbol{E}|=0$ 知必有实的基础解系，所以对应的特征向量可以取实向量.

性质 5.13 实对称矩阵对应于不同特征值的特征向量必相互正交.

证明 设 λ_1,λ_2 是实对称矩阵 $\boldsymbol{A}$ 的两个特征值，$\boldsymbol{\xi}_1,\boldsymbol{\xi}_2$ 是它们对应的特征向量，且 $\lambda_1\neq\lambda_2$，则 $\boldsymbol{A}\boldsymbol{\xi}_1=\lambda_1\boldsymbol{\xi}_1$，$\boldsymbol{A}\boldsymbol{\xi}_2=\lambda_2\boldsymbol{\xi}_2$.

因为 $\boldsymbol{A}$ 为实对称矩阵，所以 $\lambda_1\boldsymbol{\xi}_1^{\mathrm{T}}=(\lambda_1\boldsymbol{\xi}_1)^{\mathrm{T}}=(\boldsymbol{A}\boldsymbol{\xi}_1)^{\mathrm{T}}=\boldsymbol{\xi}_1^{\mathrm{T}}\boldsymbol{A}^{\mathrm{T}}=\boldsymbol{\xi}_1^{\mathrm{T}}\boldsymbol{A}$，于是

$$\lambda_1\boldsymbol{\xi}_1^{\mathrm{T}}\boldsymbol{\xi}_2=\boldsymbol{\xi}_1^{\mathrm{T}}\boldsymbol{A}\boldsymbol{\xi}_2=\boldsymbol{\xi}_1^{\mathrm{T}}(\lambda_2\boldsymbol{\xi}_2)=\lambda_2\boldsymbol{\xi}_1^{\mathrm{T}}\boldsymbol{\xi}_2,$$

即 $(\lambda_1-\lambda_2)\boldsymbol{\xi}_1^{\mathrm{T}}\boldsymbol{\xi}_2=\mathbf{0}$.

由于 $\lambda_1\neq\lambda_2$，故 $\boldsymbol{\xi}_1^{\mathrm{T}}\boldsymbol{\xi}_2=\mathbf{0}$，即 $\boldsymbol{\xi}_1$ 与 $\boldsymbol{\xi}_2$ 正交.

性质 5.14 设 $\boldsymbol{A}$ 为 n 阶实对称矩阵，λ 是 $\boldsymbol{A}$ 的特征方程的 r 重根，则矩阵 $\boldsymbol{A}-\lambda\boldsymbol{E}$ 的秩 $r(\boldsymbol{A}-\lambda\boldsymbol{E})=n-r$，从而对应特征值 λ 恰有 r 个线性无关的特征向量.

此性质在此不予证明.

5.3.2 实对称矩阵的正交相似对角化

由性质 5.14 和定理 5.2 的推论 2 可知，实对称矩阵 $\boldsymbol{A}$ 一定可以相似对角化，并且还可以要求相似变换矩阵是正交矩阵.

定理 5.3 设 $\boldsymbol{A}$ 为 n 阶实对称矩阵，则必存在 n 阶正交矩阵 $\boldsymbol{P}$，使得 $\boldsymbol{P}^{-1}\boldsymbol{A}\boldsymbol{P}=\boldsymbol{P}^{\mathrm{T}}\boldsymbol{A}\boldsymbol{P}=\boldsymbol{\Lambda}$，其中 $\boldsymbol{\Lambda}$ 是以 $\boldsymbol{A}$ 的 n 个特征值为对角线元素的对角矩阵.

证明 设 $\boldsymbol{A}$ 的互不相同的特征值为 $\lambda_1,\lambda_2,\cdots,\lambda_s$，它们的重数分别为 $r_1,r_2,\cdots,r_s$，显然，

$$r_1+r_2+\cdots+r_s=n.$$

根据性质 5.14，对应 $r_i(i=1,2,\cdots,s)$ 重特征值 λ_i，恰有 r_i 个线性无关的特征向量，把它们正交化并单位化，即得 r_i 个单位正交特征向量. 由 $r_1+r_2+\cdots+r_s=n$，知这样的特征向量共有 n 个，由性质 5.13 知，这 n 个单位特征向量两两正交，以它们为列向量构成正交矩阵 $\boldsymbol{P}$，有 $\boldsymbol{P}^{-1}\boldsymbol{A}\boldsymbol{P}=\boldsymbol{\Lambda}$，其中 $\boldsymbol{\Lambda}$ 的对角线元素恰为 $\boldsymbol{A}$ 的 n 个特征值.

例 5.9 设矩阵 $\boldsymbol{A}=\begin{pmatrix}1&-2&-4\\-2&4&-2\\-4&-2&1\end{pmatrix}$，求一个正交矩阵 $\boldsymbol{P}$，使 $\boldsymbol{P}^{-1}\boldsymbol{A}\boldsymbol{P}=\boldsymbol{\Lambda}$ 为对角阵.

解 $\boldsymbol{A}$ 的特征多项式为

$$|\boldsymbol{A}-\lambda\boldsymbol{E}|=\begin{vmatrix}1-\lambda&-2&-4\\-2&4-\lambda&-2\\-4&-2&1-\lambda\end{vmatrix}=\begin{vmatrix}-5-\lambda&-2&-4\\-\lambda&4-\lambda&-2\\0&0&5-\lambda\end{vmatrix}=(5-\lambda)(\lambda-5)(\lambda+4),$$

所以 $\boldsymbol{A}$ 的特征值为 $\lambda_1=-4$，$\lambda_2=\lambda_3=5$.

当 $\lambda_1=-4$ 时，解方程组 $(\boldsymbol{A}+4\boldsymbol{E})\boldsymbol{\eta}=\mathbf{0}$，由

$$\boldsymbol{A}+4\boldsymbol{E}=\begin{pmatrix}5&-2&-4\\-2&8&-2\\-4&-2&5\end{pmatrix}\longrightarrow\begin{pmatrix}1&0&-1\\0&2&-1\\0&0&0\end{pmatrix},$$

得基础解系 $\boldsymbol{\xi}_1=(2,1,2)^{\mathrm{T}}$，将 $\boldsymbol{\xi}_1$ 单位化，得 $\boldsymbol{\gamma}_1=\left(\frac{2}{3},\frac{1}{3},\frac{2}{3}\right)^{\mathrm{T}}$.

当 $\lambda_2=\lambda_3=5$ 时，解方程组 $(\boldsymbol{A}-5\boldsymbol{E})\boldsymbol{\eta}=\boldsymbol{0}$，由

$$\boldsymbol{A}-5\boldsymbol{E}=\begin{pmatrix}-4&-2&-4\\-2&-1&-2\\-4&-2&-4\end{pmatrix}\longrightarrow\begin{pmatrix}2&1&2\\0&0&0\\0&0&0\end{pmatrix},$$

得基础解系 $\boldsymbol{\xi}_2=(1,-2,0)^{\mathrm{T}}$，$\boldsymbol{\xi}_3=(0,-2,1)^{\mathrm{T}}$.

将 $\boldsymbol{\xi}_2,\boldsymbol{\xi}_3$ 正交化：取 $\boldsymbol{\eta}_2=\boldsymbol{\xi}_2=(1,-2,0)^{\mathrm{T}}$，

$$\boldsymbol{\eta}_3=\boldsymbol{\xi}_3-\frac{[\boldsymbol{\eta}_2,\boldsymbol{\xi}_3]}{[\boldsymbol{\eta}_2,\boldsymbol{\eta}_2]}\boldsymbol{\eta}_2=\begin{pmatrix}0\\-2\\1\end{pmatrix}-\frac{4}{5}\begin{pmatrix}1\\-2\\0\end{pmatrix}=\left(-\frac{4}{5},-\frac{2}{5},1\right)^{\mathrm{T}}.$$

再将 $\boldsymbol{\eta}_2,\boldsymbol{\eta}_3$ 单位化，得 $\boldsymbol{\gamma}_2=\left(\frac{1}{\sqrt{5}},\frac{-2}{\sqrt{5}},0\right)^{\mathrm{T}}$，$\boldsymbol{\gamma}_3=\left(-\frac{4\sqrt{5}}{15},-\frac{2\sqrt{5}}{15},\frac{\sqrt{5}}{3}\right)^{\mathrm{T}}$.

将 $\boldsymbol{\gamma}_1,\boldsymbol{\gamma}_2,\boldsymbol{\gamma}_3$ 构成正交矩阵

$$\boldsymbol{P}=(\boldsymbol{\gamma}_1,\boldsymbol{\gamma}_2,\boldsymbol{\gamma}_3)=\begin{pmatrix}\frac{2}{3}&\frac{1}{\sqrt{5}}&\frac{-4\sqrt{5}}{15}\\\frac{1}{3}&\frac{-2}{\sqrt{5}}&\frac{-2\sqrt{5}}{15}\\\frac{2}{3}&0&\frac{\sqrt{5}}{3}\end{pmatrix},$$

有

$$\boldsymbol{P}^{-1}\boldsymbol{AP}=\boldsymbol{P}^{\mathrm{T}}\boldsymbol{AP}=\boldsymbol{\Lambda}=\begin{pmatrix}-4&0&0\\0&5&0\\0&0&5\end{pmatrix}.$$

例 5.10 设矩阵 $\boldsymbol{A}$ 是 3 阶实对称矩阵，它的特征值分别为 1，1，2，$\boldsymbol{\xi}_1=(1,-2,0)^{\mathrm{T}}$ 与 $\boldsymbol{\xi}_2=(0,-2,1)^{\mathrm{T}}$ 是矩阵 $\boldsymbol{A}$ 的属于特征值 1 的特征向量，求矩阵 $\boldsymbol{A}$ 的属于特征值 2 的特征向量，并求出矩阵 $\boldsymbol{A}$.

解 设 $\boldsymbol{\xi}_3=(x_1,x_2,x_3)^{\mathrm{T}}$ 为矩阵 $\boldsymbol{A}$ 的属于特征值 2 的特征向量，由于 $\boldsymbol{A}$ 是对称矩阵，则 $\boldsymbol{\xi}_3$ 与 $\boldsymbol{\xi}_1,\boldsymbol{\xi}_2$ 都正交，故有

$$\begin{cases}x_1-2x_2=0,\\-2x_2+x_3=0,\end{cases}$$

解得基础解系为 $\boldsymbol{\xi}_3=(2,1,2)^{\mathrm{T}}$，$\boldsymbol{A}$ 的属于特征值 2 的特征向量为 $k\boldsymbol{\xi}_3(k\neq0)$.

令 $\boldsymbol{P}=(\boldsymbol{\xi}_1,\boldsymbol{\xi}_2,\boldsymbol{\xi}_3)=\begin{pmatrix}1&0&2\\-2&-2&1\\0&1&2\end{pmatrix}$，则有 $\boldsymbol{P}^{-1}\boldsymbol{AP}=\begin{pmatrix}1&0&0\\0&1&0\\0&0&2\end{pmatrix}$，从而

$$\boldsymbol{A}=\boldsymbol{P}\begin{pmatrix}1&0&0\\0&1&0\\0&0&2\end{pmatrix}\boldsymbol{P}^{-1}=\begin{pmatrix}\frac{13}{9}&\frac{2}{9}&\frac{4}{9}\\\frac{2}{9}&\frac{10}{9}&\frac{2}{9}\\\frac{4}{9}&\frac{2}{9}&\frac{13}{9}\end{pmatrix}.$$

例 5.11　设矩阵 $\boldsymbol{A}=\begin{pmatrix}2 & -1\\ -1 & 2\end{pmatrix}$，求 $\varphi(\boldsymbol{A})=\boldsymbol{A}^{10}-3\boldsymbol{A}^{9}$.

解　因 $\boldsymbol{A}$ 对称，故它可对角化，即有可逆矩阵 $\boldsymbol{P}$ 及对角阵 $\boldsymbol{\Lambda}$，使得特征多项式 $\boldsymbol{P}^{-1}\boldsymbol{AP}=\boldsymbol{\Lambda}$，于是 $\boldsymbol{A}=\boldsymbol{P\Lambda P}^{-1}$，从而 $\varphi(\boldsymbol{A})=\boldsymbol{P}\varphi(\boldsymbol{\Lambda})\boldsymbol{P}^{-1}$. 由

$$|\boldsymbol{A}-\lambda\boldsymbol{E}|=\begin{vmatrix}2-\lambda & -1\\ -1 & 2-\lambda\end{vmatrix}=\lambda^2-4\lambda+3=(\lambda-1)(\lambda-3),$$

得 $\boldsymbol{A}$ 的特征值 $\lambda_1=1,\lambda_2=3$.

当 $\lambda_1=1$ 时，解方程组 $(\boldsymbol{A}-\boldsymbol{E})\boldsymbol{\eta}=\boldsymbol{0}$，由 $\boldsymbol{A}-\boldsymbol{E}=\begin{pmatrix}1 & -1\\ -1 & 1\end{pmatrix}\longrightarrow\begin{pmatrix}1 & -1\\ 0 & 0\end{pmatrix}$，得基础解系 $\boldsymbol{\xi}_1=\begin{pmatrix}1\\ 1\end{pmatrix}$，将 $\boldsymbol{\xi}_1$ 单位化得 $\boldsymbol{\gamma}_1=\dfrac{1}{\sqrt{2}}\begin{pmatrix}1\\ 1\end{pmatrix}$.

当 $\lambda_2=3$ 时，解方程组 $(\boldsymbol{A}-3\boldsymbol{E})\boldsymbol{\eta}=\boldsymbol{0}$，由 $\boldsymbol{A}-3\boldsymbol{E}=\begin{pmatrix}-1 & -1\\ -1 & -1\end{pmatrix}\longrightarrow\begin{pmatrix}1 & 1\\ 0 & 0\end{pmatrix}$，得基础解系 $\boldsymbol{\xi}_2=\begin{pmatrix}1\\ -1\end{pmatrix}$，将 $\boldsymbol{\xi}_2$ 单位化得 $\boldsymbol{\gamma}_2=\dfrac{1}{\sqrt{2}}\begin{pmatrix}1\\ -1\end{pmatrix}$.

以 $\boldsymbol{\gamma}_1,\boldsymbol{\gamma}_2$ 为构成正交矩阵 $\boldsymbol{P}=(\boldsymbol{\gamma}_1,\boldsymbol{\gamma}_2)=\dfrac{1}{\sqrt{2}}\begin{pmatrix}1 & 1\\ 1 & -1\end{pmatrix}$，$\boldsymbol{P}^{-1}\boldsymbol{AP}=\boldsymbol{P}^{\mathrm{T}}\boldsymbol{AP}=\boldsymbol{\Lambda}=\begin{pmatrix}1 & 0\\ 0 & 3\end{pmatrix}$，从而 $\varphi(\boldsymbol{A})=\boldsymbol{A}^{10}-3\boldsymbol{A}^{9}=\boldsymbol{P}\varphi(\boldsymbol{\Lambda})\boldsymbol{P}^{\mathrm{T}}=\boldsymbol{P}(\boldsymbol{\Lambda}^{10}-3\boldsymbol{\Lambda}^{9})\boldsymbol{P}^{\mathrm{T}}=\begin{pmatrix}-1 & -1\\ -1 & -1\end{pmatrix}$.

5.4　运用 MATLAB 求解矩阵问题

5.4.1　求特征值与特征向量

要使用 MATLAB 求解矩阵的特征值与特征向量，可以按照以下步骤进行操作：

(1)创建或定义一个矩阵. 可以使用 MATLAB 提供的矩阵创建函数(例 zeros、ones、eye)创建一个矩阵，或者手动输入矩阵元素.

(2)使用 eig 函数计算矩阵的特征值和特征向量. 将矩阵作为输入参数传递给 eig 函数，并将结果保存在相应的变量中.

例如：A=[1 2; 3 4]；%定义一个 2×2 的矩阵

[V,D]=eig(A)；%计算矩阵 A 的特征向量 V 和特征值对角矩阵 D

这将返回两个变量：**V** 表示特征向量矩阵，即由特征向量组成的矩阵，每一列是一个特征向量；**D** 表示由特征值组成的对角矩阵.

(3)可以通过访问相应的变量来查看计算得到的特征值和特征向量.

例 5.12 求矩阵 $A=\begin{pmatrix}4&6&0\\-3&-5&0\\-3&-6&1\end{pmatrix}$ 的特征值和对应的特征向量.

解

```
>> A=[4 6 0;-3 -5 0;-3 -6 1];  %手动输入元素创建一个矩阵A
>> A1=sym(A);                  %将非符号对象转化为符号对象
>> [V,D]=eig(A1);              %计算矩阵A1的特征值和特征向量
>> disp(D)                     %显示特征值对角矩阵
[ -2, 0, 0]
[  0, 1, 0]
[  0, 0, 1]

>> disp(V)                     %显示特征向量矩阵
[ -1, -2, 0]
[  1,  1, 0]
[  1,  0, 1]
```

所以该矩阵的特征值为 $\lambda_1=-2,\lambda_2=\lambda_3=1$,对应于 $\lambda_1=-2$ 的全部特征向量为 $k_1\boldsymbol{\alpha}_1=k_1(-1,1,1)^{\mathrm{T}}$($k_1$ 为非零任意常数),对应于 $\lambda_2=\lambda_3=1$ 的全部特征向量为 $k_2\boldsymbol{\alpha}_2+k_3\boldsymbol{\alpha}_3=k_2(-2,1,0)^{\mathrm{T}}+k_2(0,0,1)^{\mathrm{T}}$($k_2,k_3$ 为不全为 0 的任意常数).

5.4.2 矩阵对角化的判断

n 阶方阵 $\boldsymbol{A}$ 可对角化的条件:$\boldsymbol{A}$ 具有 n 个线性无关的特征向量.因此,在 MATLAB 中判断矩阵是否可对角化,可利用"[V,D]=eig(A)"返回特征值矩阵 $\boldsymbol{D}$ 和特征向量矩阵 $\boldsymbol{V}$,且满足 $\boldsymbol{AV}=\boldsymbol{VD}$.若 $\boldsymbol{V}$ 中列向量的个数等于矩阵 $\boldsymbol{A}$ 特征值的个数,则矩阵 $\boldsymbol{A}$ 可对角化.

例 5.13 判断下列矩阵是否可对角化?

(1)$\boldsymbol{A}=\begin{pmatrix}1&0&2\\0&-1&0\\3&0&2\end{pmatrix}$;　　(2)$\boldsymbol{B}=\begin{pmatrix}-1&1&0\\-4&3&0\\1&0&2\end{pmatrix}$.

解 (1)

```
>> A=[1 0 2;0 -1 0;3 0 2]; %手动输入元素创建一个矩阵A
>> A1=sym(A);              %将非符号对象转化为符号对象
>> [V,D]=eig(A1);          %计算矩阵A1的特征值和特征向量
>> disp(V),disp(D)         %显示特征向量矩阵与特征值对角矩阵
[ 2/3, 0, -1]
[   0, 1,  0]
[   1, 0,  1]

[ 4,  0,  0]
[ 0, -1,  0]
[ 0,  0, -1]
```

因为 $\boldsymbol{V}$ 中列向量的个数等于矩阵 $\boldsymbol{A}$ 特征值的个数,所以矩阵 $\boldsymbol{A}$ 可对角化,且

```
>> ans=inv(V)*A*V;   %进行验证是否满足可对角化的条件
>> disp(ans)         %显示变量ans的值
[ 4,  0,  0]
[ 0, -1,  0]
[ 0,  0, -1]
```

(2)

```
>> B=[-1 1 0;-4 3 0;1 0 2]; %手动输入元素创建一个矩阵A
>> B1=sym(B);              %将非符号对象转化为符号对象
>> [V,D]=eig(B1);          %计算矩阵B1的特征值和特征向量
>> disp(V),disp(D)         %显示特征向量与特征值对角矩阵
[ 0, -1]
[ 0, -2]
[ 1,  1]

[ 2, 0, 0]
[ 0, 1, 0]
[ 0, 0, 1]
```

由于特征向量矩阵 $\boldsymbol{V}$ 中列向量的个数小于矩阵 $\boldsymbol{B}$ 特征值的个数，因此矩阵 $\boldsymbol{B}$ 不能对角化.

习题五

1. 求下列矩阵的特征值和特征向量：

(1) $\begin{pmatrix} 2 & -1 & 1 \\ 0 & 1 & 1 \\ -1 & 1 & 1 \end{pmatrix}$；　(2) $\begin{pmatrix} 1 & 2 & 3 \\ 2 & 1 & 3 \\ 3 & 3 & 6 \end{pmatrix}$；　(3) $\begin{pmatrix} 1 & 2 & 4 & 1 \\ 0 & 2 & 0 & 7 \\ 0 & 0 & 3 & 4 \\ 0 & 0 & 0 & 2 \end{pmatrix}$.

2. 设 $\boldsymbol{A}$ 为 n 阶矩阵，证明 $\boldsymbol{A}^{\mathrm{T}}$ 与 $\boldsymbol{A}$ 的特征值相同.

3. 设 $\boldsymbol{A}^2-5\boldsymbol{A}+6\boldsymbol{E}=\boldsymbol{0}$，证明 $\boldsymbol{A}$ 的特征值只能取 2 或 3.

4. 已知 3 阶矩阵 $\boldsymbol{A}$ 的特征值为 1,2,3，求 $|2\boldsymbol{A}^*-3\boldsymbol{A}+2\boldsymbol{E}|$.

5. 设 3 阶矩阵 $\boldsymbol{A}$ 满足 $|\boldsymbol{A}|=0$，$|\boldsymbol{A}-2\boldsymbol{E}|=0$，$|\boldsymbol{A}+2\boldsymbol{E}|=0$，求 $|\boldsymbol{A}+3\boldsymbol{E}|$.

6. 设矩阵 $\boldsymbol{A}=\begin{pmatrix} 4 & 6 & 0 \\ -3 & -5 & 0 \\ -3 & -6 & 1 \end{pmatrix}$，(1)求可逆矩阵 $\boldsymbol{P}$，使 $\boldsymbol{P}^{-1}\boldsymbol{A}\boldsymbol{P}=\boldsymbol{\Lambda}$ 为对角阵；(2)计算 $\boldsymbol{A}^{10}$.

7. 设方阵 $\boldsymbol{A}$ 与 $\boldsymbol{B}$ 相似，其中

$\boldsymbol{A}=\begin{pmatrix} -2 & 0 & 0 \\ 2 & x & 2 \\ 3 & 1 & 1 \end{pmatrix}$，$\boldsymbol{B}=\begin{pmatrix} -1 & 0 & 0 \\ 0 & -2 & 0 \\ 0 & 0 & y \end{pmatrix}$，求 x 与 y 的值.

8. 设矩阵 $\boldsymbol{A}=\begin{pmatrix} 0 & 0 & 2 \\ x & 2 & y \\ 2 & 0 & 0 \end{pmatrix}$ 有 3 个线性无关的特征向量，求 x 和 y 应满足的条件.

9. 已知 $\boldsymbol{\xi}=\begin{pmatrix} 1 \\ 1 \\ -1 \end{pmatrix}$ 是矩阵 $\boldsymbol{A}=\begin{pmatrix} 2 & -1 & 2 \\ 5 & a & 3 \\ -1 & b & -2 \end{pmatrix}$ 的一个特征向量.

(1)试确定参数 a,b 及 $\boldsymbol{\xi}$ 所对应的特征值；(2)矩阵 $\boldsymbol{A}$ 能否对角化？

10. 设三阶方阵 $\boldsymbol{A}$ 的特征值为 $\lambda_1=1,\lambda_2=2,\lambda_3=3$，它们对应的特征向量分别为

$$\boldsymbol{p}_1=\begin{pmatrix}1\\1\\1\end{pmatrix},\boldsymbol{p}_2=\begin{pmatrix}1\\2\\4\end{pmatrix},\boldsymbol{p}_3=\begin{pmatrix}1\\3\\9\end{pmatrix},$$

求矩阵 $\boldsymbol{A}$.

11. 试求一个正交的相似变换矩阵，将下列实对称矩阵化为对角阵.

(1)$\boldsymbol{A}=\begin{pmatrix}-1&0&2\\0&-1&0\\2&0&2\end{pmatrix}$；　(2)$\boldsymbol{B}=\begin{pmatrix}3&0&0\\0&1&2\\0&2&1\end{pmatrix}$.

12. 设矩阵 $\boldsymbol{A}$ 是三阶实对称矩阵，它的特征值分别为 1,2,3，$\boldsymbol{\xi}_1=(-1,-1,1)^{\mathrm{T}}$ 与 $\boldsymbol{\xi}_2=(1,-2,-1)^{\mathrm{T}}$，分别是矩阵 $\boldsymbol{A}$ 的属于特征值 1,2 的特征向量，求矩阵 $\boldsymbol{A}$ 的属于特征值 3 的特征向量，并求出矩阵 $\boldsymbol{A}$.

13. 设矩阵 $\boldsymbol{A}$ 是三阶实对称矩阵，它的特征值分别为 1,1,2，$\boldsymbol{\xi}_1=(2,1,2)^{\mathrm{T}}$ 是矩阵 $\boldsymbol{A}$ 的属于特征值 2 的特征向量，求矩阵 $\boldsymbol{A}$.

14. 设矩阵 $\boldsymbol{A}=\begin{pmatrix}3&-2\\-2&3\end{pmatrix}$，求 $\varphi(\boldsymbol{A})=\boldsymbol{A}^{10}-25\boldsymbol{A}^8$.

15. 设矩阵 $\boldsymbol{A}$ 是三阶实对称矩阵，$\boldsymbol{A}$ 的秩为 2，且 $\boldsymbol{A}\begin{pmatrix}1&1\\0&0\\-1&1\end{pmatrix}=\begin{pmatrix}-2&3\\0&0\\2&3\end{pmatrix}$.

(1)求 $\boldsymbol{A}$ 的所有特征值和特征向量.

(2)矩阵 $\boldsymbol{A}$ 是否与对角矩阵相似？若相似，写出其相似对角矩阵.

第 6 章　二次型

在平面解析几何中，用 $ax^2+by^2+cz^2=1$(其中 a,b,c 不同时小于等于 0)可以表示多种常见的二次曲面，但 $ax^2+by^2+cz^2+dxy+exz+fyz=1$ 表示什么曲面就无法立刻知道. 从代数学的角度来看，可以通过适当的坐标变换(非退化的线性替换)将二次齐次多项式 $f(x,y,z)=ax^2+by^2+cz^2+dxy+exz+fyz$ 化简为只含有平方项的二次多项式，这样问题将得到简化. 像这样讨论含有 n 个变量的二次齐次函数的问题在许多实际问题或理论问题中常会遇到. 二次型是线性代数中的一个重要概念，它在数学、物理、工程等领域都有广泛的应用. 在本章节中，我们将学习二次型的定义、矩阵表示、性质以及如何将二次型化为标准形，并讨论其正定性.

6.1　二次型及其矩阵表示

6.1.1　二次型的定义

定义 6.1　含有 n 个变量 $x_1,x_2,\cdots,x_n$ 的二次齐次多项式

$$\begin{aligned}f(x_1,x_2,\cdots,x_n)=&a_{11}x_1^2+2a_{12}x_1x_2+2a_{13}x_1x_3+\cdots+2a_{1,n-1}x_1x_{n-1}+2a_{1,n}x_1x_n+\\&a_{22}x_2^2+2a_{23}x_2x_3+\cdots+2a_{2,n-1}x_2x_{n-1}+2a_{2,n}x_2x_n+\cdots+\\&a_{n-1,n-1}x_{n-1}^2+2a_{n-1,n}x_{n-1}x_n+a_{nn}x_n^2\end{aligned}\tag{6.1}$$

称为二次型. 如果所有的系数 $a_{ij}(1\leqslant i,j\leqslant n)$ 均为实数，则(6.1)式表示的二次型为实二次型；如果所有的系数 a_{ij} 均为复数，则(6.1)式表示的二次型为复二次型. 本书仅讨论实二次型. 特别地，如果 n 元二次型 $f(x_1,x_2,\cdots,x_n)$ 只含有平方项，即

$$f(x_1,x_2,\cdots,x_n)=a_{11}x_1^2+a_{22}x_2^2+\cdots+a_{nn}x_n^2,\tag{6.2}$$

则称(6.2)式为二次型的标准形. 如果标准形的系数 $a_{11},a_{22},\cdots,a_{nn}$ 只在 $-1,0,1$ 这 3 个数中取值，即

$$f(x_1,x_2,\cdots,x_n)=x_1^2+\cdots+x_p^2-x_{p+1}^2\cdots-x_q^2,\tag{6.3}$$

则称(6.3)为二次型的规范形.

6.1.2　二次型及其矩阵

在(6.1)式中，对下标 $j>i$ 取 $a_{ji}=a_{ij}$，则 $2a_{ij}x_ix_j=a_{ij}x_ix_j+a_{ji}x_jx_i$，于是(6.1)式可写成

$$f(x_1,x_2,\cdots,x_n)=a_{11}x_1^2+a_{12}x_1x_2+a_{13}x_1x_3+\cdots+a_{1,n-1}x_1x_{n-1}+a_{1,n}x_1x_n+$$
$$a_{21}x_2x_1+a_{22}x_2^2+\cdots+a_{2n}x_2x_n+\cdots+a_{n1}x_nx_1+a_{n2}x_nx_2+\cdots+$$
$$a_{nn}x_n^2=\sum_{i=1}^{n}\sum_{j=1}^{n}a_{ij}x_ix_j.$$

利用矩阵的运算规则,上式也可表示为

$$f(x_1,x_2,\cdots,x_n)=(x_1,x_2,\cdots,x_n)\begin{pmatrix}a_{11}&a_{12}&\cdots&a_{1n}\\a_{21}&a_{22}&\cdots&a_{2n}\\\vdots&\vdots&&\vdots\\a_{n1}&a_{n2}&\cdots&a_{nn}\end{pmatrix}\begin{pmatrix}x_1\\x_2\\\vdots\\x_n\end{pmatrix},\tag{6.4}$$

称为二次型的矩阵表示,记 $\boldsymbol{A}=\begin{pmatrix}a_{11}&a_{12}&\cdots&a_{1n}\\a_{21}&a_{22}&\cdots&a_{2n}\\\vdots&\vdots&&\vdots\\a_{n1}&a_{n2}&\cdots&a_{nn}\end{pmatrix}$,$\boldsymbol{X}=\begin{pmatrix}x_1\\x_2\\\vdots\\x_n\end{pmatrix}$,则(6.4)式可表示为矩阵形式 $f=\boldsymbol{X}^{\mathrm{T}}\boldsymbol{AX}$,其中 $\boldsymbol{A}$ 为实对称矩阵.

在二次型的矩阵表示中,任给一个二次型,就唯一确定了一个对称矩阵;反之,任给一个对称矩阵,也可唯一确定一个二次型.这样,二次型和对称矩阵之间存在一一对应关系,因此可把对称矩阵 $\boldsymbol{A}$ 称为二次型 f 的矩阵,二次型 f 称为对称矩阵 $\boldsymbol{A}$ 的二次型.矩阵 $\boldsymbol{A}$ 的秩称为二次型 f 的秩.

例 6.1 将二次型

$$f(x_1,x_2,x_3)=x_1^2+2x_2^2-3x_3^2+2x_1x_2-4x_1x_3+6x_2x_3$$

表示成矩阵形式,写出其对称矩阵,并求出二次型的秩.

解 二次型用矩阵记号表示如下

$$f(x_1,x_2,x_3)=(x_1,x_2,x_3)\begin{pmatrix}1&1&-2\\1&2&3\\-2&3&-3\end{pmatrix}\begin{pmatrix}x_1\\x_2\\x_3\end{pmatrix},$$

则二次型的矩阵为

$$\boldsymbol{A}=\begin{pmatrix}1&1&-2\\1&2&3\\-2&3&-3\end{pmatrix},$$

对矩阵 $\boldsymbol{A}$ 进行初等变换,可得 $r(\boldsymbol{A})=3$,即二次型的秩为 3.

例 6.2 已知对称矩阵 $\boldsymbol{A}=\begin{pmatrix}2&-2&1\\-2&-6&3\\1&3&9\end{pmatrix}$,确定其二次型.

解

$$f=(x_1,x_2,x_3)\begin{pmatrix}2&-2&1\\-2&-6&3\\1&3&9\end{pmatrix}\begin{pmatrix}x_1\\x_2\\x_3\end{pmatrix}=2x_1^2-6x_2^2+9x_3^2-4x_1x_2+2x_1x_3+6x_2x_3.$$

例 6.3 已知二次型 $f(x_1,x_2,x_3)=5x_1^2+5x_2^2+cx_3^2-2x_1x_2+6x_1x_3-6x_2x_3$ 的秩为 2,

则参数 c 的值为多少?

解　该二次型对应的对称矩阵为

$$\boldsymbol{A}=\begin{pmatrix}5&-1&3\\-1&5&-3\\3&-3&c\end{pmatrix}\longrightarrow\begin{pmatrix}1&-5&3\\0&2&-1\\0&0&c-3\end{pmatrix},$$

所以参数 $c=3$ 时对称矩阵 $\boldsymbol{A}$ 的秩为 2,即二次型的秩为 2.

例 6.4　求二次型 $f(x_1,x_2,x_3)=(x_1+x_2)^2+(x_2-x_3)^2+(x_1+x_3)^2$ 的秩.

解　由题意得 $f(x_1,x_2,x_3)=2x_1^2+2x_2^2+2x_3^2+2x_1x_2+2x_1x_3-2x_2x_3$.

设 $f=\boldsymbol{X}^{\mathrm{T}}\boldsymbol{AX}$,则二次型的矩阵为

$$\boldsymbol{A}=\begin{pmatrix}2&1&1\\1&2&-1\\1&-1&2\end{pmatrix},$$

对 $\boldsymbol{A}$ 进行初等变换得

$$\boldsymbol{A}=\begin{pmatrix}2&1&1\\1&2&-1\\1&-1&2\end{pmatrix}\longrightarrow\begin{pmatrix}1&-1&2\\0&1&-1\\0&0&0\end{pmatrix},$$

于是 $r(\boldsymbol{A})=2$,即二次型的秩为 2.

6.2　二次型的标准形

6.2.1　矩阵合同的定义

两个 n 阶矩阵相似是一种等价关系,两个 n 阶矩阵间还存在另外一种重要的等价关系,即矩阵的合同关系.矩阵的合同在二次型的研究中起着非常重要的作用.

定义 6.2　给定两个 n 阶方阵 $\boldsymbol{A}$ 和 $\boldsymbol{B}$,若有可逆矩阵 $\boldsymbol{C}$,使 $\boldsymbol{B}=\boldsymbol{C}^{\mathrm{T}}\boldsymbol{AC}$,则称矩阵 $\boldsymbol{A}$ 与 $\boldsymbol{B}$ 合同.

显然,矩阵间的合同关系是一个等价关系,满足

(1)反身性:每一个方阵都与它自身合同.这是因为 $\boldsymbol{A}=\boldsymbol{E}^{\mathrm{T}}\boldsymbol{AE}$.

(2)对称性:如果 $\boldsymbol{A}$ 与 $\boldsymbol{B}$ 合同,则 $\boldsymbol{B}$ 与 $\boldsymbol{A}$ 也合同.这是因为 $\boldsymbol{B}=\boldsymbol{C}^{\mathrm{T}}\boldsymbol{AC}$ 及矩阵 $\boldsymbol{C}$ 可逆,可得 $\boldsymbol{A}=\boldsymbol{P}^{\mathrm{T}}\boldsymbol{BP}$,其中 $\boldsymbol{P}=\boldsymbol{C}^{-1}$.

(3)传递性:如果 $\boldsymbol{A}$ 与 $\boldsymbol{B}$ 合同,$\boldsymbol{B}$ 与 $\boldsymbol{C}$ 合同,则 $\boldsymbol{A}$ 与 $\boldsymbol{C}$ 合同.这是因为由 $\boldsymbol{B}=\boldsymbol{P}^{\mathrm{T}}\boldsymbol{AP}$ 及$\boldsymbol{C}=\boldsymbol{Q}^{\mathrm{T}}\boldsymbol{BQ}$,可得 $\boldsymbol{C}=\boldsymbol{Q}^{\mathrm{T}}\boldsymbol{BQ}=\boldsymbol{Q}^{\mathrm{T}}\boldsymbol{P}^{\mathrm{T}}\boldsymbol{APQ}=(\boldsymbol{PQ})^{\mathrm{T}}\boldsymbol{A}(\boldsymbol{PQ})$.

性质 6.1　若 $\boldsymbol{A}$ 为对称矩阵,则 $\boldsymbol{B}=\boldsymbol{C}^{\mathrm{T}}\boldsymbol{AC}$ 也是对称矩阵,且 $r(\boldsymbol{B})=r(\boldsymbol{A})$.

证明　因为 $\boldsymbol{A}$ 为对称矩阵,所以 $\boldsymbol{A}^{\mathrm{T}}=\boldsymbol{A}$,从而

$$\boldsymbol{B}^{\mathrm{T}}=(\boldsymbol{C}^{\mathrm{T}}\boldsymbol{AC})^{\mathrm{T}}=\boldsymbol{C}^{\mathrm{T}}\ (\boldsymbol{C}^{\mathrm{T}}\boldsymbol{A})^{\mathrm{T}}=\boldsymbol{C}^{\mathrm{T}}\boldsymbol{A}^{\mathrm{T}}\boldsymbol{C}=\boldsymbol{C}^{\mathrm{T}}\boldsymbol{AC}=\boldsymbol{B},$$

即矩阵 $\boldsymbol{B}$ 也是对称矩阵.

又因为 $\boldsymbol{C}$ 是可逆矩阵,$\boldsymbol{C}^{\mathrm{T}}$ 也是可逆矩阵,从而 $r(\boldsymbol{B})=r(\boldsymbol{C}^{\mathrm{T}}\boldsymbol{AC})=r(\boldsymbol{A})$.

对于二次型,我们讨论的主要问题是:寻求可逆的线性变换

$$\begin{cases} x_1 = c_{11}y_1 + c_{12}y_2 + \cdots + c_{1n}y_n, \\ x_2 = c_{21}y_1 + c_{22}y_2 + \cdots + c_{2n}y_n, \\ \qquad \cdots \\ x_n = c_{n1}y_1 + c_{n2}y_2 + \cdots + c_{nn}y_n, \end{cases}$$

使二次型只含平方项. 即 $\boldsymbol{X}=\boldsymbol{CY}$, $|\boldsymbol{C}| \neq 0$,其中

$$\boldsymbol{X}=\begin{pmatrix} x_1 \\ x_2 \\ \vdots \\ x_n \end{pmatrix}, \boldsymbol{C}=\begin{pmatrix} c_{11} & c_{12} & \cdots & c_{1n} \\ c_{21} & c_{22} & \cdots & c_{2n} \\ \vdots & \vdots & & \vdots \\ c_{n1} & c_{n2} & \cdots & c_{nn} \end{pmatrix}, \boldsymbol{Y}=\begin{pmatrix} y_1 \\ y_2 \\ \vdots \\ y_n \end{pmatrix}.$$

二次型 $f=\boldsymbol{X}^{\mathrm{T}}\boldsymbol{AX}$ 在可逆线性变换 $\boldsymbol{X}=\boldsymbol{CY}$ 下有

$$f=\boldsymbol{X}^{\mathrm{T}}\boldsymbol{AX}=(\boldsymbol{CY})^{\mathrm{T}}\boldsymbol{A}(\boldsymbol{CY})=\boldsymbol{Y}^{\mathrm{T}}\boldsymbol{C}^{\mathrm{T}}\boldsymbol{ACY}=\boldsymbol{Y}^{\mathrm{T}}(\boldsymbol{C}^{\mathrm{T}}\boldsymbol{AC})\boldsymbol{Y}=\boldsymbol{Y}^{\mathrm{T}}\boldsymbol{BY},$$

其中 $\boldsymbol{B}=\boldsymbol{C}^{\mathrm{T}}\boldsymbol{AC}$. 由于矩阵 $\boldsymbol{C}$ 可逆,从而矩阵 $\boldsymbol{C}^{\mathrm{T}}$ 也可逆,同时 $\boldsymbol{A}$ 是对称矩阵,则

$$\boldsymbol{B}^{\mathrm{T}}=(\boldsymbol{C}^{\mathrm{T}}\boldsymbol{AC})^{\mathrm{T}}=\boldsymbol{C}^{\mathrm{T}}\boldsymbol{A}^{\mathrm{T}}\boldsymbol{C}=\boldsymbol{C}^{\mathrm{T}}\boldsymbol{AC}=\boldsymbol{B},$$

所以矩阵 $\boldsymbol{B}$ 也是对称矩阵且与矩阵 $\boldsymbol{A}$ 是合同的,$r(\boldsymbol{B})=r(\boldsymbol{A})$.

由此可知,经可逆变换 $\boldsymbol{X}=\boldsymbol{CY}$, $|\boldsymbol{C}|\neq 0$ 后,二次型 f 的矩阵 $\boldsymbol{A}$ 变为与 $\boldsymbol{A}$ 合同的矩阵 $\boldsymbol{B}=\boldsymbol{C}^{\mathrm{T}}\boldsymbol{AC}$,且二次型的秩不变.

要使二次型 f 经可逆变换 $\boldsymbol{X}=\boldsymbol{CY}$ 变成标准形,这就是要使

$$\boldsymbol{Y}^{\mathrm{T}}\boldsymbol{C}^{\mathrm{T}}\boldsymbol{ACY}=\lambda_1 y_1^2+\lambda_2 y_2^2+\cdots+\lambda_n y_n^2=(y_1, y_2, \cdots, y_n)\begin{pmatrix} \lambda_1 & & & \\ & \lambda_2 & & \\ & & \ddots & \\ & & & \lambda_n \end{pmatrix}\begin{pmatrix} y_1 \\ y_2 \\ \vdots \\ y_n \end{pmatrix},$$

也就是要使 $\boldsymbol{C}^{\mathrm{T}}\boldsymbol{AC}$ 成为对角矩阵. 因此,要解决的主要问题是:对于对称矩阵 $\boldsymbol{A}$,寻求可逆矩阵 $\boldsymbol{C}$,使 $\boldsymbol{C}^{\mathrm{T}}\boldsymbol{AC}$ 为对角矩阵. 这个问题称为把对称矩阵 $\boldsymbol{A}$ 合同对角化.

6.2.2 利用正交变换法化二次型为标准形

定义 6.3 若 $\boldsymbol{P}$ 为正交矩阵,则线性变换 $\boldsymbol{Y}=\boldsymbol{PX}$ 称为正交变换.

设 $\boldsymbol{Y}=\boldsymbol{PX}$ 为正交变换,则有

$$\|\boldsymbol{Y}\|=\sqrt{\boldsymbol{Y}^{\mathrm{T}}\boldsymbol{Y}}=\sqrt{\boldsymbol{X}^{\mathrm{T}}\boldsymbol{P}^{\mathrm{T}}\boldsymbol{PX}}=\sqrt{\boldsymbol{X}^{\mathrm{T}}\boldsymbol{X}}=\|\boldsymbol{X}\|.$$

这意味着正交变换不改变向量的长度.

由定理 5.3 知,实对称矩阵 $\boldsymbol{A}$ 存在正交矩阵 $\boldsymbol{P}$,使得

$$\boldsymbol{P}^{-1}\boldsymbol{AP}=\begin{pmatrix} \lambda_1 & & & \\ & \lambda_2 & & \\ & & \ddots & \\ & & & \lambda_n \end{pmatrix}, \text{即 } \boldsymbol{P}^{\mathrm{T}}\boldsymbol{AP}=\begin{pmatrix} \lambda_1 & & & \\ & \lambda_2 & & \\ & & \ddots & \\ & & & \lambda_n \end{pmatrix}.$$

把这个结论应用于实二次型,则有如下定理成立.

定理 6.1 任给 n 元实二次型 $f=\boldsymbol{X}^{\mathrm{T}}\boldsymbol{AX}$,总存在正交变换 $\boldsymbol{X}=\boldsymbol{PY}$,使二次型 f 化为标

准形

$$f=(\boldsymbol{PY})^{\mathrm{T}}\boldsymbol{A}(\boldsymbol{PY})=\boldsymbol{Y}^{\mathrm{T}}(\boldsymbol{P}^{\mathrm{T}}\boldsymbol{AP})\boldsymbol{Y}=\lambda_1 y_1^2+\lambda_2 y_2^2+\cdots+\lambda_n y_n^2,$$

其中 $\lambda_1,\lambda_2,\cdots,\lambda_n$ 是矩阵 $\boldsymbol{A}$ 的特征值.

用正交变换将二次型化为标准形，其特点是保持几何图形不变. 因此，它在理论和实际应用中都有非常重要的意义. 利用正交变换法将二次型化为标准形的具体步骤如下：

(1)求出矩阵 $\boldsymbol{A}$ 的所有特征值 $\lambda_1,\lambda_2,\cdots,\lambda_n$(可能会有重根)；

(2)求出矩阵 $\boldsymbol{A}$ 的每个特征值 λ_i 对应的一组线性无关的特征向量，即求出线性方程组 $(\boldsymbol{A}-\lambda_i\boldsymbol{E})\boldsymbol{X}=\boldsymbol{0}$ 的一个基础解系，并将此组基础解系进行施密特正交化(正交化，单位化)；

(3)将所有特征值 $\lambda_1,\lambda_2,\cdots,\lambda_n$ 对应的 n 个标准、正交的特征向量作为列向量所得的 n 阶方阵即为正交矩阵 $\boldsymbol{P}$(不是唯一的)；

(4)进行正交变换 $\boldsymbol{X}=\boldsymbol{PY}$，即可将二次型化为标准形

$$f=\lambda_1 y_1^2+\lambda_2 y_2^2+\cdots+\lambda_n y_n^2.$$

例 6.5　求一个正交变换 $\boldsymbol{X}=\boldsymbol{PY}$，把二次型 $f(x_1,x_2,x_3)=x_1^2+x_2^2+2x_3^2+4x_1x_2+2x_1x_3+2x_2x_3$ 化为标准形.

解　(1)写出二次型的对应矩阵

$$\boldsymbol{A}=\begin{pmatrix}1&2&1\\2&1&1\\1&1&2\end{pmatrix},$$

由 $|\boldsymbol{A}-\lambda\boldsymbol{E}|=\begin{vmatrix}1-\lambda&2&1\\2&1-\lambda&1\\1&1&2-\lambda\end{vmatrix}=-(\lambda+1)(\lambda-1)(\lambda-4)=0$，得特征值 $\lambda_1=-1,\lambda_2=1,\lambda_3=4$.

(2)当 $\lambda_1=-1$ 时，由 $(\boldsymbol{A}+\boldsymbol{E})\boldsymbol{X}=\boldsymbol{0}$ 得

$$\begin{pmatrix}2&2&1\\2&2&1\\1&1&3\end{pmatrix}\boldsymbol{X}=\boldsymbol{0},\text{解得特征向量 }\boldsymbol{\xi}_1=\begin{pmatrix}1\\-1\\0\end{pmatrix}.$$

当 $\lambda_2=1$ 时，由 $(\boldsymbol{A}-\boldsymbol{E})\boldsymbol{X}=\boldsymbol{0}$ 得

$$\begin{pmatrix}0&2&1\\2&0&1\\1&1&1\end{pmatrix}\boldsymbol{X}=\boldsymbol{0},\text{解得特征向量 }\boldsymbol{\xi}_2=\begin{pmatrix}-1\\-1\\2\end{pmatrix}.$$

当 $\lambda_3=4$ 时，由 $(\boldsymbol{A}-4\boldsymbol{E})\boldsymbol{X}=\boldsymbol{0}$ 得

$$\begin{pmatrix}-3&2&1\\2&-3&1\\1&1&-2\end{pmatrix}\boldsymbol{X}=\boldsymbol{0},\text{解得特征向量 }\boldsymbol{\xi}_3=\begin{pmatrix}1\\1\\1\end{pmatrix}.$$

(3)因 3 个特征值互不相等，$\boldsymbol{A}$ 是实对称矩阵，故 $\boldsymbol{\xi}_1,\boldsymbol{\xi}_2,\boldsymbol{\xi}_3$ 彼此正交，现只需将它们单位化得

$$\boldsymbol{\eta}_1=\frac{1}{\sqrt{2}}\begin{pmatrix}1\\-1\\0\end{pmatrix},\boldsymbol{\eta}_2=\frac{1}{\sqrt{6}}\begin{pmatrix}-1\\-1\\2\end{pmatrix},\boldsymbol{\eta}_3=\frac{1}{\sqrt{3}}\begin{pmatrix}1\\1\\1\end{pmatrix},$$

故正交矩阵为

$$P=\frac{1}{\sqrt{6}}\begin{pmatrix}\sqrt{3} & -1 & \sqrt{2}\\ -\sqrt{3} & -1 & \sqrt{2}\\ 0 & 2 & \sqrt{2}\end{pmatrix}.$$

(4)于是得到正交变换 $\boldsymbol{X}=\boldsymbol{PY}$,其标准形为 $f=-y_1^2+y_2^2+4y_3^2$.

6.2.3 利用配方法化二次型为标准形

如果不限于用正交变换,那么还可以用其他可逆的线性变换方法,如拉格朗日配方法把二次型化成标准形.要用二次型配方法化为标准形,首先将二次型中的各个平方项进行提公因式,以求出相应的平方完成项,并将其加入式子中;然后利用一些代数技巧,对一些系数进行组合和调整,从而达到配方法的目的.

例 6.6 设二次型 $f(x_1,x_2,x_3)=x_1^2-4x_1x_2+2x_2^2-2x_3^2$,利用配方法将其化为标准形.

解
$$\begin{aligned}f(x_1,x_2,x_3)&=x_1^2-4x_1x_2+2x_2^2-2x_3^2\\&=(x_1^2-4x_1x_2+4x_2^2)-4x_2^2+2x_2^2-2x_3^2\\&=(x_1-2x_2)^2-2x_2^2-2x_3^2.\end{aligned}$$

令$\begin{cases}y_1=x_1-2x_2,\\ y_2=\sqrt{2}x_2,\\ y_3=\sqrt{2}x_3,\end{cases}$ 就可把 $f(x_1,x_2,x_3)$化为标准形 $f(y_1,y_2,y_3)=y_1^2-y_2^2-y_3^2$.

例 6.7 设二次型 $f(x_1,x_2,x_3)=x_1x_2+x_1x_3-x_2x_3$,利用配方法将其化为标准形,并求所用的变换矩阵.

解 令$\begin{cases}x_1=y_1+y_2,\\ x_2=y_1-y_2,\\ x_3=y_3,\end{cases}$即$\begin{pmatrix}x_1\\x_2\\x_3\end{pmatrix}=\begin{pmatrix}1&1&0\\1&-1&0\\0&0&1\end{pmatrix}\begin{pmatrix}y_1\\y_2\\y_3\end{pmatrix}$,

则 $f(x_1,x_2,x_3)=x_1x_2+x_1x_3-x_2x_3=y_1^2-y_2^2+2y_2y_3=y_1^2-(y_2-y_3)^2+y_3^2$.

令$\begin{cases}z_1=y_1,\\ z_2=y_2-y_3,\\ z_3=y_3,\end{cases}$即$\begin{cases}y_1=z_1,\\ y_2=z_2+z_3,\\ y_3=z_3,\end{cases}$于是$\begin{pmatrix}y_1\\y_2\\y_3\end{pmatrix}=\begin{pmatrix}1&0&0\\0&1&1\\0&0&1\end{pmatrix}\begin{pmatrix}z_1\\z_2\\z_3\end{pmatrix}$,

所以$\begin{pmatrix}x_1\\x_2\\x_3\end{pmatrix}=\begin{pmatrix}1&1&0\\1&-1&0\\0&0&1\end{pmatrix}\begin{pmatrix}y_1\\y_2\\y_3\end{pmatrix}=\begin{pmatrix}1&1&0\\1&-1&0\\0&0&1\end{pmatrix}\begin{pmatrix}1&0&0\\0&1&1\\0&0&1\end{pmatrix}\begin{pmatrix}z_1\\z_2\\z_3\end{pmatrix}=\begin{pmatrix}1&1&1\\1&-1&-1\\0&0&1\end{pmatrix}\begin{pmatrix}z_1\\z_2\\z_3\end{pmatrix}$.

所求的交换矩阵为$\begin{pmatrix}1&1&1\\1&-1&-1\\0&0&1\end{pmatrix}$,因而有 $f(z_1,z_2,z_3)=z_1^2-z_2^2+z_3^2$.

一般地,任何二次型都可用上面两例的方法找到可逆线性变换,把二次型化成标准形或规范形.

6.3 正定二次型与正定矩阵

一个 n 元实二次型 $f=\boldsymbol{X}^{\mathrm{T}}\boldsymbol{A}\boldsymbol{X}$ 既可以通过正交变换法化为标准形，也可以通过配方法化为标准形. 显然，经过不同的可逆线性变换的标准形是不唯一的，但它所含的项数是确定的. 在不同的标准形中，正系数的个数相同，负系数的个数也相同. 这并不是偶然现象，本节将对此做一般的讨论.

6.3.1 惯性定理

定理 6.2 设有二次型 $f=\sum_{i=1}^{n}\sum_{j=1}^{n}a_{ij}x_ix_j=\boldsymbol{X}^{\mathrm{T}}\boldsymbol{A}\boldsymbol{X}(\boldsymbol{A}^{\mathrm{T}}=\boldsymbol{A})$，且它的秩为 r，若有两个实可逆线性变换

$$\boldsymbol{X}=\boldsymbol{P}\boldsymbol{Y} \text{ 及 } \boldsymbol{X}=\boldsymbol{Q}\boldsymbol{Z}$$

使二次型化为

$$f=\lambda_1y_1^2+\lambda_2y_2^2+\cdots+\lambda_ry_r^2(\lambda_i\neq0) \text{ 及 } f=k_1z_1^2+k_2z_2^2+\cdots+k_ry_r^2(k_i\neq0),$$

则 $\lambda_1,\lambda_2,\cdots,\lambda_r$ 中正数的个数与 $k_1,k_2,\cdots,k_r$ 中正数的个数相等.

此定理称为惯性定理，这里不做具体的证明.

6.3.2 正定二次型与正定矩阵

二次型的标准形中正系数的个数称为二次型的正惯性指数，负系数的个数称为二次型的负惯性指数. 若二次型 f 的正惯性指数为 p，秩为 r，则 f 的规范形可确定为

$$f=y_1^2+y_2^2+\cdots+y_p^2-y_{p+1}^2-\cdots-y_r^2.$$

在科学技术上一般研究正惯性指数为 n 或者负惯性指数为 n 的 n 元二次型，具体定义如下.

定义 6.4 设有二次型 $f=\boldsymbol{X}^{\mathrm{T}}\boldsymbol{A}\boldsymbol{X}$，若对于任意的非零列向量 $\boldsymbol{X}$，都有 $f(\boldsymbol{X})>0$，则称该二次型为正定二次型，并称对称矩阵 $\boldsymbol{A}$ 为正定矩阵；若对于任意的非零列向量 $\boldsymbol{X}$，都有 $f(\boldsymbol{X})<0$，则称该二次型为负定二次型，并称对称矩阵 $\boldsymbol{A}$ 为负定矩阵.

由定义 6.4 可知，二次型 $f(x_1,x_2,\cdots,x_n)=k_1x_1^2+k_2x_2^2+\cdots+k_nx_n^2$ 为正定二次型的充分必要条件是 $k_i>0(i=1,2,\cdots,n)$；二次型 $f=\boldsymbol{X}^{\mathrm{T}}\boldsymbol{A}\boldsymbol{X}$ 经过可逆线性变换 $\boldsymbol{X}=\boldsymbol{P}\boldsymbol{Y}$ 后化为 $\boldsymbol{Y}^{\mathrm{T}}(\boldsymbol{P}^{\mathrm{T}}\boldsymbol{A}\boldsymbol{P})\boldsymbol{Y}$，其正定性保持不变.

定理 6.3 实二次型 $f=\boldsymbol{X}^{\mathrm{T}}\boldsymbol{A}\boldsymbol{X}$ 正定的充分必要条件是它的正惯性指数等于 n，即它的规范形的 n 个系数全为 1.

证明 设可逆线性变换 $\boldsymbol{X}=\boldsymbol{P}\boldsymbol{Y}$ 使

$$\lambda_i>0(i=1,2,\cdots,n),f(\boldsymbol{X})=f(\boldsymbol{P}\boldsymbol{Y})=\sum_{i=1}^{n}\lambda_iy_i^2.$$

先证充分性：设 $\lambda_i>0(i=1,2,\cdots,n)$，任给非零列向量 $\boldsymbol{X}$，则 $\boldsymbol{Y}=\boldsymbol{P}^{-1}\boldsymbol{X}\neq\boldsymbol{0}$，所以

$$f(\boldsymbol{X})=f(\boldsymbol{P}\boldsymbol{Y})=\sum_{i=1}^{n}\lambda_iy_i^2>0.$$

由定义 6.4 知实二次型 $f=X^{T}AX$ 是正定的.

再证必要性:用反证法,假设有某个系数 $\lambda_i\leqslant 0$,则当 $Y=E_i$(单位坐标向量)时,$f(X)=f(PY)=\lambda_i\leqslant 0$.

显然 $PY=PE_i\neq 0$ 不是零向量,这与 f 为正定相矛盾,所以必有 $\lambda_i>0(i=1,2,\cdots,n)$.

由定理 6.3 不难得到下面两个推论.

推论 1 实二次型 $f=X^{T}AX$ 正定的充分必要条件是 f 的矩阵 A 的特征值全为正.

推论 2 实二次型 $f=X^{T}AX$ 正定的充分必要条件是 f 的矩阵 A 与单位矩阵 E 合同.

例 6.8 判定下列二次型的正定性:

$$f(x_1,x_2,x_3)=3x_1^2+3x_2^2+x_3^2+4x_1x_2.$$

解 此二次型的矩阵为 $A=\begin{pmatrix}3&2&0\\2&3&0\\0&0&1\end{pmatrix}$,由特征多项式 $|A-\lambda E|=\begin{vmatrix}3-\lambda&2&0\\2&3-\lambda&0\\0&0&1-\lambda\end{vmatrix}=(1-\lambda)^2(5-\lambda)$,得矩阵 A 的特征值为 1,1,5.

由定理 6.3 的推论 1 可知,该二次型为正定二次型.

6.3.3 赫尔维茨定理

下面讨论使用二次型矩阵 A 的子式来判断二次型正定性的一种方法.

定义 6.5 位于 n 阶矩阵 A 的左上角的 $1,2,\cdots,n$ 阶子式

$$\Delta_1=|a_{11}|,\Delta_2=\begin{vmatrix}a_{11}&a_{12}\\a_{21}&a_{22}\end{vmatrix},\cdots,\Delta_n=|A|$$

分别称为矩阵 A 的 $1,2,\cdots,n$ 阶顺序主子式.

定理 6.4 二次型 $f=X^{T}AX$ 正定的充分必要条件是 A 的各阶顺序主子式全大于 0,即 $\Delta_1=|a_{11}|=a_{11}>0,\Delta_2=\begin{vmatrix}a_{11}&a_{12}\\a_{21}&a_{22}\end{vmatrix}>0,\cdots,\Delta_n=|A|>0$.

二次型 f 负定的充分必要条件是 A 的奇数阶顺序主子式为负,而偶数阶顺序主子式为正,即

$$(-1)^r\begin{vmatrix}a_{11}&\cdots&a_{1r}\\\vdots&&\vdots\\a_{r1}&\cdots&a_{rr}\end{vmatrix}>0(r=1,2,\cdots,n).$$

这个定理称为赫尔维茨定理.

例 6.9 判定下列二次型的正定性:

(1) $f(x_1,x_2,x_3)=3x_1^2+3x_2^2+x_3^2+4x_1x_2$;

(2) $f(x_1,x_2,x_3)=-5x_1^2-6x_2^2-4x_3^2+4x_1x_2+4x_1x_3$;

(3) $f(x_1,x_2,x_3)=3x_1^2+x_2^2+3x_3^2-4x_1x_2-4x_1x_3+4x_2x_3$.

解 (1)二次型的矩阵 $A=\begin{pmatrix}3&2&0\\2&3&0\\0&0&1\end{pmatrix}$,它的各阶顺序主子式为

$$\Delta_1=a_{11}=3>0,\Delta_2=\begin{vmatrix}3&2\\2&3\end{vmatrix}=5>0,\Delta_3=|A|=5>0,$$

所以该二次型为正定二次型.

(2)二次型的矩阵 $\boldsymbol{A}=\begin{pmatrix}-5 & 2 & 2\\ 2 & -6 & 0\\ 2 & 0 & -4\end{pmatrix}$,它的各阶顺序主子式为

$$\Delta_1=a_{11}=-5<0,\Delta_2=\begin{vmatrix}-5 & 2\\ 2 & -6\end{vmatrix}=26>0,\Delta_3=|\boldsymbol{A}|=-80<0,$$

由定理 6.4 知该二次型为负定二次型.

(3)二次型的矩阵 $\boldsymbol{A}=\begin{pmatrix}3 & -2 & -2\\ -2 & 1 & 2\\ -2 & 2 & 3\end{pmatrix}$,它的各阶顺序主子式为

$$\Delta_1=a_{11}=3>0,\Delta_2=\begin{vmatrix}3 & -2\\ -2 & 1\end{vmatrix}=-1<0,\Delta_3=|\boldsymbol{A}|=-3<0,$$

由定理 6.4 知该二次型既不是正定二次型,也不是负定二次型.

6.4　用 MATLAB 进行二次型的运算

二次型线性变换化为标准形或规范形时,无论是用正交变换法,还是用拉格朗日配方法都有相当的计算量,过程也比较复杂,特别是当二次型的矩阵阶数较高时,传统的手工计算就无法完成,此时我们可以使用 MATLAB 软件进行求解.

6.4.1　化二次型为标准形

对于二次型 $f=\boldsymbol{X}^{\mathrm{T}}\boldsymbol{A}\boldsymbol{X}$,其中 $\boldsymbol{A}$ 是一个对称矩阵,若要将其化为标准形,就要找到一个可逆矩阵 $\boldsymbol{P}$,使得 $\boldsymbol{P}^{\mathrm{T}}\boldsymbol{A}\boldsymbol{P}$ 为一个对角矩阵,即 $\boldsymbol{P}^{\mathrm{T}}\boldsymbol{A}\boldsymbol{P}=\mathrm{diag}(\lambda_1,\lambda_2,\cdots,\lambda_n)$,$\boldsymbol{P}$ 就是要找的正交矩阵,因此需要调用 MATLAB 内置函数“[P,D]=eig(A)”.

要将二次型化为标准形,可以使用 MATLAB 中的特征值分解和对角化.具体步骤如下:

(1)将二次型的系数矩阵输入 MATLAB 中.

(2)使用“eig”函数计算系数矩阵的特征值和特征向量.

(3)构造相似变换矩阵,将系数矩阵对角化.

(4)对角线上的元素即为化为标准形后的各项系数.

例 6.10　用 MATLAB 软件求一个正交变换 $\boldsymbol{X}=\boldsymbol{P}\boldsymbol{Y}$,把二次型 $f(x_1,x_2,x_3)=x_1^2+x_2^2+2x_3^2+4x_1x_2+2x_1x_3+2x_2x_3$ 化为标准形.

解　写出二次型的对应矩阵

$$\boldsymbol{A}=\begin{pmatrix}1 & 2 & 1\\ 2 & 1 & 1\\ 1 & 1 & 2\end{pmatrix},$$

```
>> A=[1 2 1;2 1 1;1 1 2];        % 输入二次型对应矩阵
```

```
>> B = sym(A);                      % 将非符号对象转化为符号对象
>> [P  D] = eig(B);                 % 计算矩阵 B 的特征值与特征向量
>> disp(P), disp(D)                 % 显示特征向量矩阵与特征值对角矩阵
[-1/2,  1,  -1]
[-1/2,  1,   1]
[   1,  1,   0]

[1,  0,  0]
[0,  4,  0]
[0,  0,  -1]
```

$\boldsymbol{P}$ 就是所求的正交矩阵,用正交变换 $\boldsymbol{X}=\boldsymbol{PY}$,可将二次型化为标准形 $f=y_1^2+4y_2^2-y_3^2$.

6.4.2 正定二次型的判定

依据定理 6.3 的推论 1 或定理 6.4,即通过二次型的矩阵的特征值或各阶顺序主子式的正负来判定一个对称矩阵是不是正定的.在 MATLAB 中,可以用自定义的两个函数 IsPositive1 和 IsPositive2 来进行判定.其内容如下:

```
function IsPositive1(A)
%%特征值的正负判别法;所有特征值为正时,表示 A 是正定矩阵
if all (eig(A)>0)                   %%所有特征值是否都是正的
  disp('这是一个正定二次型');
else
    if all (eig(A)<0)               %%所有特征值是否都是负的
      disp('这是一个负定二次型');
    else
      disp('这不是一个正定二次型,也不是一个负定二次型');
    end
end
end

function IsPositive2(A)
%%赫尔维茨定理判别法;所有顺序主子式为正时,表示 A 是正定矩阵
n = size(A);d = [];e = [];
for k = 1:n
    AK = A(1:k,1:k);                %矩阵 A 的各阶顺序主子式矩阵
    AL = - A(1:k,1:k);              %矩阵 - A 的各阶顺序主子式矩阵
    d = [d,det(AK)];                %逐个添加矩阵 A 的顺序主子式构成向量 d
    e = [e,det(AL)];                %逐个添加矩阵 - A 的顺序主子式构成向量 e
```

```
end
if all (d>0)                    %%所有顺序主子式是否都是正的
    disp('这是一个正定二次型');
else
    if all(e>0)
        disp('这是一个负定二次型');
    else
        disp('这既不是一个正定二次型,也不是一个负定二次型');
    end
end
end
```

例 6.11 分别使用自定义函数 IsPositive1 和 IsPositive2,判定下列二次型的正定性.

(1) $f(x_1,x_2,x_3)=3x_1^2+3x_2^2+x_3^2+4x_1x_2$;

(2) $f(x_1,x_2,x_3)=-5x_1^2-6x_2^2-4x_3^2+4x_1x_2+4x_1x_3$;

(3) $f(x_1,x_2,x_3)=3x_1^2+x_2^2+3x_3^2-4x_1x_2-4x_1x_3+4x_2x_3$.

解 判定代码如下:

```
>> A1 = [3 2 0;2 3 0;0 0 1];
>> A2 = [-5 2 2;2 -6 0;2 0 -4];
>> A3 = [3 -2 -2;-2 1 2;-2 2 3];
>> IsPositive1(A1), IsPositive2(A1)
这是一个正定二次型
这是一个正定二次型
>> IsPositive1(A2), IsPositive2(A2)
这是一个负定二次型
这是一个负定二次型
>> IsPositive1(A3), IsPositive2(A3)
这不是一个正定二次型,也不是一个负定二次型
这不是一个正定二次型,也不是一个负定二次型
```

两个自定义函数的运行结果均显示:(1)二次型是正定的,(2)二次型是负定的,(3)二次型既不是正定的,也不是负定的.

习题六

1. 写出下列二次型的矩阵,并求出其秩.

(1) $f(x_1,x_2,x_3)=x_1^2-3x_2^2+4x_2x_3$;

(2) $f(x_1,x_2,x_3)=2x_1^2-3x_2^2+x_3^2-6x_1x_2+2x_1x_3+4x_2x_3$;

(3) $f(x,y,z)=5x^2-3y^2+7z^2-4xy+6xz-2yz$;

(4) $f(x_1,x_2,x_3)=(x_1-x_2)^2+(x_2-x_3)^2+2(x_1+x_3)^2$.

2. 利用正交变换法将下列二次型化为标准形：

(1) $f(x_1,x_2,x_3)=2x_1^2+2x_2^2+2x_3^2-2x_2x_3$;

(2) $f(x_1,x_2,x_3)=x_1^2+x_3^2+2x_1x_2-2x_2x_3$;

(2) $f(x_1,x_2,x_3)=x_1^2+4x_2^2+x_3^2-4x_1x_2-8x_1x_3-4x_2x_3$.

3. 已知二次型 $f(x_1,x_2,x_3)=2x_1^2+3x_2^2+3x_3^2++2ax_2x_3(a>0)$ 通过正交变换 $\boldsymbol{X}=\boldsymbol{PY}$ 化成标准形 $f(y_1,y_2,y_3)=y_1^2+2y_2^2+5y_3^2$，求 a 的值及所用的正交变换矩阵 $\boldsymbol{P}$.

4. 已知二次型 $f(x_1,x_2,x_3)=(1+a)x_1^2+(1+a)x_2^2+2x_3^2+2(1-a)x_1x_2$ 的秩为 2.

(1) 求 a 的值；

(2) 求正交变换 $\boldsymbol{X}=\boldsymbol{PY}$，把 $f(x_1,x_2,x_3)$ 化成标准形；

(3) 求方程 $f(x_1,x_2,x_3)=0$ 的解.

5. 利用配方法化下列二次型为标准形，并求出所用的变换矩阵.

(1) $f(x_1,x_2,x_3)=2x_1^2+x_2^2+4x_3^2+2x_1x_2-2x_2x_3$;

(2) $f(x_1,x_2,x_3)=x_1^2+3x_2^2+5x_3^2+2x_1x_2-4x_1x_3$;

(3) $f(x_1,x_2,x_3)=x_1x_2+2x_1x_3+2x_2x_3$.

6. 判断下列二次型的正定性：

(1) $f(x_1,x_2,x_3)=-2x_1^2-6x_2^2-4x_3^2+2x_1x_2+2x_1x_3$;

(2) $f(x_1,x_2,x_3)=x_1^2+3x_2^2+9x_3^2-2x_1x_2+4x_1x_3$.

7. 设 $f(x_1,x_2,x_3)=x_1^2+x_2^2+5x_3^2+2ax_1x_2-2x_1x_3+4x_2x_3$ 为正定二次型，求 a 的取值范围.

8. 已知 $\boldsymbol{C}$ 是 n 阶可逆矩阵，$\boldsymbol{A}$ 是 n 阶正定矩阵，证明 $\boldsymbol{CAC}^{\mathrm{T}}$ 也是正定矩阵.

9. 证明对称矩阵 $\boldsymbol{A}$ 是 n 阶正定矩阵的充分必要条件是：存在可逆矩阵 $\boldsymbol{U}$，使 $\boldsymbol{A}=\boldsymbol{U}^{\mathrm{T}}\boldsymbol{U}$，即 $\boldsymbol{A}$ 与单位矩阵 $\boldsymbol{E}$ 合同.

附　录

附录 1　各章习题解答或提示

习题一　解答或提示

1.(1)-8;　(2)-3;　(3)0.

2.(1)$\tau(4132)=3+0+1+0=4$;　(2)$\tau(3421)=2+2+1+0=5$;

(3)$\tau(53142)=4+2+0+1+0=7$;　(4)$\tau[135\cdots(2n-1)246\cdots(2n)]=\dfrac{n(n-1)}{2}$.

3. 2,3.

4.(1)是,负号;　(2)是,正号.

5.(1)18;(2)$(y-x)(z-x)(z-y)$;(3)56;(4)40;(5)90;(6)40.

6. 证明略.

7. 余子式 M_{ij} 依次分别是$-3,-2,5;1,-2,1;-2,4,6$.

代数余子式 $A_{ij}=(-1)^{i+j}M_{ij}$,分别为$-3,2,5;-1,-2,-1;-2,-4,6$.

行列式 $D=-8$.

8. $A_{11}+A_{12}+A_{13}+A_{14}=4$;$M_{11}+M_{21}+M_{31}+M_{41}=0$.

9. (1) $(-1)^{n+1}n!$;　(2)$[x+(n-1)a](x-a)^{n-1}$;　(3) $\prod\limits_{1\leqslant i<j\leqslant n+1}(j-i)$;

(4)$\prod\limits_{k=1}^{n}(a_kd_k-b_kc_k)$.

10.(1)$\begin{cases}x_1=2,\\x_2=3,\\x_3=-4.\end{cases}$　(2)$\begin{cases}x_1=2,\\x_2=-2,\\x_3=-3.\end{cases}$

11. 只有零解.

12. $\lambda=0,2,3$.

习题二　解答或提示

1. C.　　2. $\begin{pmatrix}0&-2&-2\\2&0&-2\\2&2&0\end{pmatrix}$.

3. **证明** 必要性：由矩阵 $\boldsymbol{A},\boldsymbol{B}$ 均为对称矩阵得 $\boldsymbol{A}^{\mathrm{T}}=\boldsymbol{A},\boldsymbol{B}^{\mathrm{T}}=\boldsymbol{B}$，又已知 $\boldsymbol{AB}$ 是对称矩阵，即 $(\boldsymbol{AB})^{\mathrm{T}}=\boldsymbol{AB}$，所以 $\boldsymbol{AB}=(\boldsymbol{AB})^{\mathrm{T}}=\boldsymbol{B}^{\mathrm{T}}\boldsymbol{A}^{\mathrm{T}}=\boldsymbol{BA}$，故 $\boldsymbol{AB}=\boldsymbol{BA}$.

充分性：由 $\boldsymbol{AB}=\boldsymbol{BA}$ 及 $\boldsymbol{A}^{\mathrm{T}}=\boldsymbol{A},\boldsymbol{B}^{\mathrm{T}}=\boldsymbol{B}$ 得 $(\boldsymbol{AB})^{\mathrm{T}}=\boldsymbol{B}^{\mathrm{T}}\boldsymbol{A}^{\mathrm{T}}=\boldsymbol{BA}=\boldsymbol{AB}$，即充分性成立.

4. (1)零矩阵 $\boldsymbol{0}$； (2) $\begin{pmatrix}8 & -2 & 1\\ -1 & 9 & 0\\ -9 & -3 & 1\\ -1 & 2 & 1\end{pmatrix}$.

5. $\boldsymbol{AB}=\begin{pmatrix}0 & 0 & 0\\ 0 & 0 & 0\\ 0 & 0 & 0\end{pmatrix}$，$\boldsymbol{BA}=\begin{pmatrix}0 & 3 & -6\\ 0 & -2 & 4\\ 0 & -1 & 2\end{pmatrix}$.

6. $f(\boldsymbol{A})=\begin{pmatrix}2 & -2\\ -6 & 6\end{pmatrix}$. 7. $\boldsymbol{A}^n=\begin{pmatrix}\cos n\varphi & -\sin n\varphi\\ \sin n\varphi & \cos n\varphi\end{pmatrix}$

8. **证明** 由 $\boldsymbol{AA}^*=|\boldsymbol{A}|\boldsymbol{E}$ 可得，$|\boldsymbol{A}|\,|\boldsymbol{A}^*|=|\boldsymbol{AA}^*|=|\,|\boldsymbol{A}|\boldsymbol{E}|=|\boldsymbol{A}|^n|\boldsymbol{E}|=|\boldsymbol{A}|^n$，当 $|\boldsymbol{A}|\neq 0$ 时，有 $|\boldsymbol{A}^*|=|\boldsymbol{A}|^{n-1}$；当 $|\boldsymbol{A}|=0$ 时，用反证法证明 $|\boldsymbol{A}^*|=0$.

如果 $|\boldsymbol{A}^*|\neq 0$，则 $\boldsymbol{A}^*$ 是可逆矩阵，于是在矩阵等式中 $\boldsymbol{AA}^*=|\boldsymbol{A}|\boldsymbol{E}=\boldsymbol{0}$ 的两边同时右乘 $\boldsymbol{A}^*$ 的逆矩阵，即得 $\boldsymbol{A}=\boldsymbol{0}$，所以零矩阵的伴随矩阵当然也是零矩阵，即 $\boldsymbol{A}^*=\boldsymbol{0}$，这与假设 $|\boldsymbol{A}^*|\neq 0$ 矛盾，所以必有 $|\boldsymbol{A}^*|=0$.

综上所述，$|\boldsymbol{A}^*|=|\boldsymbol{A}|^{n-1}$ 必成立.

9. (1)16； (2)-0.5. 10. C. 11. B. 12. C.

13. $(\boldsymbol{A}+5\boldsymbol{E})^{-1}=-\dfrac{1}{32}(\boldsymbol{A}-7\boldsymbol{E})$.

14. (1) $\begin{pmatrix}2 & -1/3 & -4/3\\ 1 & 1/3 & -2/3\\ -1 & 0 & 1\end{pmatrix}$； (2)不可逆；

(3) $\dfrac{1}{8}\begin{pmatrix}-2 & 2 & 2\\ 5 & -1 & -1\\ 1 & -5 & 3\end{pmatrix}$； (4) $\begin{pmatrix}1 & 1 & 3\\ 2 & 3 & 7\\ 3 & 4 & 9\end{pmatrix}$.

15. (1) $\begin{pmatrix}2 & -23\\ 0 & 8\end{pmatrix}$； (2) $\begin{pmatrix}-2 & 2 & 1\\ -8/3 & 5 & -2/3\end{pmatrix}$； (3) $\begin{pmatrix}1 & 1\\ 1/4 & 0\end{pmatrix}$； (4) $\begin{pmatrix}2 & -1 & 0\\ 1 & 3 & -4\\ 1 & 0 & -2\end{pmatrix}$.

16. $\boldsymbol{X}=\dfrac{1}{6}\begin{pmatrix}6 & 3 & 0\\ -2 & 6 & 0\\ 0 & 0 & 12\end{pmatrix}$. 17. (1)2； (2)2； (3)3； (4)3.

18. (1)当 $k=1$ 时，$r(\boldsymbol{A})=1$； (2)当 $k=-2$ 时，$r(\boldsymbol{A})=2$；

(3)当 $k\neq 1$ 且 $k\neq -2$ 时，$r(\boldsymbol{A})=3$.

19. (1)$r(\boldsymbol{A}^*)=1$； (2)$r(\boldsymbol{A}^*)=5$； (3)$r(\boldsymbol{A}^*)=0$. 20. B.

21. (1) $\begin{cases}x_1=8x_3,\\ x_2=-6x_3,\\ x_4=0;\end{cases}$ (2) $\begin{cases}x_1=5x_3+x_4,\\ x_2=4x_3;\end{cases}$ (3)无解； (4) $\begin{cases}x_1=-2,\\ x_2=2,\\ x_3=-1.\end{cases}$

22. (1) $\begin{pmatrix} 9 & 14 & 2 & 1 \\ 15 & 23 & 3 & 4 \\ -4 & -5 & -1 & 0 \\ 0 & -2 & 0 & -1 \end{pmatrix}$； (2) $\begin{pmatrix} a & 0 & ac & 0 \\ 0 & a & 0 & ac \\ 1 & 0 & c+bd & 0 \\ 0 & 1 & 0 & c+bd \end{pmatrix}$.

23. (1) $\begin{pmatrix} 3 & -2 & 0 & 0 \\ -1 & 6 & 0 & 0 \\ 0 & 0 & 2 & -3 \\ 0 & 0 & -5 & 7 \end{pmatrix}$； (2) $\begin{pmatrix} 0 & 0 & -4 & 3 \\ 0 & 0 & 7/2 & -5/2 \\ -2 & 1 & 0 & 0 \\ 3/2 & -1/2 & 0 & 0 \end{pmatrix}$.

24. $|\boldsymbol{A}^3|=64$, $\boldsymbol{A}^{-1}=\begin{pmatrix} 1/4 & 0 & 0 & 0 & 0 \\ 0 & -1 & 3 & 0 & 0 \\ 0 & 2 & -5 & 0 & 0 \\ 0 & 0 & 0 & -2 & 5 \\ 0 & 0 & 0 & 1 & -2 \end{pmatrix}$.

习题三 解答或提示

1. $2\boldsymbol{\alpha}+3\boldsymbol{\beta}-\boldsymbol{\gamma}=(-1,12,20)^{\mathrm{T}}$. 2. $\boldsymbol{\gamma}=(-2,1,3,-4)^{\mathrm{T}}$.

3. $\boldsymbol{\alpha}=(2,-9,-5,10)^{\mathrm{T}}$, $\boldsymbol{\beta}=(-1,7,4,-7)^{\mathrm{T}}$

4. (1) $\boldsymbol{\beta}=\boldsymbol{\alpha}_1+2\boldsymbol{\alpha}_2-\boldsymbol{\alpha}_3$； (2) $\boldsymbol{\beta}=(3-2k)\boldsymbol{\alpha}_1+(k-1)\boldsymbol{\alpha}_2+k\boldsymbol{\alpha}_3$（$k$ 可取任意值）；

(3) $\boldsymbol{\beta}$ 不能表示成 $\boldsymbol{\alpha}_1,\boldsymbol{\alpha}_2,\boldsymbol{\alpha}_3$ 的线性组合.

5. $k=23$. 6. (1)线性无关； (2)线性相关； (3)线性相关； (4)线性无关.

7. 当 $t\neq-9$ 时向量组线性无关，当 $t=-9$ 时向量组线性相关.

8. (1)线性无关； (2)线性相关.

9. 提示：(1) $\boldsymbol{\alpha}_2,\boldsymbol{\alpha}_3,\cdots,\boldsymbol{\alpha}_n$ 线性无关$\Rightarrow\boldsymbol{\alpha}_2,\boldsymbol{\alpha}_3,\cdots,\boldsymbol{\alpha}_{n-1}$ 线性无关，而 $\boldsymbol{\alpha}_1,\boldsymbol{\alpha}_2,\cdots,\boldsymbol{\alpha}_{n-1}$ 线性相关$\Rightarrow\boldsymbol{\alpha}_1$ 可由 $\boldsymbol{\alpha}_2,\boldsymbol{\alpha}_3,\cdots,\boldsymbol{\alpha}_{n-1}$ 线性表示；

(2)反证法：若 $\boldsymbol{\alpha}_n$ 能表示为 $\boldsymbol{\alpha}_1,\boldsymbol{\alpha}_2,\cdots,\boldsymbol{\alpha}_{n-1}$ 的线性组合，结合(1)可推出 $\boldsymbol{\alpha}_2,\boldsymbol{\alpha}_3,\cdots,\boldsymbol{\alpha}_n$ 线性相关，这与已知条件矛盾.

10. B. 11. $r(\boldsymbol{\alpha}_1,\boldsymbol{\alpha}_2,\boldsymbol{\alpha}_3,\boldsymbol{\alpha}_4)=3$. 12. $t=3$.

13. $r(\boldsymbol{\alpha}_1,\boldsymbol{\alpha}_2,\boldsymbol{\alpha}_3)=2$，向量组线性相关.

14. (1)提示：令 $\boldsymbol{A}=(\boldsymbol{\alpha}_1,\boldsymbol{\alpha}_2,\boldsymbol{\alpha}_3,\boldsymbol{\alpha}_4)$，将其初等行变换为行最简形矩阵得

$$\boldsymbol{A}\longrightarrow\begin{pmatrix} 1 & 0 & 2 & 3 \\ 0 & 1 & -1 & -2 \\ 0 & 0 & 0 & 0 \end{pmatrix},$$

由此可得$\{\boldsymbol{\alpha}_1,\boldsymbol{\alpha}_2\}$是原向量组一个极大线性无关组，$r\{\boldsymbol{\alpha}_1,\boldsymbol{\alpha}_2,\boldsymbol{\alpha}_3,\boldsymbol{\alpha}_4\}=2$，$\boldsymbol{\alpha}_3=2\boldsymbol{\alpha}_1-\boldsymbol{\alpha}_2$，$\boldsymbol{\alpha}_4=3\boldsymbol{\alpha}_1-2\boldsymbol{\alpha}_2$.

(2)提示：令 $\boldsymbol{A}=(\boldsymbol{\alpha}_1,\boldsymbol{\alpha}_2,\boldsymbol{\alpha}_3,\boldsymbol{\alpha}_4)$，将其初等行变换为行最简形矩阵得

$$\boldsymbol{A}\longrightarrow\begin{pmatrix} 1 & 0 & 0.5 & 1 \\ 0 & 1 & 1 & 1 \\ 0 & 0 & 0 & 0 \end{pmatrix},$$

由此可得$\{\boldsymbol{\alpha}_1,\boldsymbol{\alpha}_2\}$是原向量组一个极大线性无关组，$r\{\boldsymbol{\alpha}_1,\boldsymbol{\alpha}_2,\boldsymbol{\alpha}_3,\boldsymbol{\alpha}_4\}=2$，$\boldsymbol{\alpha}_3=0.5\boldsymbol{\alpha}_1+\boldsymbol{\alpha}_2$，$\boldsymbol{\alpha}_4=\boldsymbol{\alpha}_1+\boldsymbol{\alpha}_2$.

(3)提示：令$\boldsymbol{A}=(\boldsymbol{\alpha}_1,\boldsymbol{\alpha}_2,\boldsymbol{\alpha}_3,\boldsymbol{\alpha}_4,\boldsymbol{\alpha}_5)$，将其初等行变换为行最简形矩阵得

$$\boldsymbol{A}\longrightarrow\begin{pmatrix}1&0&0&1&2\\0&1&0&-1&-2\\0&0&1&1&1\\0&0&0&0&0\end{pmatrix},$$

由此可得$\{\boldsymbol{\alpha}_1,\boldsymbol{\alpha}_2,\boldsymbol{\alpha}_3\}$是原向量组一个极大线性无关组，$r\{\boldsymbol{\alpha}_1,\boldsymbol{\alpha}_2,\boldsymbol{\alpha}_3,\boldsymbol{\alpha}_4,\boldsymbol{\alpha}_5\}=3$，$\boldsymbol{\alpha}_4=\boldsymbol{\alpha}_1-\boldsymbol{\alpha}_2+\boldsymbol{\alpha}_3$，$\boldsymbol{\alpha}_5=2\boldsymbol{\alpha}_1-2\boldsymbol{\alpha}_2+\boldsymbol{\alpha}_3$.

(4)提示：令$\boldsymbol{A}=(\boldsymbol{\alpha}_1,\boldsymbol{\alpha}_2,\boldsymbol{\alpha}_3,\boldsymbol{\alpha}_4,\boldsymbol{\alpha}_5)$，将其初等行变换为行最简形矩阵得

$$\boldsymbol{A}\longrightarrow\begin{pmatrix}1&0&0&0&0\\0&1&0&0&-1\\0&0&1&0&-1\\0&0&0&1&0\end{pmatrix},$$

由此可得$\{\boldsymbol{\alpha}_1,\boldsymbol{\alpha}_2,\boldsymbol{\alpha}_3,\boldsymbol{\alpha}_4\}$是原向量组一个极大线性无关组，$r\{\boldsymbol{\alpha}_1,\boldsymbol{\alpha}_2,\boldsymbol{\alpha}_3,\boldsymbol{\alpha}_4,\boldsymbol{\alpha}_5\}=4$，$\boldsymbol{\alpha}_5=-\boldsymbol{\alpha}_2-\boldsymbol{\alpha}_3$.

15. 提示：由于每个$\boldsymbol{\alpha}_i(i=1,2,\cdots,s)$都可由$\boldsymbol{\alpha}_{i_1},\boldsymbol{\alpha}_{i_2},\cdots,\boldsymbol{\alpha}_{i_r}$线性表示，由向量组的秩的性质得

$$r(\boldsymbol{\alpha}_1,\boldsymbol{\alpha}_2,\cdots,\boldsymbol{\alpha}_s)\leqslant r(\boldsymbol{\alpha}_{i_1},\boldsymbol{\alpha}_{i_2},\cdots,\boldsymbol{\alpha}_{i_r})\text{，即 } r\leqslant r(\boldsymbol{\alpha}_{i_1},\boldsymbol{\alpha}_{i_2},\cdots,\boldsymbol{\alpha}_{i_r})$$

所以$\boldsymbol{\alpha}_{i_1},\boldsymbol{\alpha}_{i_2},\cdots,\boldsymbol{\alpha}_{i_r}$线性无关.

16. $\boldsymbol{\beta}=-\frac{1}{6}\boldsymbol{\alpha}_1+\frac{5}{6}\boldsymbol{\alpha}_2-\frac{2}{3}\boldsymbol{\alpha}_3$，向量$\boldsymbol{\beta}$在此基下的坐标为$\left(-\frac{1}{6},\frac{5}{6},-\frac{2}{3}\right)$.

17. $V=\{k_1\boldsymbol{\alpha}_1+k_2\boldsymbol{\alpha}_2\mid k_1,k_2\in\mathbf{R}\}=\{(k_1+2k_2,k_1,k_2)\mid k_1,k_2\in\mathbf{R}\}$.

18. 提示：验证$\boldsymbol{\beta}_1,\boldsymbol{\beta}_2,\boldsymbol{\beta}_3$线性无关.

19. 向量$\boldsymbol{\alpha}_3=(k,5k,-3k)^{\mathrm{T}}(k\neq0)$.

20. (1)$\boldsymbol{\beta}_1=\boldsymbol{\alpha}_1=(1,1,2)^{\mathrm{T}}$，其单位化向量为$\boldsymbol{\xi}_1=\frac{1}{\sqrt{6}}(1,1,2)^{\mathrm{T}}$，

$$\boldsymbol{\beta}_2=\boldsymbol{\alpha}_2-\frac{[\boldsymbol{\beta}_1,\boldsymbol{\alpha}_2]}{[\boldsymbol{\beta}_1,\boldsymbol{\beta}_1]}\boldsymbol{\beta}_1=\begin{pmatrix}1\\2\\3\end{pmatrix}-\frac{3}{2}\begin{pmatrix}1\\1\\2\end{pmatrix}=\frac{1}{2}\begin{pmatrix}-1\\1\\0\end{pmatrix}\text{，单位化得 }\boldsymbol{\xi}_2=\frac{\sqrt{2}}{2}\begin{pmatrix}-1\\1\\0\end{pmatrix},$$

$$\boldsymbol{\beta}_3=\boldsymbol{\alpha}_3-\frac{[\boldsymbol{\beta}_1,\boldsymbol{\alpha}_3]}{[\boldsymbol{\beta}_1,\boldsymbol{\beta}_1]}\boldsymbol{\beta}_1-\frac{[\boldsymbol{\beta}_2,\boldsymbol{\alpha}_3]}{[\boldsymbol{\beta}_2,\boldsymbol{\beta}_2]}\boldsymbol{\beta}_2=\begin{pmatrix}-1\\3\\5\end{pmatrix}-\frac{12}{6}\begin{pmatrix}1\\1\\2\end{pmatrix}-2\begin{pmatrix}-1\\1\\0\end{pmatrix}=\begin{pmatrix}-1\\-1\\1\end{pmatrix},$$

单位化得$\boldsymbol{\xi}_3=\frac{1}{\sqrt{3}}(-1,-1,1)^{\mathrm{T}}$，这样$\boldsymbol{\xi}_1,\boldsymbol{\xi}_2,\boldsymbol{\xi}_3$即所求.

(2)$\boldsymbol{\beta}_1=\boldsymbol{\alpha}_1=(1,0,-1,1)^{\mathrm{T}}$，其单位化向量为$\boldsymbol{\xi}_1=\frac{1}{\sqrt{3}}(1,0,-1,1)^{\mathrm{T}}$，

$$\boldsymbol{\beta}_2=\boldsymbol{\alpha}_2-\frac{[\boldsymbol{\beta}_1,\boldsymbol{\alpha}_2]}{[\boldsymbol{\beta}_1,\boldsymbol{\beta}_1]}\boldsymbol{\beta}_1=\begin{pmatrix}1\\-1\\0\\1\end{pmatrix}-\frac{2}{3}\begin{pmatrix}1\\0\\-1\\1\end{pmatrix}=\frac{1}{3}\begin{pmatrix}1\\-3\\2\\1\end{pmatrix},\text{单位化得 }\boldsymbol{\xi}_2=\frac{1}{\sqrt{15}}\begin{pmatrix}1\\-3\\2\\1\end{pmatrix},$$

$$\boldsymbol{\beta}_3=\boldsymbol{\alpha}_3-\frac{[\boldsymbol{\beta}_1,\boldsymbol{\alpha}_3]}{[\boldsymbol{\beta}_1,\boldsymbol{\beta}_1]}\boldsymbol{\beta}_1-\frac{[\boldsymbol{\beta}_2,\boldsymbol{\alpha}_3]}{[\boldsymbol{\beta}_2,\boldsymbol{\beta}_2]}\boldsymbol{\beta}_2=\begin{pmatrix}-1\\1\\1\\0\end{pmatrix}+\frac{2}{3}\begin{pmatrix}1\\0\\-1\\1\end{pmatrix}+\frac{2}{15}\begin{pmatrix}1\\-3\\2\\1\end{pmatrix}=\frac{1}{5}\begin{pmatrix}-1\\3\\3\\4\end{pmatrix},$$

单位化得 $\boldsymbol{\xi}_3=\frac{1}{\sqrt{35}}(-1,3,3,4)^{\mathrm{T}}$，这样 $\boldsymbol{\xi}_1,\boldsymbol{\xi}_2,\boldsymbol{\xi}_3$ 即所求.

21. (1)(2)都是正交矩阵，因为此矩阵的 3 个列向量构成 $\mathbf{R}^3$ 的标准正交基，即它们两两正交，并且都是单位向量.

22. 先求出方程 $\boldsymbol{\alpha}_1^{\mathrm{T}}\boldsymbol{X}=\mathbf{0}$，即 $x_1+x_2+2x_3=0$ 的基础解系 $\boldsymbol{\eta}_1=(-1,1,0)^{\mathrm{T}}$，$\boldsymbol{\eta}_2=(-2,0,1)^{\mathrm{T}}$，再将基础解系正交化得 $\boldsymbol{\alpha}_2=\boldsymbol{\eta}_1=(-1,1,0)^{\mathrm{T}}$，$\boldsymbol{\alpha}_3=\boldsymbol{\eta}_2-\frac{[\boldsymbol{\eta}_2,\boldsymbol{\eta}_1]}{[\boldsymbol{\eta}_1,\boldsymbol{\eta}_1]}\boldsymbol{\eta}_1=(-1,-1,1)^{\mathrm{T}}$，于是 $\boldsymbol{\alpha}_1,\boldsymbol{\alpha}_2,\boldsymbol{\alpha}_3$ 组成一组正交基.（注意：答案不唯一）

23. **证明**　因为 $\boldsymbol{A},\boldsymbol{B}$ 均为正交阵，所以 $\boldsymbol{A}^{\mathrm{T}}\boldsymbol{A}=\boldsymbol{E}$，$\boldsymbol{B}^{\mathrm{T}}\boldsymbol{B}=\boldsymbol{E}$.

又因为 $(\boldsymbol{AB})^{\mathrm{T}}(\boldsymbol{AB})=\boldsymbol{B}^{\mathrm{T}}\boldsymbol{A}^{\mathrm{T}}\boldsymbol{AB}=\boldsymbol{B}^{\mathrm{T}}\boldsymbol{EB}=\boldsymbol{B}^{\mathrm{T}}\boldsymbol{B}=\boldsymbol{E}$，所以 $\boldsymbol{AB}$ 也是正交阵.

24. 反证法：假设向量组 $\boldsymbol{\alpha}_1,\boldsymbol{\alpha}_2,\cdots,\boldsymbol{\alpha}_m,\boldsymbol{\beta}$ 线性相关，则必存在不全为 0 的组合系数

$$k_1,k_2,\cdots,k_m,k_{m+1}\text{ 使得 }k_1\boldsymbol{\alpha}_1+k_2\boldsymbol{\alpha}_2+\cdots+k_m\boldsymbol{\alpha}_m+k_{m+1}\boldsymbol{\beta}=\mathbf{0}.$$

由于非零向量 $\boldsymbol{\beta}$ 与 $\boldsymbol{\alpha}_1,\boldsymbol{\alpha}_2,\cdots,\boldsymbol{\alpha}_m$ 都正交，可用 $\boldsymbol{\beta}$ 与上式两端做内积，得 $k_{m+1}[\boldsymbol{\beta},\boldsymbol{\beta}]=0$，因 $\boldsymbol{\beta}\neq\mathbf{0}$，故 $[\boldsymbol{\beta},\boldsymbol{\beta}]=\|\boldsymbol{\beta}\|^2\neq0$，从而必有 $k_{m+1}=0$，这样在组合系数 $k_1,k_2,\cdots,k_m,k_{m+1}$ 中存在不全为 0 的 $k_1,k_2,\cdots,k_m$，使得 $k_1\boldsymbol{\alpha}_1+k_2\boldsymbol{\alpha}_2+\cdots+k_m\boldsymbol{\alpha}_m=\mathbf{0}$，即向量组 $\boldsymbol{\alpha}_1,\boldsymbol{\alpha}_2,\cdots,\boldsymbol{\alpha}_m$ 线性相关，这与已知条件向量组 $\boldsymbol{\alpha}_1,\boldsymbol{\alpha}_2,\cdots,\boldsymbol{\alpha}_m$ 线性无关相矛盾，故假设错误，命题成立.

习题四　解答或提示

1. 提示：(1)是，$(\boldsymbol{\alpha}_1,\boldsymbol{\alpha}_1-\boldsymbol{\alpha}_2,\boldsymbol{\alpha}_1-\boldsymbol{\alpha}_2-\boldsymbol{\alpha}_3)=(\boldsymbol{\alpha}_1,\boldsymbol{\alpha}_2,\boldsymbol{\alpha}_3)\begin{pmatrix}1&1&1\\0&-1&-1\\0&0&-1\end{pmatrix}$；

(2)不是，因为 $(\boldsymbol{\alpha}_1-\boldsymbol{\alpha}_2)+(\boldsymbol{\alpha}_2-\boldsymbol{\alpha}_3)+(\boldsymbol{\alpha}_3-\boldsymbol{\alpha}_1)=\mathbf{0}$，它们线性相关.

2. (1) $\begin{cases}x_1=-5x_3,\\x_2=3x_3,\end{cases}$ 令 $x_3=1$，得基础解系为 $\boldsymbol{\xi}=(-5,3,1)^{\mathrm{T}}$，

故方程组的通解为 $k\boldsymbol{\xi}=k(-5,3,1)^{\mathrm{T}}$（$k$ 为任意实数）.

(2)只有零解，$x_1=x_2=x_3=0$.

(3) $\begin{cases}x_1=-2x_3+2x_4,\\x_2=x_3-x_4,\end{cases}$ 令 $\begin{pmatrix}x_3\\x_4\end{pmatrix}=\begin{pmatrix}1\\0\end{pmatrix},\begin{pmatrix}0\\1\end{pmatrix}$，得基础解系为

$\boldsymbol{\xi}_1=(-2,1,1,0)^{\mathrm{T}}$，$\boldsymbol{\xi}_2=(2,-1,0,1)^{\mathrm{T}}$，方程组的通解为 $k_1\boldsymbol{\xi}_1+k_2\boldsymbol{\xi}_2$（$k_1,k_2$ 为任意实数）.

(4) $\begin{cases}x_1=-6x_2+x_4,\\x_3=-3x_4,\end{cases}$ 令 $\begin{pmatrix}x_2\\x_4\end{pmatrix}=\begin{pmatrix}1\\0\end{pmatrix},\begin{pmatrix}0\\1\end{pmatrix}$，得基础解系为

$\boldsymbol{\xi}_1=(-6,1,0,0)^{\mathrm{T}}$，$\boldsymbol{\xi}_2=(1,0,-3,1)^{\mathrm{T}}$，方程组的通解为 $k_1\boldsymbol{\xi}_1+k_2\boldsymbol{\xi}_2$（$k_1,k_2$ 为任意实数）.

3.（1）$\lambda\neq 1$；

（2）当 $\lambda=1$ 时，通解为 $\boldsymbol{\xi}=k_1(-1,1,0,0)^{\mathrm{T}}+k_2(-1,0,1,0)^{\mathrm{T}}$（$k_1,k_2$ 为任意实数）.

4. $\begin{cases}-4x_1+x_2+x_4=0,\\x_1-2x_2+x_3=0.\end{cases}$（答案不唯一）

5.（1）导出组的同解方程组 $\begin{cases}x_1=-5x_3,\\x_2=3x_3,\end{cases}$ 基础解系为 $\boldsymbol{\xi}=(-5,3,1)^{\mathrm{T}}$，

非齐次同解方程组 $\begin{cases}x_1=-5x_3-3,\\x_2=3x_3+2,\end{cases}$ 特解为 $\boldsymbol{\eta}^*=(-3,2,0)^{\mathrm{T}}$.

所以方程组的通解为 $\boldsymbol{\eta}=\boldsymbol{\eta}^*+k\boldsymbol{\xi}=(-3,2,0)^{\mathrm{T}}+k(-5,3,1)^{\mathrm{T}}$（$k$ 为任意实数）.

（2）无解.

（3）导出组的同解方程组 $\begin{cases}x_1=x_2+x_4,\\x_3=2x_4,\end{cases}$ 基础解系为 $\boldsymbol{\xi}_1=(1,1,0,0)^{\mathrm{T}}$，$\boldsymbol{\xi}_2=(1,0,2,1)^{\mathrm{T}}$，

非齐次同解方程组 $\begin{cases}x_1=x_2+x_4+0.5,\\x_3=2x_4+0.5,\end{cases}$ 特解为 $\boldsymbol{\eta}^*=(0.5,0,0.5,0)^{\mathrm{T}}$.

所以方程组的通解为 $\boldsymbol{\eta}=\boldsymbol{\eta}^*+k_1\boldsymbol{\xi}_1+k_2\boldsymbol{\xi}_2$（$k_1,k_2$ 为任意实数）.

（4）导出组的同解方程组 $\begin{cases}x_1=2x_2+3x_4,\\x_3=-4x_4,\end{cases}$ 基础解系 $\boldsymbol{\xi}_1=(3,0,-4,1)^{\mathrm{T}}$，$\boldsymbol{\xi}_2=(2,1,0,0)^{\mathrm{T}}$，

非齐次同解方程组 $\begin{cases}x_1=2x_2+3x_4+1,\\x_3=-4x_4-2,\end{cases}$ 特解为 $\boldsymbol{\eta}^*=(1,0,-2,0)^{\mathrm{T}}$.

所以方程组的通解为 $\boldsymbol{\eta}=\boldsymbol{\eta}^*+k_1\boldsymbol{\xi}_1+k_2\boldsymbol{\xi}_2$（$k_1,k_2$ 为任意实数）.

6.（1）当 $t\neq -2$ 时，方程组无解；

（2）当 $t=-2$ 时，方程组有解；

若 $p=-8$，通解为 $\boldsymbol{\eta}=(-1,1,0,0)^{\mathrm{T}}+k_1(4,-2,1,0)^{\mathrm{T}}+k_2(-1,-2,0,1)^{\mathrm{T}}$（$k_1,k_2$ 为任意实数）.

若 $p\neq -8$，通解为 $\boldsymbol{\eta}=(-1,1,0,0)^{\mathrm{T}}+k(-1,-2,0,1)^{\mathrm{T}}$（$k$ 为任意实数）.

7.（1）当 $a=-1,b\neq 0$ 时，$\boldsymbol{\beta}$ 不能由 $\boldsymbol{\alpha}_1,\boldsymbol{\alpha}_2,\boldsymbol{\alpha}_3,\boldsymbol{\alpha}_4$ 线性表示.

（2）当 $a\neq -1$ 时，表示式唯一，且 $\boldsymbol{\beta}=-\dfrac{2b}{a+1}\boldsymbol{\alpha}_1+\dfrac{a+b+1}{a+1}\boldsymbol{\alpha}_2+\dfrac{b}{a+1}\boldsymbol{\alpha}_3+0\boldsymbol{\alpha}_4$.

8. 线性方程组 $\boldsymbol{Ax}=\mathbf{0}$ 的通解为 $\boldsymbol{\xi}=k(1,1,\cdots,1)^{\mathrm{T}}$（$k$ 为任意实数）.

9. $\lambda=-3$.

10.（1）$\lambda=1$；

（2）**证明** 通过计算可得 $r(\boldsymbol{A})=2$，则 $\boldsymbol{Ax}=\mathbf{0}$ 的基础解系只含一个解向量，则矩阵 $\boldsymbol{B}$ 的 3 个列向量线性相关，所以 $|\boldsymbol{B}|=0$.

11. $\boldsymbol{X}=\begin{pmatrix}2&0&1\\0&3&0\\1&0&2\end{pmatrix}$.

12. $m=2,n=4,t=6$.

13. 当 $a=1$ 或 $a=2$ 时两方程组有公共解. 当 $a=1$ 时, 两方程组的公共解为 $k(-1,0,1)^T$;
当 $a=2$ 时, 两方程组有唯一公共解为 $(0,1,-1)^T$.

14. 方程组(1)(2)的公共解为 $k(-1,2,1,3)^T$(k 为任意实数).

15. (1)方程组(1)的一组基础解系 $\boldsymbol{\xi}_1=(5,-3,1,0)^T$, $\boldsymbol{\xi}_2=(-3,2,0,1)^T$;
(2)当 $a\neq-1$ 时, $k_1=k_2=0$, 只有公共零解;
当 $a=-1$ 时, 有非零公共解, 且为 $k_1(2,-1,1,1)^T+k_2(-1,2,4,7)^T$($k_1,k_2$ 不全为 0).

习题五 解答或提示

1. (1)特征值为 $\lambda_1=2$, $\lambda_2=\lambda_3=1$, 它们对应的特征向量分别为 $\boldsymbol{p}_1=(0,1,1)^T$, $\boldsymbol{p}_2=\boldsymbol{p}_3=(1,1,0)^T$;

(2)特征值为 $\lambda_1=-1$, $\lambda_2=9$, $\lambda_3=0$, 它们对应的特征向量分别为 $\boldsymbol{p}_1=(-1,1,0)^T$, $\boldsymbol{p}_2=(1,1,2)^T$, $\boldsymbol{p}_3=(-1,-1,1)^T$;

(3)特征值为 $\lambda_1=1$, $\lambda_2=3$, $\lambda_3=\lambda_4=2$, 它们对应的特征向量分别为 $\boldsymbol{p}_1=(1,0,0,0)^T$, $\boldsymbol{p}_2=(2,0,1,0)^T$, $\boldsymbol{p}_3=\boldsymbol{p}_4=(2,1,0,0)^T$.

2. **证明** 根据行列式的性质, 这两个特征多项式是相等的: $|\boldsymbol{A}-\lambda\boldsymbol{E}|=|(\boldsymbol{A}-\lambda\boldsymbol{E})^T|=|\boldsymbol{A}^T-\lambda\boldsymbol{E}|$, 从而它们的根也相同, 即 $\boldsymbol{A}^T$ 与 $\boldsymbol{A}$ 的特征值相同.

3. **证明** 设 λ 是矩阵 $\boldsymbol{A}$ 的特征值, 则 $\lambda^2-5\lambda+6$ 是 $\boldsymbol{A}^2-5\boldsymbol{A}+6\boldsymbol{E}=\boldsymbol{0}$ 的特征值, 但是零矩阵只有特征值 0, 故 $\lambda^2-5\lambda+6=0$, 解得 $\lambda_1=2$ 或 $\lambda_2=3$.

4. 由特征值性质得 $|\boldsymbol{A}|=1\times2\times3=6$, 于是矩阵 $\boldsymbol{A}$ 是可逆矩阵, 且 $\boldsymbol{A}^*=|\boldsymbol{A}|\boldsymbol{A}^{-1}=6\boldsymbol{A}^{-1}$, 代入式子得 $\boldsymbol{B}=2\boldsymbol{A}^*-3\boldsymbol{A}+2\boldsymbol{E}=12\boldsymbol{A}^{-1}-3\boldsymbol{A}+2\boldsymbol{E}$, 因为当 $\lambda\neq0$ 是矩阵 $\boldsymbol{A}$ 的特征值时, $12\lambda^{-1}-3\lambda+2$ 是 $\boldsymbol{B}$ 的特征值, 分别取 $\lambda=1,2,3$ 得 $\boldsymbol{B}$ 的全部特征值为 $11,2,-3$, 所以 $|\boldsymbol{B}|=11\times2\times(-3)=-66$.

5. 由题意得矩阵 $\boldsymbol{A}$ 的 3 个特征值为 $0,2,-2$, 所以矩阵多项式 $\boldsymbol{A}+3\boldsymbol{E}$ 的特征值为 $3,5,-1$, 所以 $|\boldsymbol{A}+3\boldsymbol{E}|=3\times5\times(-1)=-15$.

6. (1)可逆矩阵 $\boldsymbol{P}=\begin{pmatrix}-1&-2&0\\1&1&0\\1&0&1\end{pmatrix}$, $\boldsymbol{\Lambda}=\begin{pmatrix}-2&0&0\\0&1&0\\0&0&1\end{pmatrix}$; (2)$\boldsymbol{A}^{10}=\begin{pmatrix}-2^{10}+2&-2^{11}+2&0\\2^{10}-1&2^{11}-1&0\\2^{10}-1&2^{11}-2&1\end{pmatrix}$.

7. $x=0$, $y=2$.

8. $x+y=0$.

9. (1)参数 $a=-3$, $b=0$, $\boldsymbol{\xi}$ 所对应的特征值 $\lambda=-1$; (2)矩阵 $\boldsymbol{A}$ 不能对角化.

10. $\boldsymbol{A}=\begin{pmatrix}0&1&0\\0&0&1\\6&-11&6\end{pmatrix}$.

11. (1)正交矩阵 $\boldsymbol{P}=\begin{pmatrix}\sqrt{5}/5&-2\sqrt{5}/5&0\\0&0&1\\2\sqrt{5}/5&\sqrt{5}/5&0\end{pmatrix}$; (2)$\boldsymbol{P}=\begin{pmatrix}0&1&0\\-\sqrt{2}/2&0&\sqrt{2}/2\\\sqrt{2}/2&0&\sqrt{2}/2\end{pmatrix}$.

12. 矩阵 $\boldsymbol{A}$ 的属于特征值 3 的特征向量 $\boldsymbol{\xi}_3=(1,0,1)^{\mathrm{T}}$，矩阵 $\boldsymbol{A}=\dfrac{1}{6}\begin{pmatrix}13&-2&5\\-2&10&2\\5&2&13\end{pmatrix}$.

13. 矩阵 $\boldsymbol{A}=\dfrac{1}{9}\begin{pmatrix}13&2&4\\2&10&2\\4&2&13\end{pmatrix}$.

14. $\varphi(\boldsymbol{A})=\boldsymbol{A}^{10}-25\boldsymbol{A}^{8}=\begin{pmatrix}-12&-12\\-12&-12\end{pmatrix}$.

15. (1) $\boldsymbol{A}$ 的所有特征值为 $\lambda_1=-2,\lambda_2=3,\lambda_3=0$，它们对应的特征向量分别是 $\boldsymbol{p}_1=(1,0,-1)^{\mathrm{T}},\boldsymbol{p}_2=(1,0,1)^{\mathrm{T}},\boldsymbol{p}_3=(0,1,0)^{\mathrm{T}}$.

(2) 由于 $\boldsymbol{A}$ 有 3 个互不相等的特征值，因此矩阵 $\boldsymbol{A}$ 可与对角矩阵相似.

令 $\boldsymbol{P}=\begin{pmatrix}1&1&0\\0&0&1\\-1&1&0\end{pmatrix}$，则 $\boldsymbol{P}^{-1}\boldsymbol{A}\boldsymbol{P}=\boldsymbol{\Lambda}=\begin{pmatrix}-2&0&0\\0&3&0\\0&0&0\end{pmatrix}$.

习题六　解答或提示

1. (1) $\boldsymbol{A}=\begin{pmatrix}1&0&0\\0&-3&2\\0&2&0\end{pmatrix}$，秩为 3；　(2) $\boldsymbol{A}=\begin{pmatrix}2&-3&1\\-3&-3&2\\1&2&1\end{pmatrix}$，秩为 3；

(3) $\boldsymbol{A}=\begin{pmatrix}5&-2&3\\-2&-3&-1\\3&-1&7\end{pmatrix}$，秩为 3；　(4) $\boldsymbol{A}=\begin{pmatrix}3&-1&2\\-1&2&-1\\2&-1&3\end{pmatrix}$，秩为 3.

2. (1) $\begin{pmatrix}x_1\\x_2\\x_3\end{pmatrix}=\begin{pmatrix}0&1&0\\1/\sqrt{2}&0&-1/\sqrt{2}\\1/\sqrt{2}&0&1/\sqrt{2}\end{pmatrix}\begin{pmatrix}y_1\\y_2\\y_3\end{pmatrix}$，$f=y_1^2+2y_2^2+3y_3^2$；

(2) $\begin{pmatrix}x_1\\x_2\\x_3\end{pmatrix}=\begin{pmatrix}1/\sqrt{3}&1/\sqrt{2}&-1/\sqrt{6}\\1/\sqrt{3}&0&2/\sqrt{6}\\-1/\sqrt{3}&1/\sqrt{2}&1/\sqrt{6}\end{pmatrix}\begin{pmatrix}y_1\\y_2\\y_3\end{pmatrix}$，$f=2y_1^2+y_2^2-y_3^2$；

(3) $\begin{pmatrix}x_1\\x_2\\x_3\end{pmatrix}=\begin{pmatrix}\sqrt{2}/2&\sqrt{2}/6&2/3\\0&-2\sqrt{2}/3&1/3\\-\sqrt{2}/2&\sqrt{2}/6&2/3\end{pmatrix}\begin{pmatrix}y_1\\y_2\\y_3\end{pmatrix}$，$f=5y_1^2+5y_2^2-4y_3^2$.

3. $a=2,\boldsymbol{P}=\begin{pmatrix}0&1&0\\1/\sqrt{2}&0&1/\sqrt{2}\\-1/\sqrt{2}&0&1/\sqrt{2}\end{pmatrix}$.

4. (1) $a=0$；　(2) 取正交矩阵 $\boldsymbol{P}=\begin{pmatrix}1/\sqrt{2}&0&1/\sqrt{2}\\1/\sqrt{2}&0&-1/\sqrt{2}\\0&1&0\end{pmatrix}$，则 $f=2y_1^2+2y_2^2$；

(3)方程 $f(x_1,x_2,x_3)=0$ 的解为 $k(1,-1,0)^{\mathrm{T}}$(k 为任意常数).

5. (1) $f(\boldsymbol{Cy})=y_1^2+y_2^2+y_3^2,\boldsymbol{C}=\frac{1}{\sqrt{2}}\begin{pmatrix}1&-1&-1\\0&2&2\\0&0&1\end{pmatrix}(|\boldsymbol{C}|=\sqrt{2})$;

(2) $f(\boldsymbol{Cy})=y_1^2+y_2^2-y_3^2,\boldsymbol{C}=\begin{pmatrix}1&-1/\sqrt{2}&3\\0&1/\sqrt{2}&-1\\0&0&1\end{pmatrix}(|\boldsymbol{C}|=1/\sqrt{2})$;

(3) $f(\boldsymbol{Cy})=z_1^2-z_2^2-z_3^2,\boldsymbol{C}=\begin{pmatrix}1&1&-1\\1&-1&-1\\0&0&1/2\end{pmatrix}(|\boldsymbol{C}|=-1)$.

6. (1)负定; (2)正定.

7. $\Delta_1=1>0,\Delta_2=1-a^2>0,\Delta_3=-a(5a+4)>0$,所以 $-\frac{4}{5}<a<0$.

8. **证明** 由于 $\boldsymbol{A}$ 是正定矩阵,对于任意 $\boldsymbol{x}\neq\boldsymbol{0}$,二次型 $f(\boldsymbol{x})=\boldsymbol{x}^{\mathrm{T}}\boldsymbol{Ax}>0$,由于 $\boldsymbol{C}$ 是可逆的,则对任意 $\boldsymbol{x}\neq\boldsymbol{0}$,$\boldsymbol{C}^{\mathrm{T}}\boldsymbol{x}\neq\boldsymbol{0}$. 令 $\boldsymbol{B}=\boldsymbol{CAC}^{\mathrm{T}}$,对于任意 $\boldsymbol{x}\neq\boldsymbol{0}$,$g(\boldsymbol{x})=\boldsymbol{x}^{\mathrm{T}}\boldsymbol{Bx}=\boldsymbol{x}^{\mathrm{T}}(\boldsymbol{CAC}^{\mathrm{T}})\boldsymbol{x}=(\boldsymbol{C}^{\mathrm{T}}\boldsymbol{x})^{\mathrm{T}}\boldsymbol{A}(\boldsymbol{C}^{\mathrm{T}}\boldsymbol{x})>0$,从而得到 $\boldsymbol{CAC}^{\mathrm{T}}$ 正定.

9. **证明** 充分性:若存在可逆矩阵 $\boldsymbol{U}$,使 $\boldsymbol{A}=\boldsymbol{U}^{\mathrm{T}}\boldsymbol{U}$,任取 $\boldsymbol{x}\in\mathbf{R}^n$,$\boldsymbol{x}\neq\boldsymbol{0}$,就有 $\boldsymbol{Ux}\neq\boldsymbol{0}$,并且 $\boldsymbol{A}$ 的二次型在该处的值

$$f(\boldsymbol{x})=\boldsymbol{x}^{\mathrm{T}}\boldsymbol{Ax}=\boldsymbol{x}^{\mathrm{T}}\boldsymbol{U}^{\mathrm{T}}\boldsymbol{Ux}=[\boldsymbol{Ux},\boldsymbol{Ux}]=\|\boldsymbol{Ux}\|^2>0,$$

即矩阵 $\boldsymbol{A}$ 的二次型是正定的,从而由定义知 $\boldsymbol{A}$ 是正定矩阵.

必要性:因 $\boldsymbol{A}$ 是对称矩阵,故存在正交阵 $\boldsymbol{Q}$,使 $\boldsymbol{Q}^{\mathrm{T}}\boldsymbol{AQ}=\boldsymbol{\Lambda}=\mathrm{diag}(\lambda_1,\lambda_2,\cdots,\lambda_n)$,其中 n 是 $\boldsymbol{A}$ 的阶数,$\lambda_1,\lambda_2,\cdots,\lambda_n$ 是 $\boldsymbol{A}$ 的全部特征值,因 $\boldsymbol{A}$ 为正定矩阵,故 $\lambda_i>0(i=1,2,\cdots,n)$. 记对角阵 $\boldsymbol{\Lambda}_1=\mathrm{diag}(\sqrt{\lambda_1},\sqrt{\lambda_2},\cdots,\sqrt{\lambda_n})$,则有

$$\boldsymbol{\Lambda}_1^2=\mathrm{diag}(\sqrt{\lambda_1},\sqrt{\lambda_2},\cdots,\sqrt{\lambda_n})\mathrm{diag}(\sqrt{\lambda_1},\sqrt{\lambda_2},\cdots,\sqrt{\lambda_n})=\boldsymbol{\Lambda},$$

从而有

$$\boldsymbol{A}=\boldsymbol{Q\Lambda Q}^{\mathrm{T}}=\boldsymbol{Q\Lambda}_1\boldsymbol{\Lambda}_1\boldsymbol{Q}^{\mathrm{T}}=(\boldsymbol{Q\Lambda}_1)(\boldsymbol{Q\Lambda}_1)^{\mathrm{T}},$$

记 $\boldsymbol{U}=(\boldsymbol{Q\Lambda}_1)^{\mathrm{T}}$,显然 $\boldsymbol{U}$ 可逆,并且 $\boldsymbol{A}=\boldsymbol{U}^{\mathrm{T}}\boldsymbol{U}$.

附录 2　2013—2023 年硕士研究生入学考试“高等数学”试题线性代数部分

（附答案与提示）

附录3　线性代数课程思政

2016年，习近平总书记在全国高校思政会议上提出的“各类课程与思想政治理论课同向同行，形成协同效应”，得到各高校的高度重视，各校纷纷展开关于课程思政的讨论．概括地说，“课程思政”是将马克思主义理论贯穿教学和研究全过程，在教学中深入发掘所任课程的思想政治理论，能够从战略高度出发，构建专业教育课、思想政治理论课、综合素养课程三者结合为一体的教育体系，促进各个专业的教育教学，在教学中注重运用马克思主义的立场、观点和方法分析和解决问题，使各类课程与思想政治理论课同向同行，形成协同效应．

线性代数是理工科学生必修的数学类的基础课．学生通过学习线性代数，不但可以掌握该门课程的基本知识和实践技能，更重要的是可以提高抽象思维能力和逻辑推理能力．在线性代数的教学中开展思政教育有两方面作用：教学方面，促进教师教学手段多元化，让学生对这门抽象的课程更有兴趣；育人方面，拉近教师和学生的关系，在和谐、融洽的师生关系中引导学生更好地学习和掌握知识．下面按章节内容分别介绍各种相关案例．

1.行列式的思政内容

(1)公平与正义的探讨．行列式的计算方法中涉及排列的概念，在证明行列式性质时也可能用到归纳法等推理方法．这些方法的使用与公平、正义以及社会秩序的建立有关，可以引导学生思考排列的公平性以及如何通过合理的规则和制度来实现公平和正义．在学习行列式的计算方法时，教师可以引导学生思考矩阵元素之间的排列和组合方式是否具有公平性．例如，讨论一个矩阵的行列式结果是否受到元素排列的顺序影响，以此引发学生关于公平和正义在社会中的应用和意义的讨论．

(2)合作与团队精神的培养．行列式中矩阵元素的组合方式体现了元素之间的相互关系．在学习行列式的定义和性质时，教师可以引导学生思考社会中个体之间的相互作用和互助关系的重要性．例如，行列式的展开定理中涉及余子式和代数余子式的概念，可以引发学生对于个体间相互依存和协作的探讨．在解决线性方程组时，行列式和矩阵的逆的概念起着重要作用．通过这一知识点，教师可以引导学生思考合作与团队精神对于解决复杂问题的重要性．例如，教师鼓励学生探讨矩阵中各个元素之间的相互依存关系，强调团队合作的重要性，以及如何通过协作解决现实生活中的问题．

(3)实践应用与社会责任．行列式在解决线性方程组、判断矩阵可逆性和计算矩阵的秩等实际问题中具有重要应用．教师可以引导学生思考数学知识如何与社会实践相结合，如何运用数学工具解决实际问题，并探讨数学在科学研究、技术创新和社会发展中的作用．行列式在各种工程和科学领域中具有广泛应用，在学习行列式的实际应用时，教师可以引导学生思考数学知识与社会责任的关系．例如，讨论在工程设计中如何运用行列式进行结构分析，以及如何确保设计的安全性和可持续性，从而引发学生对工程师和科学家在实践中应承担的社会责任的思考．

将思想政治理论教育融入行列式内容知识教学，可以帮助学生将数学知识与价值观、道德和社会责任相结合．并有助于培养学生的思想品德和社会意识，使学生能够更好地理解和应用所学的数学知识,并在日常生活和职业发展中做出积极的贡献.

2. 矩阵及其运算的思政内容

(1)创新思维.鼓励学生在矩阵运算的基础上进行创新应用,解决实际问题,培养创新意识和创新思维能力.

(2)价值观塑造.借助矩阵运算的例子,引导学生思考数学知识与社会伦理、道德选择之间的关系,培养正确的价值观和道德意识.

(3)合作与沟通能力.通过小组讨论、团队合作等方式,鼓励学生共同探讨和解决矩阵相关的问题,培养合作与沟通能力.

(4)多元文化和国际视野.介绍不同文化背景下矩阵运算的应用,促使学生了解和尊重不同文化、民族的贡献和发展.

(5)理性思考和批判思维.鼓励学生对矩阵运算中的定义、定理和算法进行批判性思考,促进理性思考和独立思维能力的培养.

(6)人文关怀与社会责任.引导学生思考矩阵运算在社会、经济、环境等领域的影响,关注社会公平、环境保护和可持续发展等议题.

这些内容可以帮助学生将数学与人文关怀、社会责任以及科学伦理相结合,促使学生全面发展,并培养学生的社会责任感和良好价值观.在具体教学中,教师可以选择适当的例子、引导性问题展开讨论,将课程思政相关的内容融入矩阵及其运算的教学中.

3. 向量与向量空间的思政内容

(1)向量的概念与应用.引入向量的基本概念、向量的表示方法以及向量的加法和数量乘法.这些概念可以与思政相关的价值观进行关联,如强调合作、共同努力和互助精神.

(2)向量空间的性质与定义.介绍向量空间的定义与性质,包括零向量、加法逆元素、封闭性等.这些性质反映了一种秩序和规律,与思政中的社会秩序、公平正义等价值观相呼应.

(3)线性相关与线性无关.讨论向量组的线性相关性与线性无关性,引出线性方程组的解的唯一性和非唯一性.这与人们在思想上的独立性、自由选择等价值观有关.线性无关的向量组代表着独立的思想和观点.在民主社会中,鼓励个人拥有自己的独立思考和不同的意见,促进开放的讨论和多元的价值观.线性相关的向量组代表着某些向量之间存在依赖关系.这可以与追求社会公平正义相联系,认识到每个人都受到环境、条件等因素的影响,需要通过资源分配和机会平等来实现公平正义.线性相关的向量组中的向量之间存在线性关系,彼此之间提供支持和帮助.这可以与团队合作和互助精神相联系,强调共同协作、分享资源和相互促进的重要性.

(4)基与维数.介绍向量空间的基和维数的概念,以及如何寻找一个向量空间的基.这些概念可以与个人发展的多样性、才能的不同以及追求个人专长和兴趣相关.向量空间的基和维数概念展示了一个向量空间的多样性和灵活性.类比到社会中,鼓励个体发挥自己的特长和才能,实现多样性和包容性的社会发展.

(5)子空间的概念.子空间表示一组具有特定功能或领域的向量.这可以与分工合作的思想联系起来,强调团队中每个成员都有自己独特的角色和职责,通过协作互补实现共同目标.子空间可以表示不同的文化、族群或思维方式.这与多元文化的理念相关,鼓励尊重和包容不同文化背景、信仰和观点，促进跨文化的交流和理解. 子空间的维度代表了一个向量空间的能力和发展潜力. 这可以与可持续发展的思想联系起来，强调平衡经济、社会和环境 3 个方面的发展，实现可持续的进步和繁荣.

4. 线性方程组的思政内容

(1)数学应用与社会问题. 线性方程组可以应用于各种实际问题，如经济、工程、物理等领域. 教师通过讨论线性方程组在社会问题中的应用，可以引导学生思考数学在解决现实问题中的价值和意义. 例如，在社会公平与线性方程组中讨论收入分配、资源分配等社会问题时，可以引入线性方程组. 通过解决线性方程组模型，引导学生思考社会问题，以及如何通过调整系数矩阵或常数向量来实现更公平的分配. 又如，在可持续发展与线性方程组中探讨环境保护和可持续发展时，线性方程组可以用于描述资源利用和产业结构之间的关系. 通过建立和求解相应的线性方程组，引导学生思考如何实现经济增长与环境保护的平衡，推动可持续发展.

(2)问题建模与分析. 线性方程组求解涉及问题建模和分析的过程，教学中可以引导学生思考如何将实际问题转化为线性方程组，并分析问题的特点和解的意义. 例如，在数学建模与社会问题中通过引入真实世界中的案例，将线性方程组作为数学建模工具，培养学生分析问题、提取关键信息、建立合适的数学模型，并最终求解的能力. 这样的讨论可以帮助学生理解数学在解决社会问题中的应用价值.

(3)团队合作. 线性方程组的求解通常需要团队合作，特别是在大规模的问题求解中. 通过组织学生进行小组合作，让他们共同分析和解决线性方程组问题，培养他们的团队合作精神、沟通能力和协作技巧.

(4)算法与计算工具的社会影响. 讨论线性方程组求解的算法和计算工具对社会的影响. 例如，计算机的出现和线性方程组求解算法的发展如何促进了科学研究和技术进步，同时也可能带来一些伦理和社会问题. 又如，在社会影响与科技发展中讨论计算工具和数值方法对于线性方程组求解的应用，引导学生思考这些技术的社会影响.

(5)数学思维与解决问题的能力. 学生通过线性方程组的学习，提升数学思维和解决问题的能力，包括分析、推理、抽象和逻辑思维等方面. 这些能力对于培养学生的创新精神和批判性思维都具有重要意义.

这是一些可能的例子，展示了在线性方程组课程中将数学与思政相关内容结合起来的方法. 实际上，具体的例子和教学方法可能因教材的不同而有所不同，重要的是将数学与社会问题相结合，帮助学生认识到数学的社会意义和应用，并培养他们的思想品德和创新能力.

5. 特征值与特征向量的思政内容

(1)探索真理和追求知识. 矩阵的特征值与特征向量是线性代数中的重要概念之一，不仅在数学领域有广泛的应用，而且在物理、工程、计算机科学等众多领域也得到了广泛的应用. 通过掌握这些概念，学生可以更好地理解现实世界中的问题，并为解决这些问题提供有效的方法.

(2)人文精神和创新精神. 矩阵的特征值与特征向量的理论是数学发展的一个重要组成

部分.研究者们基于对现有知识的总结和归纳,发现并推导出了这些重要的概念和定理.同时,在解决实际问题时,学生还需要具备创新精神,尝试创造新的算法和方法以解决更加复杂的问题.

(3)社会责任感和实践能力.在实际问题中,矩阵的特征值与特征向量经常被用来描述和分析现象.例如,在社交网络中,可以使用特征值与特征向量来描述和分析网络结构;在音频处理中,可以使用它们来分析信号的频谱特征.因此,学生需要具备社会责任感和实践能力,将线性代数理论与实际问题相结合,为社会做出贡献.

(4)科学态度和价值观.在学习矩阵的特征值与特征向量知识时,学生应该树立科学态度和价值观.这包括严谨的思维方法、持续的学习和探索以及责任感和社会使命感.通过培养这些态度和价值观,学生可以更好地理解世界,提高自己的综合素质,并为社会的发展做出贡献.

(5)国际视野和文化交流.矩阵的特征值与特征向量是数学中的重要概念,不仅在中国,而且在其他国家也得到了广泛的研究和应用.因此,学生需要具备国际视野和文化交流的意识,积极参与国际交流与合作,吸收和借鉴其他国家和地区的优秀经验与成果,推动线性代数理论的不断发展和创新.

以上是矩阵的特征值与特征向量在线性代数课程中蕴含的一些课程思政元素.这些元素可以帮助学生更好地理解和应用线性代数知识,同时也培养了学生的人文精神、实践能力、科学态度和国际视野.

6.二次型的课程思政

(1)二次型的意义和应用.讨论二次型在实际问题中的应用,可以引导学生思考数学在解决社会问题中的作用和意义,培养他们的社会责任感和担当精神;二次型在计算机视觉、图像处理、机器学习等领域有广泛应用,可鼓励学生进行创新创业;二次型的矩阵可以通过相似变换归约为对角矩阵,培养学生团结协作、相互支持的精神.

(2)正定二次型与正能量.在讨论二次型时,会介绍矩阵的正定、负定和非定性,这些概念可以与个人品质或道德观念联系起来,如正面积极的影响(正定)、负面消极的影响(负定)以及中立不产生任何影响(非定性),并将其与积极的个人品质、社会影响力或正面能量联系起来.学生通过了解正定二次型的性质,树立积极的心态和强化面对困难时的勇气.

(3)二次型优化问题与公平正义.讨论二次型优化问题,如最小值和最大值,与公平正义的关系;探讨如何通过优化方法在资源分配、社会福利等领域中追求公平正义,培养学生的社会责任感.

(4)正交变换与多元共生.教师在介绍正交变换及其在几何变换中的作用时,可以引导学生思考思政中的平等、多元文化等有关多元共生的概念;正交变换保持向量的长度和夹角不变,类比到思想上可以解释为尊重差异性和多样性的重要性,呼吁学生在社会中倡导包容性、多元性与和谐共存的价值观.

这些思政元素不仅能够帮助学生更好地理解和掌握二次型的概念和应用,还有助于培养学生的社会责任感和创新精神.

参考文献

[1] 同济大学数学系.工程数学・线性代数[M].6 版.北京:高等教育出版社,2007.

[2] 同济大学数学系.线性代数[M].北京:人民邮电出版社,2017.

[3] 张天德,王玮.线性代数(慕课版)[M].北京:人民邮电出版社,2020.

[4] 张天德,孙钦福.线性代数学习指导与习题全解[M].北京:人民邮电出版社,2021.

[5] 戴跃进.线性代数学习指导暨习题详解[M].厦门:厦门大学出版社,2014.

[6] 周勇,朱砾.线性代数[M].上海:复旦大学出版社,2009.

[7] 刘吉佑,徐诚浩.线性代数[M].北京:北京大学出版社,2018.

[8] 申亚男,卢刚.线性代数[M].北京:外语教学与研究出版社,2012.

[9] 陈建龙,周建华等.线性代数[M].2 版.北京:科学出版社,2007.

[10] 李继银.线性代数及其 MATLAB 实验[M].上海:华东师范大学出版社,2017.

[11] 谢彦红,吴茂全.线性代数及其 MATLAB 应用[M].北京:化学工业出版社,2017.

[12] 李永乐,王式安,等.数学历年真题全精解析(2009—2023)[M].北京:中国农业出版社,2023.